中文版
3ds Max
从入门到精通

汪仁斌　编著

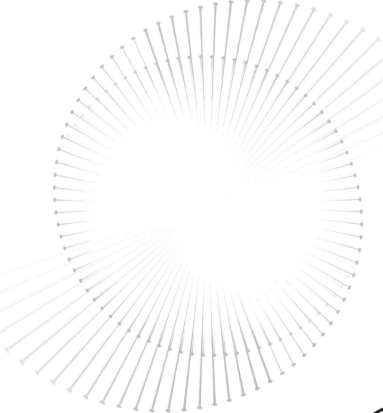

化学工业出版社

·北京·

内 容 简 介

本书以实操为导向，用通俗的语言、图文并茂的形式，全面系统地讲解了 3ds Max 2020 的基本操作方法与核心应用功能。

全书共 16 章，遵循由浅入深、从基础知识到案例进阶的学习原则，对 3ds Max 入门知识、基本操作、样条线建模、几何体建模、复合对象建模、修改器建模、网格建模、多边形建模、渲染技术、材质技术、贴图技术、灯光技术、摄影机技术、毛发技术、环境和效果、粒子系统、空间扭曲、动力学系统以及动画制作等内容进行了逐一讲解，最后介绍了一个完整案例的制作过程，起到温故知新、学以致用的作用。

本书内容丰富实用，操作讲解细致，书中所有案例均提供配套的视频、素材及源文件，非常适合三维设计师、3ds Max 初学者及爱好者自学使用，也可用作高等院校及培训机构相关专业的教材及参考书。

图书在版编目（CIP）数据

中文版3ds Max从入门到精通 / 汪仁斌编著. —北京：化学工业出版社，2021.11（2024.8 重印）
ISBN 978-7-122-39667-9

Ⅰ.① 中… Ⅱ.① 汪… Ⅲ.① 三维动画软件 - 教材 Ⅳ.①TP391.414

中国版本图书馆 CIP 数据核字（2021）第 157112 号

责任编辑：耍利娜　　　　　　　　　　装帧设计：李子姮
责任校对：杜杏然

出版发行：化学工业出版社（北京市东城区青年湖南街13号　邮政编码100011）
印　　装：涿州市般润文化传播有限公司
787mm×1092mm　1/16　印张28¼　字数759千字　2024年8月北京第1版第5次印刷

购书咨询：010-64518888　　　　　　售后服务：010-64518899
网　　址：http://www.cip.com.cn
凡购买本书，如有缺损质量问题，本社销售中心负责调换。

定　　价：108.00元

前言

1. 为什么要学习 3ds Max

3ds Max 是一款三维建模、动画制作和渲染软件，搭载 Arnold、V Ray、Lray 和 mentalray 等主流渲染器即可创建出精彩的场景世界和惊人的视觉效果。作为运用在 CG 产业的主要软件，其发展非常迅速。由于具有渲染真实感强、易学易用、工作灵活、效率极高等众多优点，被广泛应用于广告、影视、工业设计、建筑设计、三维动画、游戏场景、工程可视化等领域。

学习 3ds Max 具有很大的优势：

● 3ds Max 入门门槛低，且市场的缺口很大，前景非常好。

● 3ds Max 具有非常高的性价比，它提供的强大功能远远超过了自身低廉的价格，对硬件系统的要求相对来说也较低。

2. 选择本书理由

本书采用基础知识 + 上手实操 + 进阶案例 + 综合实战的编写模式，内容循序渐进，从实战应用中激发学习兴趣。

（1）本书是 3ds Max 零基础的启蒙之书

很多人不知道如何入门 3ds Max，如何学习模型的创建，如何模拟出逼真的材质质感以及如何模拟出贴合实际的光源效果，也有很多人只能局限于简单的模仿，特别是在实际应用时，制作出的效果与精美、逼真总是有些差距。鉴于此，我们组织一线教师和设计师共同编写了此书，旨在通过本书的实例讲解以及专家指点，给读者带来一定的启发。

（2）全书覆盖 3ds Max 和 VRay 渲染器的相关内容

本书对 3ds Max 和 VRay 渲染器进行了全方位讲解，书中几乎囊括了目前三维设计所有应用知识点，简洁明了、简单易学，从而保证读者能够学以致用，并在本书的引导之下更快地入门。

（3）理论实战紧密结合，彻底摆脱纸上谈兵

本书包含大量案例，既有针对一个功能的实操练习，也有综合性的实战案例，所有案例都经过了精心的设计。读者在学习本书的时候可以通过案例更好、更快地理解知识和掌握应用，同时这些案例也可以在实际工作中直接引用。

3. 本书的读者对象

● 从事三维设计的工作人员

● 高等院校相关专业的师生

● 培训班中学习三维制作的学员

● 对三维设计有着浓厚兴趣的爱好者

● 零基础想转行到三维设计的人员

● 有空闲时间想掌握更多技能的办公室人员

4. 本书包含哪些内容

本书是一本介绍 3ds Max 和 VRay 渲染技术的实用图书，全书可分为 4 个组成部分，其中：

第 1 ～ 5 章主要是对 3ds Max 建模知识的讲解，从 3ds Max 基础知识讲起，全面介绍了软件入门、基础操作与设置、基础模型与高级模型的创建技巧等知识。

第 6 ～ 12 章主要介绍了 3ds Max 结合 VRay 渲染器的应用，内容涵盖了渲染参数的设置、常用材质的制作、贴图的应用、场景灯光的模拟、摄影机的搭建、毛发对象的制作以及环境和效果的设置等。

第 13 ～ 15 章主要是对动画制作的相关内容进行讲解，包括粒子系统、空间扭曲、动力学和动画技术等。

第 16 章是一个综合案例，综合运用 3ds Max 和 VRay 渲染器，介绍了一个客厅场景效果的制作。通过对整个项目的学习，既可巩固前面所学的各种知识，也可将所学理论运用到实际设计工作中。

本书由深圳职业技术学院汪仁斌老师编写，笔者在长期的工作中积累了大量的经验，在写作的过程中始终秉承严谨细致的态度，精益求精，但由于时间与精力有限，疏漏之处在所难免，望广大读者批评指正。

编著者

目录

Contents

第 15 章

动画技术

第 16 章

综合案例

第 1 章
3ds Max 轻松入门

内容导读:

　　3ds Max 集三维建模、动画制作和渲染为一体,为设计者提供了强大的造型建模技术及更好的材质渲染功能。与其他建模软件相比,3ds Max 的操作更加简单,更易上手。本章将对 3ds Max 的应用领域、工作界面、视口设置以及绘图环境的设置等知识进行讲解。通过对本章的学习,用户可以初步认识 3ds Max 并掌握基础设置知识。

学习目标:

- 了解 3ds Max 的应用领域和安装环境
- 熟悉 3ds Max 的工作界面
- 熟悉视口的类型和设置
- 掌握绘图环境的设置

3ds Max 是 Autodesk 公司开发的一款三维建模、动画渲染和制作软件，如今已经成为很多行业的必备软件。3ds Max 建模功能强大，可以创造宏大的游戏世界，布置精彩绝伦的场景以实现设计可视化，并打造身临其境的虚拟现实体验。在角色动画方面具备很强的优势。另外，丰富的插件也是其一大亮点，可以说是最容易上手的 3D 软件。和其他相关软件配合流畅，做出来的效果非常逼真。

1.1.1 3ds Max 的应用领域

3ds Max 的更新速度超乎人们的想象，几乎每年都准时推出一个新的版本。版本越高，功能就越强大，其宗旨是使设计者在更短的时间内创作出更高质量的 3D 作品。因此被广泛应用于游戏开发、动画制作、产品设计、建筑设计、室内设计等领域。

（1）建筑室内外设计

3ds Max 在建筑室内外设计领域有着悠久的应用历史，可以快速方便地制作出逼真的室内外效果图、建筑表现图及建筑动画等，立体展示建筑特点，多个角度展示设计效果、透视装潢亮点，十分便捷。如图 1-1、图 1-2 所示分别为建筑设计效果和室内设计效果。

图 1-1

图 1-2

（2）游戏开发

网络游戏是三维动画技术最具发展潜力的应用领域，3ds Max 可用于游戏中虚拟场景和角色模型的建立，并可以设置角色在场景中的各种复杂运动。随着设计与娱乐行业对交互性内容的强烈需求，当前许多电脑游戏中加入了大量的三维动画，细腻的画面、宏伟的场景和逼真的造型，使游戏的欣赏性和真实性大大增加，使得 3D 游戏的玩家愈来愈多，3D 游戏的市场也不断壮大。如图 1-3 所示为游戏中的一个场景。

（3）动漫制作

动画片的设计与制作是 3ds Max 的另一个重要应用领域，随着动漫产业的兴起，三维电脑动画正在逐步取代二维传统手绘动画，逐渐成为主流，3ds Max 则是制作三维电脑动画片的首选软件。继《玩具总动员》后，全球掀起了一股三维动画片的热潮，如图 1-4、图 1-5所示为动画片《哆啦 A 梦》和《疯狂动物城》中的画面。

（4）产品设计

传统的产品设计注重产品的功能设计，而现在随着消费者对产品的审美要求的提升，产品设计的造型设计越来越受到重视。3ds Max 为模型赋予不同的材质，再加上强大灯光和渲染功能，可以使对象的质感更加逼真。如图 1-6、图 1-7 所示为利用 3ds Max 制作的手机和电动车效果。

图 1-3

图 1-4

图 1-5

图 1-6

图 1-7

1.1.2　3ds Max 的安装环境

3ds Max 作为一款三维建模、动画和渲染软件，能够帮助用户实现一切想象，可以创建宏伟的游戏世界，还可以布置精彩绝伦的场景，实现设计可视化。3ds Max 的新版本更加注重效率、耐力和精度，为模型的创建提供了更大的灵活性，同时对于电脑安装环境也有一定的要求，如表 1-1 所示。

表 1-1　3ds Max2020 安装环境

操作系统	Windows10 Windows8/8.1 Windows7 64 位 Professional（专业版、旗舰店）操作系统
CPU	支持 SSE4.2 指令集的 64 位 Intel 多核处理器
内存	至少 4GB RAM（建议使用 8GB）
磁盘空间	9GB 可用磁盘空间用于安装

1.1.3　效果制作流程

使用 3ds Max 进行效果创作是一个严谨、复杂的过程，在不同的应用领域，其制作流程也有一定的区别。但是 3ds Max 本身的各部分功能有着明显差异，且存在着先后顺序，对于初学者来说，明确软件各部分功能的先后顺序，对于学习该软件具有重要的指导意义。3ds Max 的主要流程包括建模、制作材质、布置灯光、创建摄影机、渲染场景和后期合成。

（1）建模

建模是制作作品的基础，制作精细的模型会使场景更为逼真，如图 1-1 所示。3ds Max 提供了多种建模方式，可以从基本几何体开始，也可以从二维图形转换为三维模型开始，甚至可以通过将对象转换为可编辑对象进行建模。

（2）制作材质

材质就如同模型的外衣，再精致的模型，如果没有赋予合适的材质，都无法表现出逼真的效果。3ds Max 为用户提供了许多材质类型，可以很好地表现出各种材质的纹理、反射、折射等效果。

（3）布置灯光

灯光是 3ds Max 模拟光照效果的重要手段，可以说是场景的灵魂所在。在 3ds Max 中，既可以创建普通的灯光，也可以创建基于物理计算的光度学灯光、天光或日光等真实世界的照明系统。

（4）创建摄影机

一个场景中可以设置多个摄影机和多角度出图。摄影机视口与透视视口的最大区别就是透视视口可以任意旋转缩放，便于编辑，而摄影机视口是角度固定的视口，利于渲染，二者可以随意切换。

（5）渲染场景

场景制作完毕后，并不代表作品已经产生，用户需要通过渲染操作将作品输出为图像文件。渲染设置决定了所输出的图像质量高低和大小，在该过程中也可以为场景添加颜色或者环境效果，或者对光线的明暗对比进行微调。

（6）后期合成

后期合成是效果制作的最后一个环节，利用二维图像编辑软件对渲染效果图进行修饰处理，例如修正一些瑕疵、调整画面的明暗度等。

1.2 3ds Max 的工作界面

3ds Max 安装完毕后，双击快捷方式即可启动程序。3ds Max 的工作界面非常有序，包含标题栏、菜单栏、主工具栏、命令面板、视图区、动画控制栏、视图导航栏、状态和提示栏等几个部分，如图 1-8 所示。

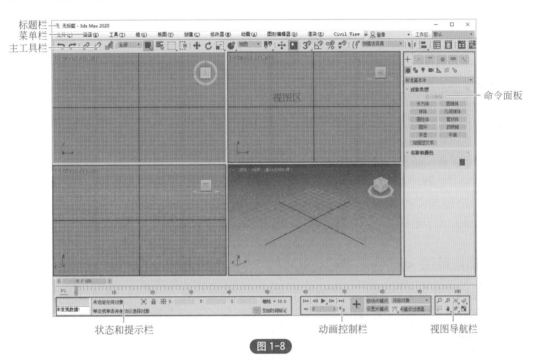

图 1-8

知识链接 ⌾

在安装 3ds Max 后，在桌面上会出现相应的图标，但有时双击该图标启动 3ds Max 后，会发现打开的工作界面是英文版的，此时不要认为是安装 3ds Max 出现了错误。因为在安装 3ds Max 后，默认自动生成的是英文版。想使用中文版工作界面也非常简单，只需要执行"开始 > 所有程序 >Autodesk>Autodesk 3ds Max>3ds Max-Simplified Chinese"命令。

1.2.1 菜单栏

菜单栏为用户提供了几乎所有 3ds Max 操作命令，分别为"文件""编辑""工具""组""视图""创建""修改器""动画""图形编辑器""渲染""Civil View""自定义""脚本""Interactive""内容""Arnold""帮助",最右侧是 Autodesk 用户登录和工作区设置,如图 1-9 所示。

图 1-9

▶ 文件:用于对文件的打开、保存、导入与导出以及摘要信息、文件属性等命令的应用。

▶ 编辑:用于对对象的拷贝、删除、选定、临时保存等功能。

▶ 工具:包括常用的各种制作工具。

▶ 组:用于将多个物体组为一个组,或分解一个组为多个物体。

▶ 视图:用于对视图进行操作,但对对象不起作用。

▶ 创建:创建物体、灯光、相机等。

▶ 修改器:编辑修改物体或动画的命令。

▶ 动画:用来控制动画。

▶ 图形编辑器:用于创建和编辑视图。

▶ 渲染:通过某种算法,体现场景的灯光、材质和贴图等效果。

▶ 自定义:方便用户按照自己的爱好设置工作界面。3ds Max 2020 的工具栏和菜单栏、命令面板可以被放置在任意的位置。

▶ 脚本:有关编程,将编好的程序放入 3ds Max 中运行。

▶ 内容:选择"3ds Max 资源库"选项,打开网页链接,里面有 Autodesk 旗下的多种设计软件。

▶ 帮助:关于软件的帮助文件,包括在线帮助、插件信息等。

> **知识链接** ✑
>
> 当打开某一个菜单时,若菜单中有些命令名称旁边有"…"号,即表示单击该命令将弹出一个对话框。若菜单中的命令名称右侧有一个小三角形,即表示该命令后还有其他的命令,单击它可以弹出一个级联菜单。若菜单中命令名称的一侧显示为字母,该字母即为该命令的快捷键,有些时候需与键盘上的功能键配合使用。

1.2.2 主工具栏

主工具栏集合了 3ds Max 中比较常用的工具,可以将其理解为快捷工具栏,如图 1-10 所示。熟练掌握主工具栏,会使得 3ds Max 操作更顺手、更快捷。

图 1-10

▶ 撤销 ⤺:单击"撤销"按钮可撤销上一次操作或多次操作。

▶ 恢复 ⤻:单击"恢复"按钮可将上一次撤销的操作进行重做。

▶ 选择并链接 ⬚:通过将两个对象链接为子对象和父对象,定义它们之间的层次关系。

- 取消链接选择 ✐：移除所选对象及其父对象之间的层次关系。
- 绑定到空间扭曲 ⚓：用于将当前选择附加到空间扭曲，通常结合粒子系统使用。
- 选择过滤器 全部 ▾：限制选择对象的类型和组合，其中包括 10 种选项。
- 选择对象 ◪：只能对场景中的物体进行选择使用，而无法对物体进行操作。
- 按名称选择 ☰：从场景内容列表中根据类型和名称选择对象。
- 选择区域 ▦：包括矩形、椭圆和自由边选择框三种。默认为矩形，按住鼠标左键拖动来进行选择。
- 窗口 / 交叉 ▣：设置选择物体时的选择类型方式。
- 选择并移动 ✛：用户可以对选择的物体进行旋转操作。
- 选择并旋转 ↻：单击旋转工具后，用户可以对选择的物体进行移动操作。
- 选择并均匀缩放 ▣：用户可以对选择的物体进行等比例的缩放操作。
- 选择并放置 ☝：将对象准确地定位到另一个对象的曲面上，随时可以使用，不仅限于在创建对象时。
- 参考坐标系 视图 ▾：指定用于变换的坐标系，包括 10 种选项。
- 使用轴点中心 ▨：选择多个物体时可以通过此命令来设定轴中心点坐标的类型。
- 选择并操纵 ✛：通过拖动视口操纵器，编辑某些对象、修改器和控制器的参数。
- 键盘快捷键覆盖切换 ▣：在只使用"主用户界面"快捷键和同时使用主快捷键和组快捷键之间进行切换。
- 捕捉开关 ³ᵉ：可以使用用户在操作时进行捕捉创建或修改，可切换 2D 和 2.5D。
- 角度捕捉切换 ⌳：确定多数功能的增量旋转，设置的增量围绕指定轴旋转。
- 百分比捕捉切换 %：通过指定百分比增加对象的缩放。
- 微调器捕捉切换 ⇅：设置 3ds Max 2020 中所有微调器的单个单击所有增加减少的值。
- 管理选择集 ✏ 创建选择集 ▾：无模式对话框。通过该对话框可以直接从视口创建命名选择集或选择要添加到选择集的对象。
- 镜像 ▥：可以对选择的物体进行镜像操作，如复制、关联复制等。
- 对齐 ▤：方便用户对物体进行对齐操作。
- 切换"场景资源管理器" ▦：切换"场景资源管理器"面板。
- 切换层资源管理器 ▤：对场景中的物体可以使用此工具分类，即将物体放在不同的层中进行操作，以便用户管理。
- 显示功能区 ▦：切换显示功能区。
- 曲线编辑器 ▣：打开用于以功能曲线形式处理动画数据的窗口。
- 图解视图 ⤓：基于节点的场景图，设置场景中元素的显示方式等。
- 材质编辑器 ▧：打开材质编辑器，可以对物体进行材质的创建和编辑。
- 渲染设置 ▨：打开"渲染设置"面板，用于设置渲染参数。
- 渲染帧窗口 ▥：打开渲染窗口，可以选择区域或特殊区域进行渲染，也可以对渲染图像进行保存操作。
- 渲染产品 ☕：渲染激活视口中的场景对象。
- 在线渲染 ☁：打开用于通过 Autodesk A360 设置在线渲染的对话框。
- 打开 A360 库 ▦：在默认 Web 浏览器中打开 A360 图像库的主页。

1.2.3 命令面板

命令面板位于工作视窗的右侧，是 3ds Max 最基本的面板，用户创建模型、修改参数等操作都需要使用到该面板。命令面板由 6 个面板组成，分别是"创建"面板、"修改"面板、"层次命令"面板、"运动命令"面板、"显示命令"面板和"实用程序"面板，通过这些面板可访问绝大部分的建模和编辑命令，如图 1-11 所示。

图 1-11

▶ "创建"面板：该面板提供创建对象的命令，包括几何形、图形、灯光、摄像机、辅助对象、空间扭曲、系统，这是在 3ds Max 中构建新场景的第一步。

▶ "修改"面板：该面板用于修改对象的参数和特征属性。

▶ "层次命令"面板：用于调解相互连接物体的层级关系。

▶ "运动命令"面板：该面板用于设置各个对象的运动方式和轨迹以及高级动画设置。

▶ "显示命令"面板：通过显示命令面板可以访问场景中控制对象显示方式的工具。可以隐藏和取消隐藏、冻结和解冻对象改变其显示特性、加速视口显示及简化建模步骤。

▶ "实用程序"面板：通过该面板可以访问各种 3ds Max 小型程序，并可以编辑各个插件，它是 3ds Max 系统与用户之间对话的桥梁。

1.2.4　视图区

视图区是 3ds Max 的主要工作区域，通常称之为视口或者视图。默认情况下被分割为 4 个相等的视口，每个视口的左上角都有一个标签，启动 3ds Max 后默认的 4 个视口的标签是 Top（顶视口）、Front（前视口）、Left（左视口）和 Perspective（透视视口），如图 1-12 所示。

每个视口都包含垂直和水平的线，这些线组成了 3ds Max 的主栅格。主栅格包含黑色垂直线和黑色水平线，这两条线在三维空间的中心相交，交点的坐标是 X=0、Y=0 和 Z=0。其余栅格都为灰色显示。

顶视口、前视口和左视口显示的场景没有透视效果，这就意味着在这些视口中同一方向的栅格线总是平行的，不能相交。透视口类似于人的眼睛和摄像机观察时看到的效果，视口中的栅格线是可以相交的。

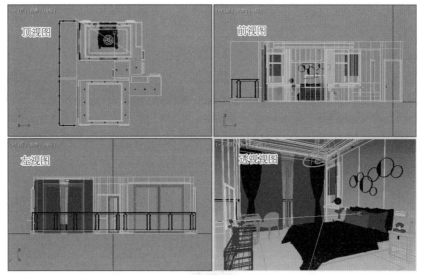

图 1-12

注意事项

激活视图后视图边框呈黄色，用户可以在其中进行创建或编辑模型操作，在视图中单击鼠标左键和右键都可以激活视图。单击鼠标右键或者在视图的空白处单击鼠标左键都可以正确激活视图，需要注意的是使用鼠标左键激活视图时，有可能会因为失误而选择物体，从而错误执行另一个命令操作。

1.2.5 动画控制栏

动画控制栏在工作界面的底部，主要用于在制作动画时进行动画记录、动画帧选择、控制动画的播放和动画时间的控制等，如图 1-13 所示。

图 1-13

由图可知，动画控制栏由自动关键点、设置关键点、选定对象、关键点过滤器、控制动画显示区和"时间配置"按钮 6 大部分组成。

▶ 自动关键点：打开该按钮后，时间帧将显示为红色，在不同的时间上移动或编辑图形即可设置动画。

▶ 设置关键点：控制在合适的时间创建关键帧。

▶ 关键点过滤器：在"设置关键点过滤器"对话框中，可以对关键帧进行过滤，只有当某个复选框被选择后，有关该选项的参数才可以被定义为关键帧。

▶ 控制动画显示区：控制动画的显示，其中包含转到开头、关键点模式切换、上一帧、播放动画、下一帧、转到结尾、设置关键帧位置等，在该区域单击指定按钮，即可执行相应的操作。

▸ 时间配置：单击该按钮，即可打开时间配置对话框，在其中可以设置动画的时间显示类型、帧速度、播放模式、动画时间和关键点字符等。

1.2.6　视图导航栏

视图导航栏主要用于控制视图的大小和方位，通过导航栏内相应的按钮，可以更改视图中物体的显示状态。视图导航栏由缩放、缩放所有视图、最大化显示选定对象、所有视图最大化显示选定对象、视野、穿行、环绕子对象、最大化视口切换 8 个按钮组成，视图导航栏会根据当前视图的类型进行相应的更改，如图 1-14 所示。

图 1-14

▸ 缩放 🔍：当在"透视图"或"正交"视口中进行拖动时，使用"缩放"可调整视口放大值。

▸ 缩放所有视图 👐：在 4 个视图中任意一个窗口中按住鼠标左键拖动可以看 4 个视图同时缩放。

▸ 缩放区域 🔍：在视图中框选局部区域，将它放大显示。

▸ 最大化显示选定对象 🔍：在编辑时可能会有很多物体，当用户要对单个物体进行观察操作时，可以使此命令最大化显示。

▸ 所有视图最大化显示选定对象 👐：选择物体后单击，可以看到 4 个视图同时放大化显示的效果。

▸ 视野 ▷：调整视口中可见场景数量和透视张量。

▸ 平移视图 🖐：沿着平行于视口的方向移动摄像机。

▸ 环绕子对象 👐：使用视口中心作为旋转的中心。如果对象靠近视口边缘，则可能会旋转出视口。

▸ 最大化视口切换 🖵：可在其正常大小和全屏大小之间进行切换。

1.2.7　状态和提示栏

状态和提示栏位于工作界面的左下角，主要提示当前选择的物体数目、激活的命令、坐标位置和当前栅格的单位等，如图 1-15 所示。

| | 未选定任何对象 | 🔒 ⊞ X：-917.22mm Y：-636.724m Z：0.0mm 栅格 = 10.0mm |
| 未发现数据！ | 单击或单击并拖动以选择对象 | 添加时间标记 |

图 1-15

 上手实操：自定义工作界面

为了更好地使用软件和观察场景，下面来设置工作界面颜色和视口的显示，具体操作步骤介绍如下。

Step01：启动 3ds Max 应用程序，默认的工作界面如图 1-16 所示。

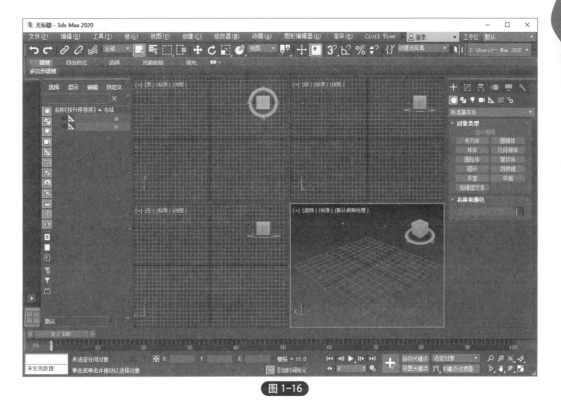

图 1-16

Step02：执行"自定义 > 自定义用户界面"命令，打开"自定义用户界面"对话框，切换到"颜色"选项卡，如图 1-17 所示。

Step03：在对话框下方单击"加载"按钮，打开"加载颜色文件"对话框，从 3ds Max 的安装路径 X：\Autodesk\3ds Max\fr-FR\UI 下选择 ame-light.clrx 文件，如图 1-18 所示。

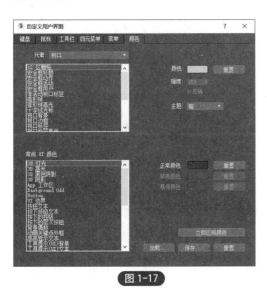

图 1-17

图 1-18

Step04：单击"打开"按钮，即可看到 3ds Max 的工作界面颜色变成了浅灰色，如

图 1-19 所示。直接关闭"自定义用户界面"对话框。

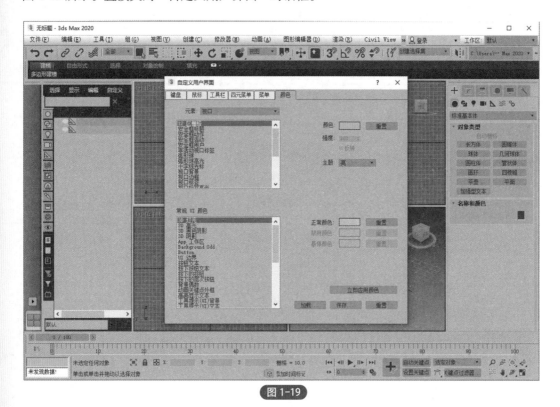

图 1-19

Step05：在菜单栏的空白处单击鼠标右键，打开一个快捷菜单，上面已经勾选的就是当前工作界面中显示的浮动工具栏或面板，如图 1-20 所示。

Step06：取消勾选部分不常使用的选项，如图 1-21 所示。

图 1-20

图 1-21

Step07：设置后的工作界面如图 1-22 所示。

至此完成本案例的操作。

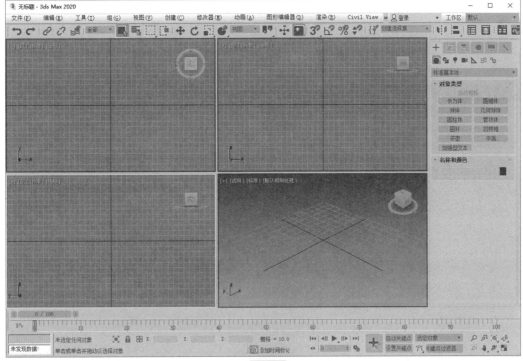

图 1-22

1.3 视口设置

在 3ds Max 中进行的大部分工作都是在视口中单击和拖拽，因此，有一个便于观察和操作的视口非常重要。许多用户发现，默认的视口布局可以满足他们的大部分需要，但是有时还需要对视口的布局、大小或者显示方式做些改动，这些都可以在"视口配置"对话框中进行设置。用户可以通过以下方式打开"视口配置"对话框。

- 执行"视图 > 视口配置"命令。
- 在视口左上角单击"+"号展开列表，选择"配置视口"命令。
- 在视口左上角单击"视图质量"导航按钮展开列表，选择"视口全局设置"命令。
- 在视口右上角右键单击 ViewCube 图标，在弹出的快捷菜单中选择"配置"命令。

1.3.1 视口布局

3ds Max 默认有 4 个视口，对于日常操作来说是比较合适的。如果用户希望使用其他类型的布局方式，可以通过"视口配置"对话框的"布局"选项卡进行设置，在该面板中包含 14 种视图布局类型，如图 1-23 所示。

1.3.2 视觉样式

为了方便建模人员的各种操作和观察，3ds Max 提供了 9 种视觉样式。在视口左上角单击视觉样式即可打开下拉列表，如图 1-24 所示。

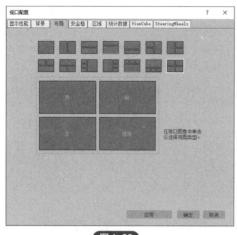

图 1-23

图 1-24

▶ 默认明暗处理：使用 Phong 明暗处理对几何体进行平滑明暗处理。

▶ 面：将几何体显示为面状。

▶ 边界框：仅显示每个对象边界框的边。

▶ 平面颜色：使用原始颜色对几何体进行明暗处理，忽略照明。

▶ 隐藏线：隐藏法线指向远离视口的面和顶点，以及被邻近对象遮挡的对象的任意部分，会出现阴影效果。

▶ 粘土：将几何体显示为均匀的赤土色。

▶ 样式化：将整个视口显示为特殊的样式效果，包括石墨、彩色铅笔、墨水、彩色墨水、亚克力、彩色蜡笔、技术 7 种。

▶ 线框覆盖：将几何体显示为线框。

▶ 边面：在默认明暗处理或者面的基础上显示边。默认为禁用。

1.3.3　视口安全框

安全框就是视图中的安全线，显示安全框是为了控制渲染输出视图的纵横比，表明哪些模型在渲染范围内，哪些模型超出了渲染范围。

单击摄影机视口左上角的视图导航按钮，从打开的列表中选择"显示安全框"选项，即可开启视口安全框，如图 1-25、图 1-26 所示。

图 1-25

图 1-26

默认情况下视口中仅显示活动区域，用户也可以通过"视口配置"对话框设置显示动作安全区、标题安全区、用户安全区，如图 1-27 所示。

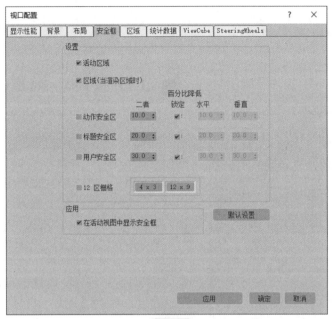

图 1-27

- 活动区域：该区域将被渲染，而不考虑视口的纵横比或尺寸。
- 动作安全区：在该区域内包含渲染动作是安全的。
- 标题安全区：在该区域中包含标题或其他信息是安全的。
- 用户安全区：显示可用于任何自定义要求的附加安全框。

1.4 设置绘图环境

在开始建模之前，需要进行一些准备工作，使绘图环境符合自己的工作习惯，如设置场景单位、快捷键、自动备份等。

1.4.1 单位设置

系统单位是连接 3ds Max 三维世界与物理世界的关键。在导入外部模型时，如果二者设置的单位不同，可能会出现比例失调的情况，所以在创建和导入模型之前都需要进行单位设置。

执行"自定义 > 单位设置"命令，打开"单位设置"对话框。在该对话框中可以建立单位显示的方式，通过它可以在通用单位和标准单位（英尺和英寸、公制）间进行选择，如图 1-28 所示。

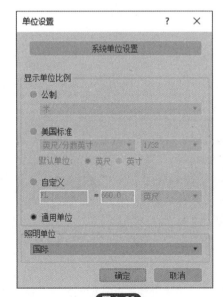

图 1-28

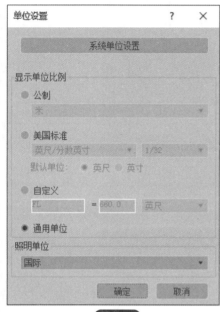

图 1-29

扫一扫 看视频

上手实操：设置系统单位

在使用 3ds Max 进行模型的创建操作之前，先设置合适的系统单位，具体操作步骤介绍如下。

Step01：启动 3ds Max 应用程序，执行"自定义 > 单位设置"命令，打开"单位设置"对话框，如图 1-29 所示。

Step02：单击"系统单位设置"按钮，打开"系统单位设置"对话框，设置系统单位为"毫米"，如图 1-30 所示。单击"确定"按钮关闭对话框。

Step03：返回"单位设置"对话框，选择显示单位为"公制"，再设置单位为"毫米"，如图 1-31 所示。单击"确定"按钮关闭对话框，至此完成本案例的操作。

图 1-30

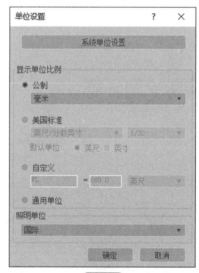

图 1-31

1.4.2 快捷键设置

利用快捷键创建模型可以大大提高工作效率，节省寻找菜单命令或者工具的时间。为了避免快捷键和外部软件的冲突，用户可以自定义设置快捷键。

在"自定义用户界面"对话框中可以设置快捷键，如图1-32所示。用户可以通过以下方式打开"自定义用户界面"对话框。

- 执行"自定义 > 自定义用户界面"命令。
- 在工具栏右键单击"键盘快捷键覆盖切换"按钮 。
- 在菜单栏空白处单击鼠标右键，在弹出的快捷菜单中选择"自定义"命令。

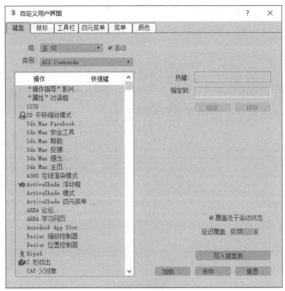

图1-32

1.4.3 文件自动备份

在3ds Max的使用过程中，经常会遇到卡机、软件崩溃或者断电等突发状况，如果费了很大工夫制作场景却未保存文件，就需要重头来过。为了应对上述情况，可以在"首选项设置"对话框的"文件"选项卡中启用"自动备份"功能，如图1-33所示。

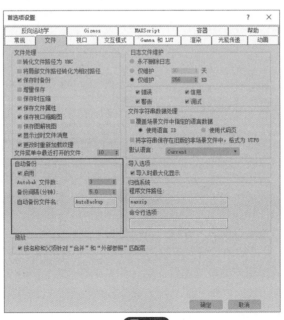

图1-33

用户可通过以下方式打开"首选项设置"对话框。

▸ 执行"自定义 > 首选项"命令。

▸ 执行"文件 > 首选项"命令。

 注意事项

在插入或创建的图形文件较大时，计算机的屏幕显示性能会变差，系统的保存速度也会越来越慢，从而影响工作效率。为了提高计算机性能，用户可以将备份间隔保存时间设置得久一些。

上手实操：设置文件自动备份

下面根据自身需求来设置文件自动备份，具体操作步骤介绍如下。

Step01：执行"自定义 > 首选项"命令，打开"首选项设置"对话框，如图 1-34 所示。

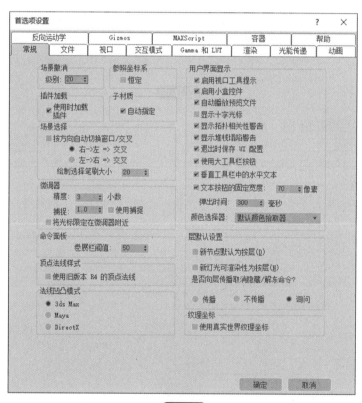

图 1-34

Step02：切换到"文件"选项卡，在"自动备份"选项组勾选"启用"复选框，开启自动备份，设置 Autobak 文件数和备份间隔时间，如图 1-35 所示。

备份间隔时间可根据用户的电脑配置而定，如果电脑配置较高，软件运行流畅，可以适当设置较短的间隔时间；如果电脑配置不高，操作较大场景时比较卡顿，则需要设置较长的间隔时间。

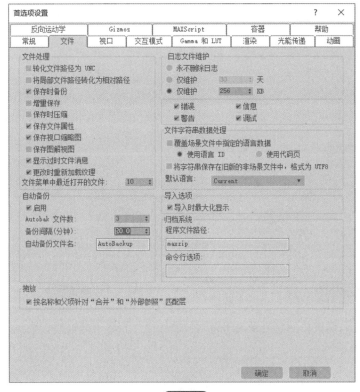

图 1-35

扫一扫 看视频

综合实战：自定义视口

本案例介绍视口的显示设置，以便于更好地使用软件和观察场景，具体操作步骤介绍如下。

Step01：启动 3ds Max 应用程序，打开素材场景模型，默认显示效果如图 1-36 所示。

Step02：在摄影机视图单击视图导航按钮，在展开的列表中选择"显示安全框"选项，启用安全框，当前的视图区效果如图 1-37 所示。

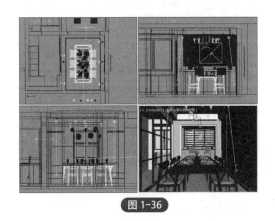

图 1-36

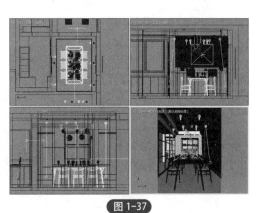

图 1-37

Step03：执行"视图 > 视口配置"命令，打开"视口配置"对话框，切换到"布局"选项卡，选择左二右一的视图布局类型，如图 1-38 所示。

Step04：单击"应用"按钮，可以看到视图区的布局发生了变化，如图 1-39 所示。如果确定使用该布局类型，单击"确定"按钮即可；如果要使用其他布局类型，可以继续选择。

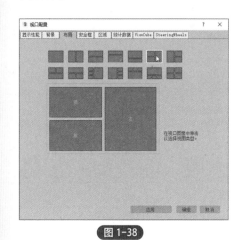

图 1-38

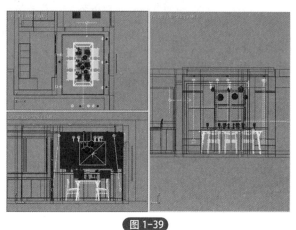

图 1-39

Step05：在右侧视口的左上角单击视图导航按钮，设置该视口为摄影机视图，并显示安全框，如图 1-40 所示。

Step06：再单击视觉样式导航按钮，设置该视口的视觉样式为"默认明暗处理"，如图 1-41 所示。至此完成本案例的操作。

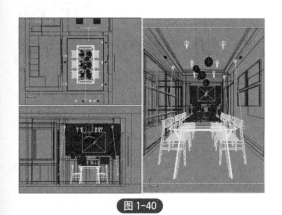

图 1-40

图 1-41

✏ 课后作业

本章对 3ds Max 的基本操作进行了全面讲解，包括工作界面的设置、视口布局、绘图环境的自定义等。熟练掌握这些操作将会为后面的学习奠定良好的基础。

> **习题 1：**
>
> 设置软件的快捷键，以避免与其他软件相冲突，参考图 1-42。
>
> 操作提示：在"自定义用户界面"对话框中，首先移除原有快捷键，然后指定新的快捷键。

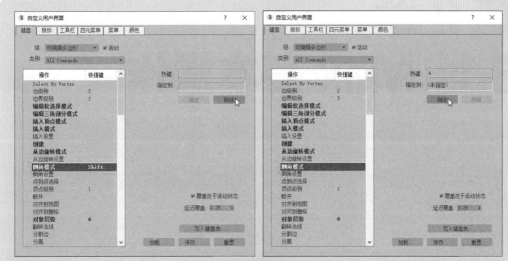

图 1-42

习题 2：

为了提高绘图的便捷性，更改视口的布局方式，以充分满足设计需要，如图 1-43 所示。

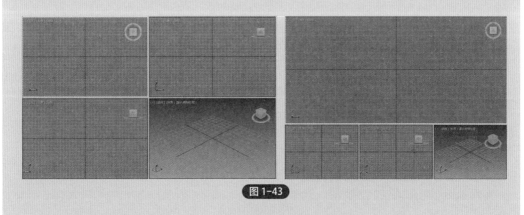

图 1-43

操作提示：视口布局样式可根据个人使用习惯进行调整。

第2章
3ds Max 基本操作

📄 **内容导读：**

任何应用程序的基本操作的学习都是非常重要的一个环节，对于初学者来说，掌握 3ds Max 的基本操作是进一步学习的基础。本章介绍了 3ds Max 图形文件的管理操作以及图形对象的选择、变换、克隆、镜像、阵列等编辑操作，熟练运用这些命令能够大大提高工作效率。

🎯 **学习目标：**

- 熟悉场景的新建、重置
- 熟悉文件的打开、保存
- 掌握文件的合并、归档
- 熟悉图形对象的选择、对齐、成组
- 掌握图形对象的变换、克隆、镜像、阵列

2.1 管理场景文件

3ds Max 提供了关于场景及文件的基本操作命令，包括新建、重置、打开、保存、导入、归档等。

2.1.1 新建场景

启动 3ds Max 后，系统会自动打开一个新的场景，用户也可以在任何时候创建一个新的场景。执行"文件 > 新建"命令，在其级联菜单中将出现 2 种新建方式，如图 2-1 所示。

▶ 新建全部：选择该新建方式会在新建场景时清除所有的对象并不保留当前的系统设置。

▶ 从模板新建：用新场景刷新 3d Max，并根据需要选择是否保留旧场景。

按 Ctrl+N 组合键同样可以新建场景，系统会弹出"新建场景"对话框，单击"确定"按钮即可，如图 2-2 所示。

图 2-1

图 2-2

2.1.2 重置场景

用户如果要重新设置界面，可以使用"重置"命令，该命令会清除所有数据并重置 3ds Max 设置（包括视口配置、捕捉设置、材质编辑器、背景图像等），还可以还原启动默认设置，并移除当前会话期间所做的任何自定义设置。使用"重置"命令与退出并重新启动 3ds Max 的效果相同。

执行"文件 > 重置"命令，系统会弹出提示框，如图 2-3 所示。用户可以根据需要选择"保存""不保存"或"取消"操作。如果已操作的场景尚未保存，执行"重置"命令后则会先弹出是否保存的提示框，如图 2-4 所示。

图 2-3

图 2-4

2.1.3　打开文件

如果需要打开一个已保存的场景文件，可以使用"打开"命令。执行"文件 > 打开"命令，或者按 Ctrl+O 组合键，会打开"打开文件"对话框，从路径中选择需要打开的文件即可，如图 2-5 所示。

图 2-5

知识链接 ⌕

如果要打开最近使用过的文件，可以执行"文件 > 打开最近"命令，在其级联菜单中会显示最近打开过的场景文件，默认为 10 个。

2.1.4　保存文件

场景发生改变后，需要使用"保存"命令将其保存。

（1）保存当前场景

执行"文件 > 保存"命令，或者按 Ctrl+S 组合键，首次进行保存操作，系统会弹出"文件另存为"对话框，用户可以设置场景文件的名称和存储路径，如图 2-6 所示。

（2）保存指定对象

如果要将场景中的某个对象单独保存为一个场景文件，需要先选择该对象，执行"文件 > 保存选定对象"命令即可。

（3）另存为场景文件

"另存为"命令可以将一个场景重新保存为一个新的场景文件。

图 2-6

2.1.5 合并文件

"合并"命令可以将另一个场景中的一个或多个对象导入至当前的场景中。

执行"文件 > 导入 > 合并"命令，打开"合并文件"对话框，如图 2-7 所示。选择要导入的文件后单击"打开"按钮，会弹出"合并"对话框，在该对话框中可以选择要合并的对象，如图 2-8 所示。

图 2-7

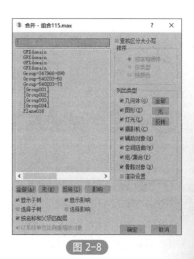

图 2-8

"合并"对话框中常用选项含义介绍如下。

▶ 对象列表：显示合并文件中的对象列表。群组对象以 [ ] 显示。"全部"表示全部选择，"无"表示不选择，"反转"表示反向选择，"影响"表示突出显示选定对象的影响。

- 显示子树：表示对已经进行层次链接的对象以缩进格式显示。
- 选择子树：表示将其下级的层级对象一并选择。
- 显示影响：选择列表窗口中的某项时，其所有影响显示为蓝色。
- 选择影响：选择列表窗口中的某项时，突出显示其所有影响。
- 列出类型：控制何种类型的对象在列表中显示。

2.1.6　归档文件

"归档"命令用于将当前编辑的场景（包括关联的位图和路径）进行归集并生成压缩文件或 TXT 格式文件存盘。

执行"文件 > 归档"命令，系统会弹出"文件归档"对话框，用户可在该对话框中设置归档路径及名称，如图 2-9 所示。单击"保存"按钮，3ds Max 会自动查找场景中参照的文件，并在可执行文件的文件夹中创建归档文件。在归档处理期间，将显示日志窗口。

图 2-9

 上手实操：导入 CAD 图形

扫一扫 看视频

下面将绘制好的 CAD 图形文件导入到 3ds Max 中，具体操作步骤介绍如下。

Step01：启动 3ds Max 应用程序，设置系统单位和显示单位都为"毫米"，如图 2-10 所示。

Step02：执行"文件 > 导入"命令，打开"选择要导入的文件"对话框，如图 2-11 所示。

Step03：单击"打开"按钮，接着会打开"AutoCAD DWG/DXF 选项"对话框，如图 2-12 所示。在"模型大小"选项组可以看到传入的文件单位为"毫米"，如果导入的 CAD 文件单位与 3ds Max 不符，则需要勾选"重缩放"复选框。

Step04：单击"确定"按钮即可将 CAD 图形导入到当前场景，如图 2-13 所示。至此完成本案例的操作。

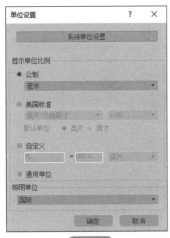

图 2-10

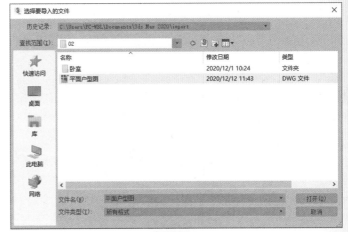

图 2-11

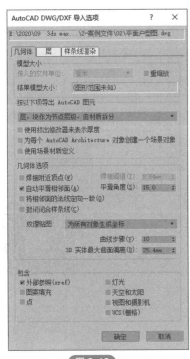

图 2-12

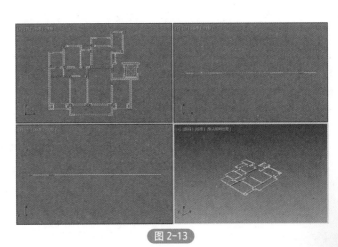

图 2-13

 上手实操：将创建好的场景归档

下面为创建好的场景制作压缩文件，具体操作步骤介绍如下。

Step01： 打开制作好的素材场景模型，如图 2-14 所示。

Step02： 执行"文件 > 归档"命令，打开"文件归档"对话框，指定文件存储路径，再输入文件名，如图 2-15 所示。

Step03： 单击"确定"按钮，系统会弹出一个命令行程序，会将场景中所有的贴图、光域网和模型等进行归类，如图 2-16 所示。

扫一扫 看视频

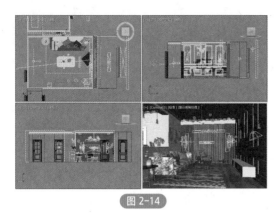

图 2-14

图 2-15

Step04：归类完毕后，命令行程序会自动关闭，在指定路径会看到创建好的压缩文件，如图 2-17 所示。

图 2-16

图 2-17

进阶案例：合并模型至当前场景

扫一扫 看视频

下面将一个客厅场景中的灯光文件合并至卧室场景，具体操作步骤介绍如下。

Step01：打开制作好的素材场景模型，渲染场景，效果如图 2-18 所示。

Step02：执行"文件 > 导入 > 合并"命令，打开"合并文件"对话框，从本地磁盘文件夹选择"装饰画"模型文件，如图 2-19 所示。

图 2-18

图 2-19

Step03：单击"打开"按钮，接着会打开"合并"对话框，在左侧列表中选择要合并的对象，如图 2-20 所示。

Step04：单击"确定"按钮即可将对象合并到当前场景，对象的位置与源文件的坐标位置一致，如图 2-21 所示。

图 2-20

图 2-21

Step05：激活"选择并移动"工具，移动对象的位置，再调整位置及比例，如图 2-22 所示。

Step06：照此操作方法再合并吊灯、落地灯模型到场景中，调整其位置及比例，如图 2-23 所示。至此完成本案例的操作。

Step07：渲染场景后效果如图 2-24 所示。（渲染等操作将会在后面章节进行详细介绍）

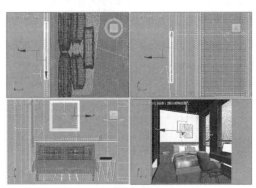

图 2-22

图 2-23

图 2-24

2.2 图形对象的基本操作

在场景的创建过程中常会需要对图形对象进行一些基本操作，包括对象的选择、变换、捕捉、对齐、镜像、阵列、隐藏、冻结等。

2.2.1 选择对象

在对一个或一组对象进行编辑之前，首先要选择该对象。快速并准确地选择对象，是熟练运用 3ds Max 的关键。3ds Max 的选择操作非常灵活，用户可以通过单击、框选、筛选等操作进行选择。

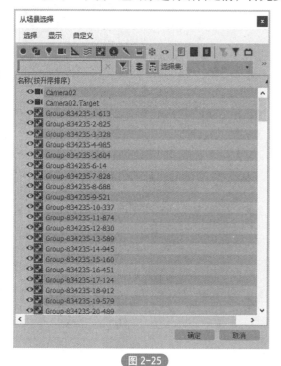

图 2-25

2.2.1.1 选择按钮

选择对象的工具主要有"选择对象"和"按名称选择"两种，前者可以直接框选或单击选择一个或多个对象，后者则可以通过对象名称进行选择。

（1）单击选择对象

激活"选择对象"按钮后，可以单击选择对象，被选中的对象以高亮显示。按住 Ctrl 键的同时单击对象，可以增选对象；按住 Shift 键的同时单击对象，可以增选对象或减选对象。

（2）按名称选择

单击"按名称选择"按钮 可以打开"从场景选择"对话框，如图 2-25 所示。用户可以在下方对象列表中双击对象名称进行选择，也可以在输入框中输入对象名称进行选择。

2.2.1.2 区域选择

区域选择的形状包括矩形选区、圆形选区、围栏选区、套索选区、绘制选择区域、窗口及交叉几种。执行"编辑 > 选择区域"命令，在其级联菜单中可以选择需要的选择方式。

（1）矩形选区

矩形区域选择是 3ds Max 系统默认的选择方式，在该模式下可以使用鼠标拖出一个矩形框来进行选择，如图 2-26 所示。

（2）圆形选区

圆形区域选择是以视图上的一点为圆心拖出一个圆形区域，释放鼠标后，区域内的物体会被选中，如图 2-27 所示。

（3）围栏选区

围栏区域选择可以在视图上画出任意多边形，当鼠标依次单击并回到起点再次单击后，多边形区域内的物体将会被选中，如图 2-28 所示。

（4）套索选区

套索区域选择类似于矩形区域选择的方法，按住并拖动鼠标，可以绘制出非常特殊的形

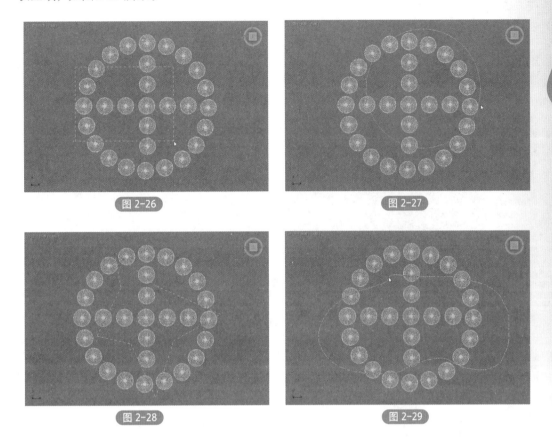

图 2-26

图 2-27

图 2-28

图 2-29

（5）绘制选择区域

绘制选择区域可以在视图上连续性地选择物体，在视图上按住并移动鼠标时，鼠标指针上会出现一个圆形标记，移动鼠标，被圆形标记经过的物体都会被选择，如图 2-30 所示。

2.2.1.3　过滤选择

"选择过滤器"中将对象分为全部、几何体、图形、灯光、摄影机、辅助对象、扭曲等12 个类型，如图 2-31 所示。利用"选择过滤器"可以对对象的选择进行范围限定，屏蔽其他对象而只显示限定类型的对象以便于选择。当场景比较复杂，且需要对某一类对象进行操作时，可以使用"选择过滤器"。

图 2-30

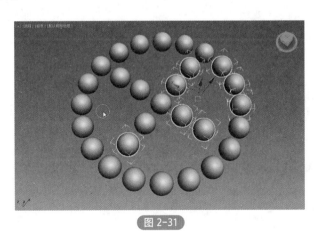

图 2-31

2.2.2　变换对象

变换对象是指将对象重新定位，包括改变对象的位置、旋转角度或者变换对象的比例等。用户可以选择对象，然后使用主工具栏中的各种变换按钮来进行变换操作。

（1）选择并移动

"选择并移动"工具可以选择对象并对其进行移动操作。单击工具栏中的"选择并移动"

按钮，在视图中选择需要移动的对象，即可沿轴或沿平面自由移动对象，如图2-32所示。

（2）选择并缩放

"选择并缩放"工具可以选择对象并对其进行缩放操作，如图2-33所示。在工具栏中包括3种缩放工具，分别为"选择并均匀缩放""选择并非均匀缩放""选择并挤压"。

▶选择并均匀缩放：在三个轴上对对象进行等比例缩放变换，缩放结果只改变对象

图 2-32

的体积而不改变对象的形状。

▶选择并非均匀缩放：可将对象在指定的坐标轴或坐标平面内进行缩放，缩放结果是对象的体积和形状都发生改变。

▶选择并挤压：可将对象在指定的坐标轴上做挤压变形，缩放结果改变对象的形状而不改变对象的体积。

（3）选择并旋转

"选择并旋转"工具可将选择对象绕定义的坐标轴进行旋转，如图2-34所示。

图 2-33

图 2-34

（4）使用"变换输入"工具框

为了精确地变换对象的位置，可以执行"编辑 > 变换输入"命令，打开"变换输入"工具框，在该对话框中可以输入用于精确变换的数字坐标或偏移量，如图2-35所示。

该对话框是非模态的，允许根据需要选定新对象或在各种变换工具之间切换。如果激活"选择并移动"工具，则会打开"移动变换输入"工具框，如图2-36所示；如果激活"移动并缩放"工具，则会打开"缩放变换输入"工具框，如图2-37所示；如果激活"移动并旋转"工具，则会打开"旋转变换输入"工具框，如图2-38所示。

图 2-35

图 2-36

图 2-37

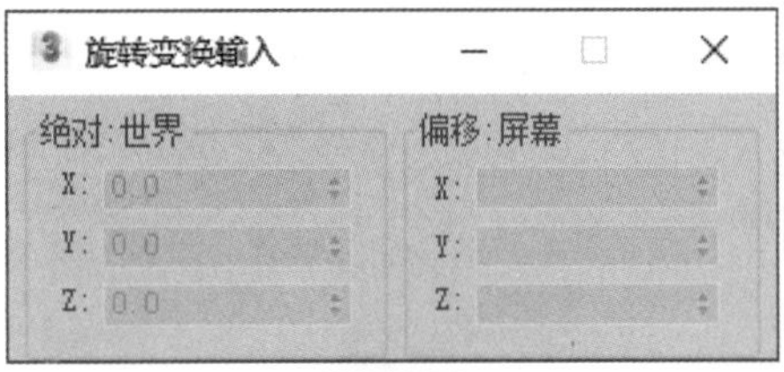

图 2-38

2.2.3 克隆对象

复制对象也就是创建对象的副本，是建模过程中经常会使用的操作，其通用术语为克隆，3ds Max 提供了多种克隆方式。

▶ 选择对象后，执行"编辑 > 克隆"命令，如图 2-39 所示。

▶ 选择对象后，按 Ctrl+V 组合键。

▶ 按住 Shift 键的同时使用移动、旋转或缩放工具，如图 2-40 所示。

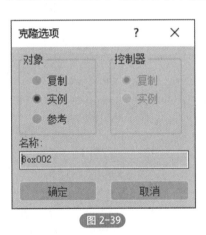

图 2-39

图 2-40

克隆方式包括复制、实例、参考三种，各选项含义介绍如下。

▶ 复制：创建一个与原始对象完全无关的克隆对象。修改一个对象时，不会对另一个对象产生影响。

▶ 实例：创建与原始对象完全可交互的克隆对象。修改实例对象时，原始对象也会发生相同的改变。

▶ 参考：克隆对象时，创建与原始对象有关的克隆对象。参考对象之前更改对该对象应用的修改器的参数时，将会更改这两个对象。但是，新修改器可以应用参考对象之一。因此，它只会影响应用该修改器的对象。

▶ 副本数：用于设置复制对象的数量。

2.2.4 镜像对象

图 2-41

"镜像"命令可将当前选择的对象按指定的坐标轴进行移动镜像或复制镜像，快速地生成具有对称性质的另一半。

选择对象，在主工具栏上单击"镜像"按钮将会打开"镜像"对话框，如图 2-41 所示。在开启的对话框中设置镜像参数，然后单击"确定"按钮即可完成镜像操作。

▶ "镜像轴"选项组：表示镜像轴选择为 X、Y、Z、XY、YZ 和 ZX。选择其一可指定镜像的方向。这些选项等同于"轴约束"工具栏上的选项按钮。其中偏移选项用于指定镜像对象轴点距原始对象轴点之间的距离。

▶ "克隆当前选择"选项组：用于确定由"镜像"功能创建的副本的类型。默认设置为"不克隆"。

▶ 镜像 IK 限制：当围绕一个轴镜像几何体时，会导致镜像 IK 约束（与几何体一起镜像）。如果不希望 IK 约束受"镜像"命令的影响，可禁用此选项。

2.2.5 阵列对象

"阵列"命令可以以当前选择对象为参考，进行一系列复制操作。在视图中选择一个对象，然后执行"工具 > 阵列"命令，系统会弹出"阵列"对话框，如图 2-42 所示。在该对话框中用户可指定阵列尺寸、偏移量、对象类型以及变换数量等。

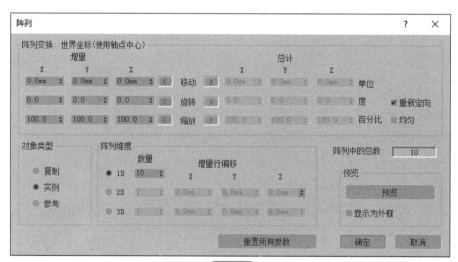

图 2-42

- 增量：用于设置阵列物体在各个坐标轴上的移动距离、旋转角度以及缩放程度。
- 总计：用于设置阵列物体在各个坐标轴上的移动距离、旋转角度和缩放程度的总量。
- 重新定向：选择该复选框，阵列对象围绕世界坐标轴旋转时也将围绕自身坐标轴旋转。
- 对象类型：用于设置阵列复制物体的副本类型。
- 阵列维度：用于设置阵列复制的维数。

2.2.6 对齐对象

"对齐"命令可以用来精确地将一个对象和另一个对象按照指定的坐标轴进行对齐操作。在视图中选择要对齐的对象，然后在工具栏中单击"对齐"按钮，系统会弹出"对齐当前选择"对话框，如图 2-43 所示。在该对话框中用户可对对齐位置、方向进行设置。

图 2-43

- 对齐位置：用于设置位置对齐方式。
- 当前对象/目标对象：分别用于当前对象和目标对象的设置。
- 对齐方向：用于特殊指定方向对齐依据的轴向，右侧括号中显示的是当前使用的坐标系统。
- 匹配比例：用于将目标对象的缩放比例沿指定的坐标轴向施加到当前对象上。

2.2.7 捕捉对象

捕捉操作能够更好地在二维空间中锁定需要的位置，以便进行选择、创建及编辑修改等操作。

2.2.7.1 捕捉工具

与捕捉操作相关的工具按钮包括捕捉开关、角度捕捉、百分比捕捉、微调器捕捉切换。

（1）捕捉开关 3° 2°₅ 2°

这 3 个按钮代表了 3 种捕捉模式，提供捕捉处于活动状态位置的 3D 空间的控制范围。从捕捉对话框中有很多捕捉类型可用，可以用于激活不同的捕捉类型。

（2）角度捕捉 ⌊°

用于切换确定多数功能的增量旋转，包括标准旋转变换。随着旋转对象或对象组，对象以设置的增量围绕指定轴旋转。

（3）百分比捕捉 %

用于切换通过指定的百分比增加对象的缩放。

（4）微调器捕捉 ⬍°

用于设置 3ds Max 中所有微调器的单个单击所增加或减少的值。

2.2.7.2 捕捉设置

当用户需要对场景中的模型进行踩点或者取样坐标时，捕捉工具就显得非常重要。右键单击"捕捉开关"按钮，会打开"栅格和捕捉设置捕"对话框，该对话框的设置可以帮助用户精确快速地帮助用户找到顶点、边或面。

- "捕捉"选项卡：该选项卡中包含了许多捕捉的可选对象，用户可以根据需要对捕捉的对象进行设置，如图 2-44 所示。

▶ "选项"选项卡：该选项卡中包含一些主要用于设置捕捉的通用参数，如捕捉半径、角度、百分比等，如图 2-45 所示。

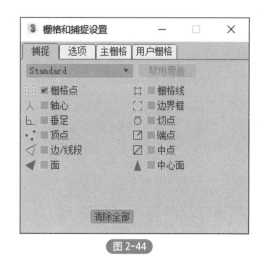

图 2-44

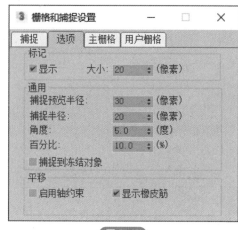

图 2-45

2.2.8　隐藏 / 冻结对象

在视图中选择所要操作的对象，单击鼠标右键，在打开的快捷菜单中将显示隐藏选定对象、全部取消隐藏、冻结当前选项等。

（1）隐藏与取消隐藏

在建模过程中，为了便于操作，常常将部分物体暂时隐藏，以提高界面的操作速度，在需要的时候再将其显示。

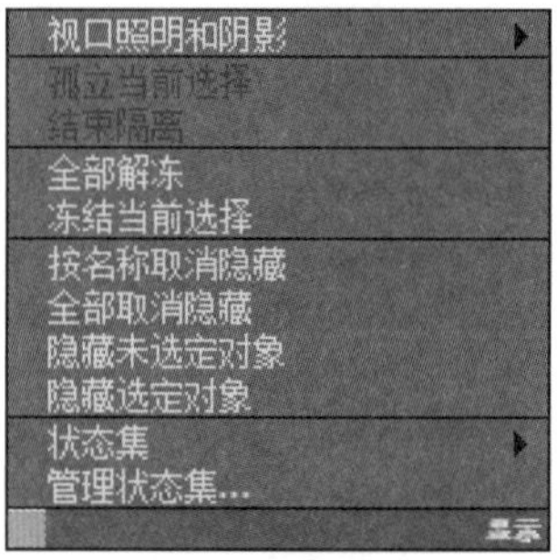

在视口中选择需要隐藏的对象并单击鼠标右键，如图 2-46 所示，在弹出的快捷菜单中选择"隐藏当前选择"或"隐藏未选择对象"命令，将实现隐藏操作。当不需要隐藏对象时，同样在视口中单击鼠标右键，在弹出的快捷菜单中选择"全部取消隐藏"或"按名称取消隐藏"命令，场景的对象将不再被隐藏。

图 2-46

（2）冻结与解冻

在建模过程中为了便于操作，避免场景中对象的误操作，常常将部分物体暂时冻结，在需要的时候再将其解冻。

在视口中选择需要冻结的对象并单击鼠标右键，在弹出的快捷菜单中选择"冻结当前选择"命令，将实现冻结操作。当不需要冻结对象时，同样在视口中单击鼠标右键，在弹出的快捷菜单中选择"全部解冻"命令，场景的对象将不再被冻结。

2.2.9　对象成组

成组操作可将两个或多个对象组合成一个分组对象，并且可以将其视为场景中的单个对象，单击组中任一对象即可选择整个组对象。在"组"菜单中提供了管理组的一系列命令，包括"组""打开""按递归方式打开""关闭""解组""炸开""分离""附加"8 个命令。

▶ 组：可将对象或组的选择集组成为一个组。

▶ 解组：可将当前组分离为其组件对象或组。

- 打开：可暂时对组进行解组，并访问组内的对象。
- 按递归方式打开：可以暂时取消分组所有级别的组，并访问组中任何级别的对象。
- 关闭：可重新组合打开的组。
- 附加：可使选定对象成为现有组的一部分。
- 分离：可从对象的组中分离选定对象。
- 炸开：可解组组中的所有对象。它与"解组"命令不同，后者只解组一个层级。

> **知识链接** ⌀
>
> 当创建组时，组中的所有成员物体都被链接到一个不可见的哑物体上，此时组中物体使用哑物体的轴点和本地变换坐标系。当用户对组物体施加修改命令后，修改命令将会应用于组中的每一个物体。

上手实操：直接选择场景中的全部灯光

下面将利用选择过滤器选择场景中的全部灯光，具体操作步骤介绍如下。

Step01：打开素材场景模型，并最大化显示顶视图，如图 2-47 所示。

Step02：在主工具栏单击"选择过滤器"，在展开的列表中选择"L- 灯光"选项，如图 2-48 所示。

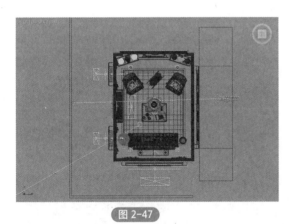

图 2-47

图 2-48

Step03：按 Ctrl+A 组合键，即可选中场景中所有的灯光对象，如图 2-49 所示。

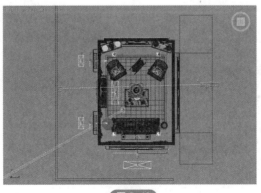

图 2-49

 综合实战：布置书房场景

扫一扫 看视频

下面将为书架场景导入书籍等模型，并对模型进行移动、复制等操作，以完善场景，具体操作步骤介绍如下。

Step01：打开素材文件，渲染场景，效果如图 2-50 所示。

Step02：执行"文件 > 导入 > 合并"命令，打开"合并文件"对话框，从本地磁盘文件夹选择"书籍"模型文件，如图 2-51 所示。

图 2-50

图 2-51

Step03：单击"打开"按钮，打开"合并"对话框，从列表中选择要导入的对象，如图 2-52 所示。

Step04：然后单击"确定"按钮，将模型合并到场景，激活"选择并移动"工具，调整对象位置，如图 2-53 所示。

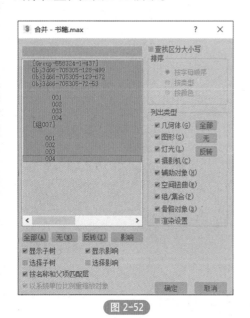

图 2-52

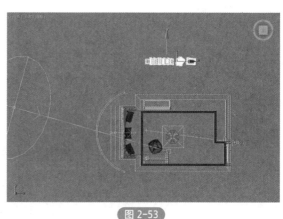

图 2-53

Step05：按住 Ctrl 键加选室内的书架模型和书桌模型，按 Alt+Q 组合键孤立对象，如图 2-54 所示。

Step06：激活"选择并移动"工具，调整模型位置，如图 2-55 所示。

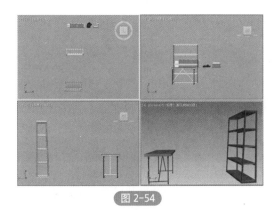

图 2-54

图 2-55

Step07：最大化显示前视图，选择书架上的书籍模型，按住 Shift 键向上移动，在弹出的"克隆选项"对话框中保持默认参数，以"复制"方式克隆对象，如图 2-56 所示。

Step08：再复制底层的书籍模型，向上复制，如图 2-57 所示。

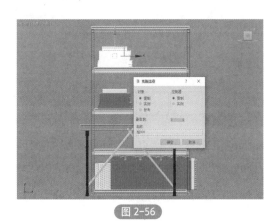

图 2-56

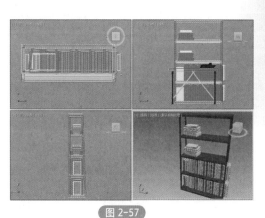

图 2-57

Step09：选择下方两层的书籍模型，执行"组 > 打开"命令，打开两个模型组，如图 2-58 所示。

Step10：选择性删除组中的对象，如图 2-59 所示。

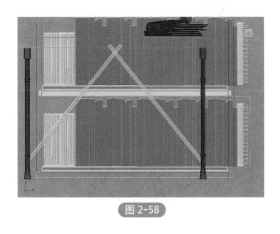

图 2-58

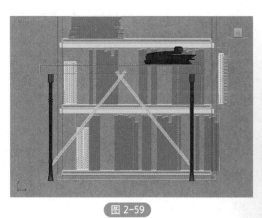

图 2-59

Step11：调整书籍位置，再执行"组 > 关闭"命令，如图 2-60 所示。

Step12：照此方法再调整上方两层的书籍模型，如图 2-61 所示。

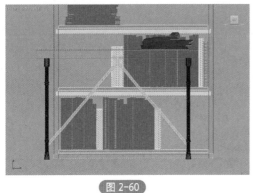

图 2-60

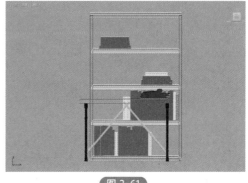

图 2-61

Step13：执行"文件 > 导入 > 合并"命令，打开"合并文件"对话框，从本地磁盘文件夹选择"装饰物"模型文件，导入并调整装饰物的位置和比例，如图 2-62 所示。

Step14：单击鼠标右键，选择"全部取消隐藏"命令，显示所有对象，如图 2-63 所示。

图 2-62

图 2-63

Step15：继续导入绿植模型到当前场景，再调整位置，如图 2-64 所示。

Step16：经过渲染后，场景效果如图 2-65 所示。

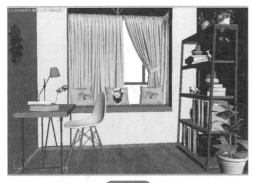

图 2-64

图 2-65

✐ 课后作业

通过本章内容的学习，读者应该对所学知识有了一定的掌握，最后通过下面的课后作业来巩固和练习所学。

习题 1

利用变换工具复制模型，并调整位置和旋转角度，如图 2-66、图 2-67 所示。

图 2-66

图 2-67

操作提示：

Step01：激活"选择并移动"工具，按住 Shift 键移动并复制模型。

Step02：调整对象位置，再激活"选择并旋转"工具，旋转角度。

习题 2

利用镜像工具镜像复制沙发模型，如图 2-68、图 2-69 所示。

图 2-68

图 2-69

操作提示：

Step01：选择沙发模型，在主工具栏单击"镜像"按钮。

Step02：在"镜像"对话框中设置镜像轴和克隆方式。

Step03：移动克隆后的沙发模型，调整位置。

第 3 章
基础建模

📄 内容导读:

为了方便用户的建模工作，3ds Max 提供了常用的基础模型资源，可以快速在场景中创建出简单规则的形体，如长方体、球体、圆柱体等。基础建模是三维设计的第一步，是三维世界的核心和基础。没有一个好的基础，一切好的效果都难以呈现。

通过对本章内容的学习，读者可以了解基本的建模方法与技巧，为后面章节的知识学习做好进一步的铺垫。

🎯 学习目标:

- 了解建模的含义
- 了解建筑对象的创建与编辑
- 掌握样条线的创建与编辑
- 掌握几何体的创建与编辑

3.1 了解建模

建模是指使用 3ds Max 相应的技术手段建立模型的过程，也是 3ds Max 创作作品的第一步。有了模型，设计者才能对模型设置材质、贴图，围绕模型创建灯光，从而得到优秀的设计效果或者动画。

3ds Max 具有多种建模手段，包括样条线建模、几何体建模、修改器建模、多边形建模、网格建模、NURBS 建模，此外还为用户提供了一些成品建筑模型，在建模过程中可以直接调用，如门、窗、楼梯等。本章主要讲述的是样条线建模和几何体建模以及建筑对象的创建，如图 3-1、图 3-2 所示为利用样条线和几何体制作出的模型。

图 3-1    图 3-2

3.2 样条线建模

二维图形是由一条或多条样条线组成的，而样条线又是由顶点和线段组成的，在设计中运用线的点、线段以及线的空间位置不同而得到不同的模拟效果，最终得到设计效果。

3.2.1 样条线

3ds Max 中提供了 13 种样条线类型，如线、矩形、圆、椭圆、弧、圆环等，在"创建"命令面板的"图形"面板选择"样条线"选项，即可看到该面板中的工具按钮，如图 3-3 所示。

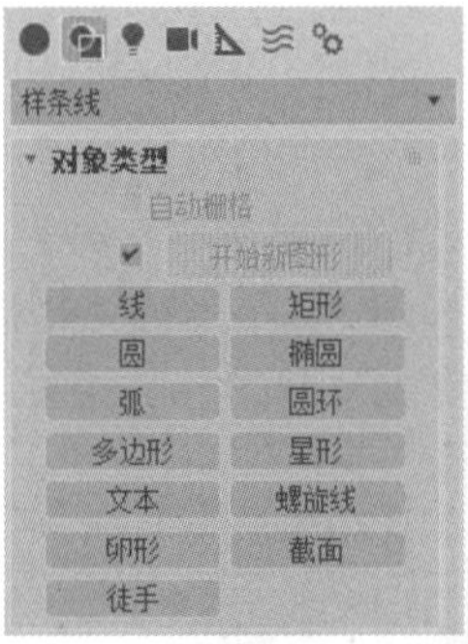

图 3-3

> **知识链接** 🔗
>
> 样条线的应用非常广泛，其建模速度相当快，选择相应的样条线工具后，在视图中拖拽光标就可以绘制出相应的样条线。用户也可以导入 AI 矢量图形来生成三维物体。

（1）线

线是建模中最常用的一种样条线，其使用方法非常灵活，形状也不受约束，可以封闭也可以不封闭，拐角处可以是尖锐也可以是圆滑的。

线的顶点有 3 种类型，分别是"角点""平滑"和 Bezier。由"角点"所定义的点形成的线是严格的折线，由"平滑"所定义的节点形成的线可以是圆滑相接的曲线，由 Bezier（贝赛尔）所定义的节点形成的线是依照 Bezier 算法得出的曲线，可以通过移动点的切线控制柄来调节经过该点的曲线形状。

在"样条线"面板中单击"线"按钮，在视图区中依次单击鼠标即可创建折角的样条线，若继续拖动一段距离后再松开便形成圆滑的弯角，如图 3-4 所示。线在"修改"面板中没有携带尺寸参数，因此从"创建"面板切换到"修改"面板时，它会自动转换为可编辑样条线，用户可以利用顶点、线段和样条线子层级进行编辑，如图 3-5 所示。

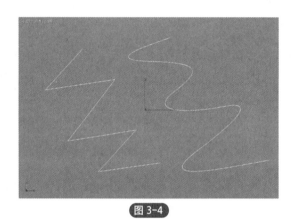

图 3-4

图 3-5

注意事项

在样条线的种类中，还包含其他的图形形状，它们与线的区别就是用户无法直接进入子层级修改其顶点、线段以及样条线。

（2）矩形

"矩形"工具可以创建出方形、长方形、圆角矩形，常用于创建室内外简单形状的拉伸造型，如窗户、书架等。在"样条线"面板中单击"矩形"按钮，拖动鼠标即可创建矩形，如图 3-6 所示。如果需要修改矩形，可以在"修改"面板的"参数"卷展栏中设置其长度、宽度或角半径，如图 3-7 所示。

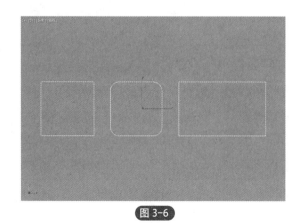

图 3-6

图 3-7

▶ 长度：设置矩形的长度。

▶ 宽度：设置矩形的宽度。

▶ 角半径：设置角半径的大小。

（3）圆

"圆"工具常用于创建以圆形为基础的变形对象。在"样条线"面板中单击"圆"按钮，拖动鼠标即可创建圆形，如图 3-8 所示。如果需要修改其尺寸，可以在"修改"面板的"参数"卷展栏设置半径值，如图 3-9 所示。

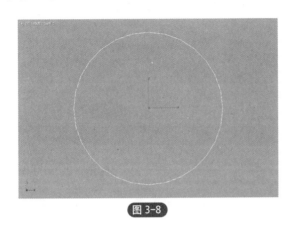

图 3-8

图 3-9

（4）椭圆

使用"椭圆"工具可以创建出椭圆形、圆形以及双层轮廓的样条线，如图 3-10 所示。与圆形工具不同的是，椭圆有两个半径参数，当两个半径数值相同时，椭圆就会变成圆形，如果需要修改其尺寸，在"修改"面板的"参数"卷展栏中设置其长宽半径或轮廓、厚度，如图 3-11 所示。

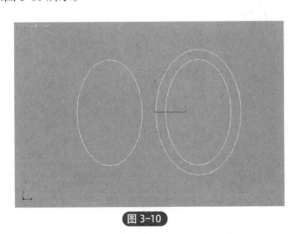

图 3-10

图 3-11

知识拓展 ✍

使用 3ds Max 创建对象时，在不同的视口创建的物体的轴是不一样的，这样在对物体进行操作时会产生细小的区别。

（5）弧

使用"弧"工具可以创建出由四个顶点组成的打开或闭合的部分圆形。在"样条线"面板中单击"弧"按钮，拖动鼠标即可创建弧形，如图 3-12 所示。通过"参数"卷展栏可以设置弧形的半径、起始角度、打开或闭合等，如图 3-13 所示。

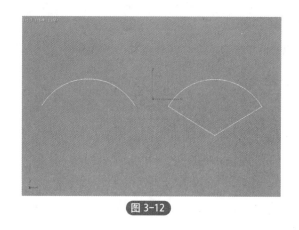

图 3-12

图 3-13

- 半径：设置弧形的半径。
- 从：设置弧形样条线的起始角度。
- 到：设置弧形样条线的终止角度。
- 饼形切片：勾选该复选框，创建的弧形样条线会更改成封闭的扇形。
- 反转：勾选该复选框，即可反转弧形，生成弧形所属圆周另一半的弧形。

（6）圆环

使用"圆环"工具可以利用两个同心圆创建封闭的形状，每个圆都由四个顶点组成，如图 3-14 所示。通过"参数"卷展栏可以修改圆环的两个半径值，如图 3-15 所示。

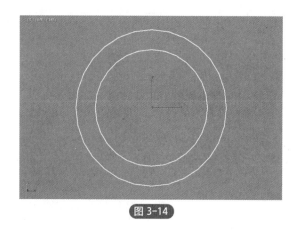

图 3-14

图 3-15

（7）多边形

使用"多边形"工具可以创建具有任意面数或顶点数的闭合平面或圆形样条线，如图 3-16 所示。通过"参数"卷展栏可以修改多边形的半径、边数、角半径等参数，如图 3-17 所示。

- 半径：设置多边形半径的大小。
- 内接和外接：内接是指多边形的中心点到角点之间的距离为多边形的半径，外接是指多边形的中心点到圆的切点之间的距离为多边形的半径。
- 边数：设置多边形边数。数值范围为 3 ～ 100，默认边数为 6。
- 角半径：设置圆角半径大小。

◤圆形：勾选该复选按钮，多边形即可变成圆形。

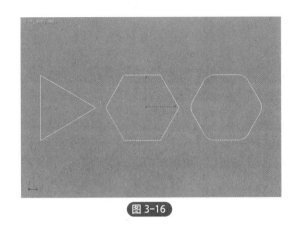

图 3-16

图 3-17

（8）星形

使用"星形"工具可以创建具有很多点的闭合星形样条线，如图 3-18 所示。通过"参数"卷展栏可以设置星形的两个半径、点数量、扭曲、圆角半径等参数，如图 3-19 所示。

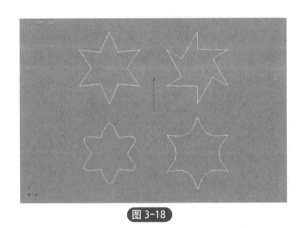

图 3-18

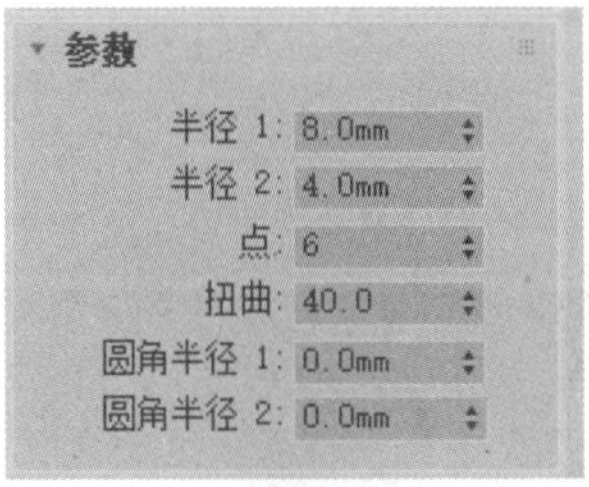

图 3-19

◤半径 1 和半径 2：设置星形的内、外半径。

◤点：设置星形的顶点数目，默认情况下，创建星形的点数目为 6。数值范围为 3 ～ 100。

◤扭曲：设置星形的扭曲程度。

◤圆角半径 1 和圆角半径 2：设置星形内、外圆环上的圆角半径大小。

知识拓展 ⊘

在创建星形半径 2 时，向内拖动，可将第一个半径作为星形的顶点，或者向外拖动，将第二个半径作为星形的顶点。

（9）文本

使用"文本"工具可以创建文本图形的样条线，如图 3-20 所示。在"参数"卷展栏中可以设置文本的字体、样式、位置、大小、间距等参数，如图 3-21 所示。

图 3-20   图 3-21

注意事项

在创建较为复杂的场景时，为模型起一个标志性的名称，会为接下来的操作带来很大的便利。

（10）螺旋线

使用"螺旋线"工具可以创建开口的平面或 3D 螺旋线，如图 3-22 所示。在"参数"卷展栏中可以设置其半径、高度、圈数、偏移等参数，如图 3-23 所示。

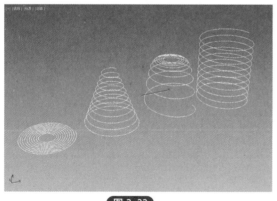

图 3-22

图 3-23

- 半径 1 和半径 2：设置螺旋线的半径。
- 高度：设置螺旋线起始圆环和结束圆环之间的高度。
- 圈数：设置螺旋线的圈数。
- 偏移：设置螺旋线段偏移距离。
- 顺时针和逆时针：设置螺旋线的旋转方向。

（11）卵形

使用"卵形"工具可以创建鸡蛋形状的同心图形，如图 3-24 所示。在"参数"卷展栏中可以设置其长宽、厚度、角度等参数，如图 3-25 所示。

（12）截面

"截面"工具是一种特殊的样条线，可以通过几何体对象基于横截面切片生成图形，如图 3-26 所示。其参数面板主要用于设置截面大小、截面范围等参数，如图 3-27 所示。

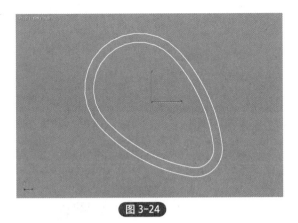

图 3-24

图 3-25

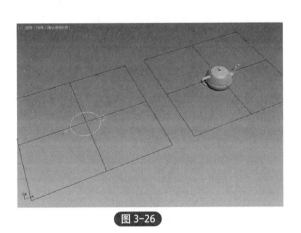

图 3-26

图 3-27

（13）徒手

徒手画线是 3ds Max 2020 新增的功能，利用"徒手"工具可以使用手绘板或鼠标直接绘制曲线，可用于描绘地图。

3.2.2 扩展样条线

扩展样条线是对原始样条线集的增强，使用频率相对较低，共有 5 种类型，分别是墙矩形、通道、角度、T 形和宽法兰，命令面板如图 3-28 所示。

图 3-28

（1）墙矩形

"墙矩形"工具可以通过两个同心矩形创建封闭的形状，每个矩形都由四个顶点组成，如图 3-29 所示。通过"参数"卷展栏可以设置长度、宽度、厚度、角半径等参数，如图 3-30 所示。

（2）通道

使用"通道"工具可以创建一个闭合形状为 C 的样条线，如图 3-31 所示。

（3）角度

使用"角度"工具可以创建一个闭合的形状为 L 的样条线，如图 3-32 所示。

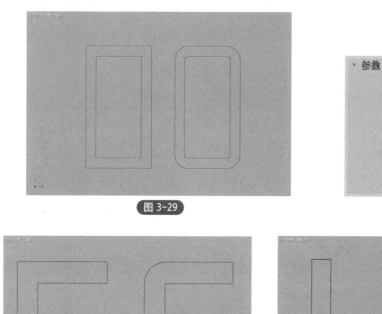

图 3-29

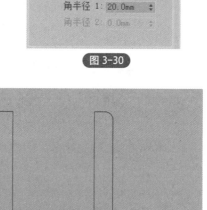

图 3-30

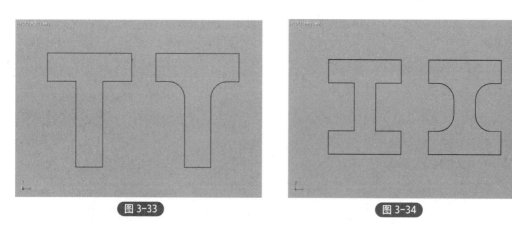

图 3-31

图 3-32

（4）T 形

使用"T 形"工具可以创建一个闭合的形状为 T 的样条线，如图 3-33 所示。

（5）宽法兰

使用"宽法兰"工具可以创建一个闭合的工字型样条线，如图 3-34 所示。

图 3-33

图 3-34

3.2.3　可编辑样条线

虽然 3ds Max 提供了很多种二维图形，但是也不能完全满足创建复杂模型的需求，因此需要对样条线的形状进行修改。直接绘制的样条线都是参数化对象，如果需要对创建的样条线的节点、线段等进行修改，首先需要转换成可编辑样条线，才可以进行编辑操作。

选择样条线并单击鼠标右键，在弹出的菜单中选择"转换为＞可编辑样条线"选项，即可将其转换为可编辑样条线，如图 3-35 所示。在修改器堆栈栏中可以选择编辑样条线方式，如图 3-36 所示。

图 3-35

图 3-36

知识链接 ⌒

在将样条线转换为可编辑样条线前，样条线具有创建参数（"参数"卷展栏），转换为可编辑样条线以后，"修改"面板的修改器堆栈中的 Text 就变成了"可编辑样条线"选项，并且没有了"参数"卷展栏，但增加了"选择""软选择"和"几何体"3个卷展栏。

（1）"顶点"子对象

在激活"顶点"子对象后，在"几何体"卷展栏中会激活许多修改顶点子对象的选项，如图 3-37 所示。下面介绍卷展栏中常用选项的含义。

➤ 创建线：将更多样条线添加到所选样条线。

➤ 断开：将一个顶点断开成两个。

➤ 附加：将场景中的其他样条线附加到所选样条线上。

➤ 附加多个：单击该按钮可以打开"附加多个"对话框，可以从中选择所有要附加的样条线。

➤ 横截面：在横截面形状外创建样条线框架。

➤ 优化：单击该按钮，在样条线上可以创建多个顶点。

➤ 焊接：将断开的点焊接起来。"连接"和"焊接"的作用是一样的，只不过"连接"必须是重合的两点。

图 3-37

➤ 插入：可以插入点或线。

➤ 熔合：将两点重合，但还是两个点。

- 圆角：给直角一个圆滑度。
- 切角：设置样条线切角。
- 隐藏：把选中的点隐藏起来，但其仍然存在。"取消隐藏"则是把隐藏的点都显示出来。
- 删除：删除选定的样条线顶点。

（2）"线段"子对象

- 激活"线段"子对象后，在命令面板的下方将会出现编辑线段的各选项，如图3-38所示。

图 3-38

- 连接：启用该选项时，通过连接新顶点创建一个新的样条线子对象。
- 自动焊接：启用该选项后，会自动焊接在与同一条样条线的另一个端点的阈值距离内放置和移动的端点顶点。
- 插入：插入一个或多个顶点，以创建其他线段。
- 隐藏：隐藏指定的样条线。
- 全部取消隐藏：取消隐藏选项。
- 删除：删除指定的样条线段。
- 拆分：通过添加由微调器指定的顶点数来细分所选线段。
- 分离：将指定的线段与样条线分离。

（3）"样条线"子对象

激活"样条线"子对象，在命令面板的下方也会相应地显示编辑"样条线"子对象的各选项，如图3-39所示。

- 反转：反转所选样条线的方向。
- 轮廓：在轮廓列表框中输入轮廓值即可创建样条线轮廓。
- 布尔：单击相应的"布尔值"按钮，然后再执行布尔运算，即可显示布尔后的状态。
- 镜像：单击相应的镜像方式，然后再执行镜像命令，即可镜像样条线，勾选下方的"复制"复选框，可以执行复制并镜像样条线命令，勾选"以轴为中心"复选框，可以设置镜像中心方式。
- 修剪：单击该按钮，即可添加修剪样条线的顶点。
- 延伸：将添加的修改顶点，进行延伸操作。
- 分离：将所选的样条线复制到新的样条线对象，并从当前所选的样条线中删除复制的样条线。
- 炸开：通过将每个线段转化为一个独立的样条线或对象来分裂任何所选样条线。

图 3-39

上手实操：制作星形项链模型

下面利用线和星形制作一个简单的项链模型，具体操作步骤介绍如下。

Step01：在"样条线"创建面板单击"星形"按钮，在顶视图绘制一个星形，并调整半径、点、圆角半径参数，如图 3-40、图 3-41 所示。

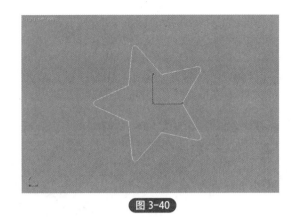

图 3-40

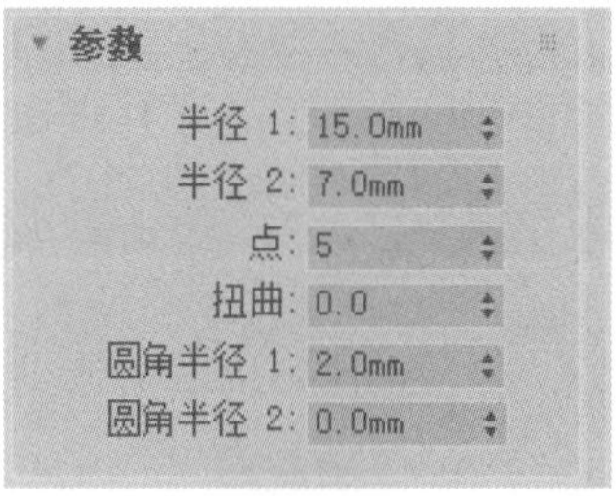

图 3-41

Step02：展开"渲染"卷展栏，勾选"在渲染中启用"和"在视口中启用"复选框，并设置径向厚度和边数，如图 3-42 所示。

Step03：设置后的模型如图 3-43 所示。

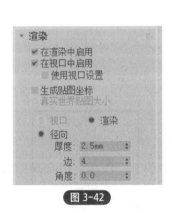

图 3-42

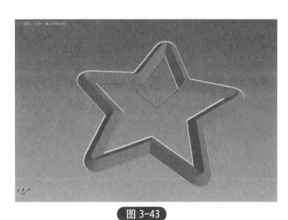

图 3-43

Step04：单击"线"按钮，取消勾选"在渲染中启用"和"在视口中启用"复选框，在顶视图绘制一条样条线，如图 3-44 所示。

Step05：激活"顶点"子层级，选择全部顶点，单击鼠标右键，在弹出的快捷菜单中选择"平滑"选项，如图 3-45 所示。

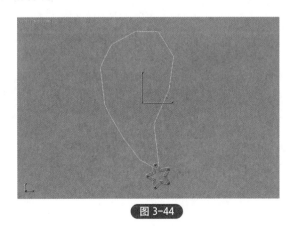

图 3-44

图 3-45

Step06：将样条线设置成平滑效果，如图 3-46 所示。

Step07：激活"选择并移动"工具，选择星形下方的顶点，沿 y 轴调整位置，如图 3-47 所示。

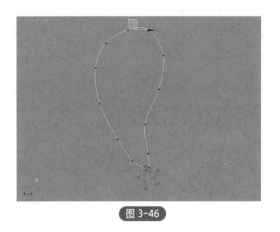

图 3-46

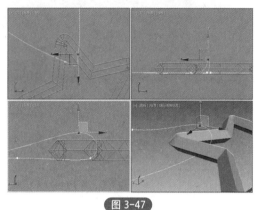

图 3-47

Step08：展开样条线的"渲染"卷展栏，勾选"在渲染中启用"和"在视口中启用"复选框，设置新的径向厚度和边数，如图 3-48 所示。

Step09：设置后的模型如图 3-49 所示。

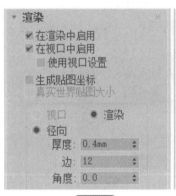

图 3-48

图 3-49

扫一扫 **看视频**

👑 进阶案例：制作中式屏风模型

下面利用可编辑样条线结合圆柱体制作一个中式屏风模型，具体操作步骤介绍如下。

Step01：在"样条线"创建面板单击"矩形"按钮，在前视图绘制一个长 1800mm、宽 1000mm 的矩形，如图 3-50 所示。

Step02：单击鼠标右键，在菜单中选择"转换为＞转换为可编辑样条线"命令，如图 3-51 所示。

Step03：激活"线段"子层级，选择上下两条线段，如图 3-52 所示。

Step04：激活"选择并缩放"工具，按住 Shift 键沿 Y 轴进行缩放，克隆出新的线段，如图 3-53 所示。

Step05：激活"选择并移动"工具，选择竖向的线段，按住 Shift 键向右进行克隆操作，如图 3-54 所示。

Step06：在"几何体"卷展栏单击"分离"按钮，系统会弹出"分离"对话框，直接单击"确定"按钮分离线段，如图 3-55 所示。

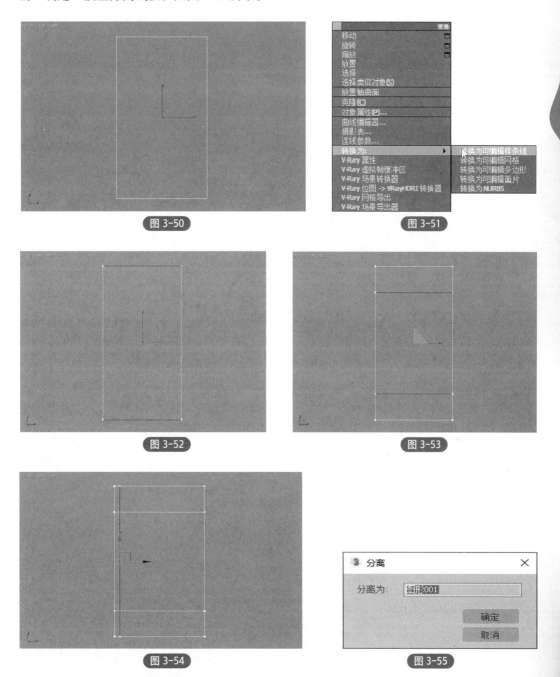

图 3-50

图 3-51

图 3-52

图 3-53

图 3-54

图 3-55

Step07：选择分离出的样条线，按住 Shift 键继续向右移动，打开"克隆选项"对话框，选择"实例"克隆方式，设置副本数为 15，如图 3-56 所示。

Step08：单击"确定"按钮即可完成克隆操作，如图 3-57 所示。

Step09：开启捕捉功能，设置捕捉点为中点，再单击"圆"按钮，捕捉矩形边线中点绘制一个半径为 400mm 的圆，调整位置，在"插值"卷展栏设置步数，如图 3-58、图 3-59 所示。

图 3-56

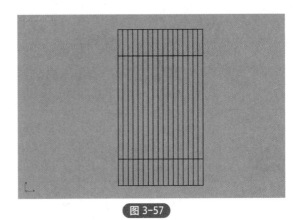

图 3-57

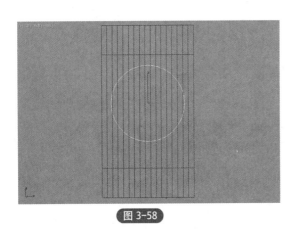

图 3-58

图 3-59

Step10：激活"移动并选择"工具，按 Ctrl+V 组合键打开"克隆选项"对话框，"实例"复制一个圆，如图 3-60 所示。再隐藏选定对象。

Step11：选择剩下的圆，将其转换为可编辑样条线，在"几何体"卷展栏中单击"附加"按钮，在视口中单击选择矩形内的样条线，如图 3-61 所示。

图 3-60

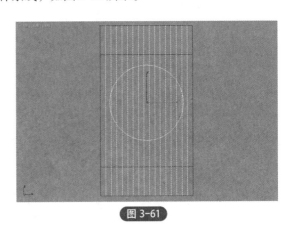

图 3-61

Step12：激活"样条线"子层级，在"几何体"卷展栏单击"修剪"按钮，修剪圆内的样条线，如图 3-62 所示。

Step13：激活"顶点"子层级，选择圆上的顶点，单击"焊接"按钮，如图 3-63 所示。

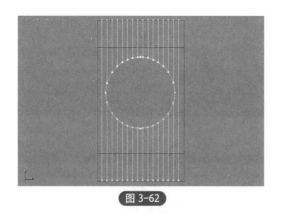

图 3-62

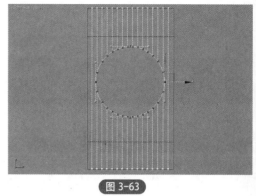

图 3-63

Step14：打开"渲染"卷展栏，勾选"在渲染中启用"和"在视口中启用"复选框，设置矩形参数，如图 3-64 所示。

Step15：设置后的屏风栅格如图 3-65 所示。

图 3-64

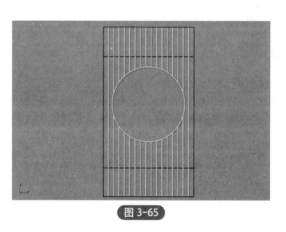

图 3-65

Step16：取消隐藏全部对象，再隐藏栅格模型，再选择外框线，附加选择圆形，如图 3-66 所示。

Step17：再设置其渲染参数，如图 3-67 所示。

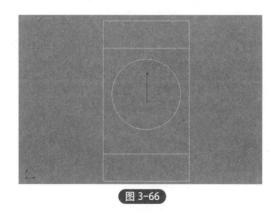

图 3-66

图 3-67

Step18：视口模型效果如图 3-68 所示。

Step19：在"标准几何体"创建面板中单击"圆柱体"命令，创建一个半径为 400mm、高度为 5mm 的圆柱体，设置边线为 40，再调整对象位置，完成中式屏风模型的制作，如图 3-69 所示。

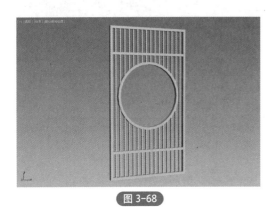

图 3-68

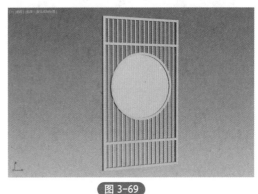

图 3-69

3.3 几何体建模

3ds Max 提供了标准基本体和扩展基本体两种常用的几何体资源，可以快速在场景中创建出简单规则的形体。几何体是构造三维模型的基础，既可以单独建模，也可以进一步编辑、修改形成新的模型，它在建模过程中的作用就相当于建筑所用的砖瓦、砂石等原材料。

3.3.1 标准基本体

标准基本体是现实世界中最常见的几何体，是创建复杂模型的基础，包括长方体、圆锥体、球体、几何球体、圆柱体、管状体、圆环、四棱锥、茶壶、平面、加强型文本共 11 种。在"创建"面板的"标准基本体"命令面板可以选择需要的命令按钮，如图 3-70 所示。

图 3-70

（1）长方体

长方体是基础建模应用最广泛的几何体之一。现实中与长方体接近的物体很多，用户可以直接使用长方体创建出很多模型，如桌子、墙体等。

在"标准基本体"命令面板中单击"长方体"按钮，拖动鼠标创建出长方体，如图 3-71 所示。如果需要修改长方体，可以在"修改"面板的"参数"卷展栏中设置其尺寸、分段数等参数，如图 3-72 所示。

注意事项

在创建较为复杂的场景时，为模型起一个富有标志性的名称，会为接下来的操作带来很大的便利。

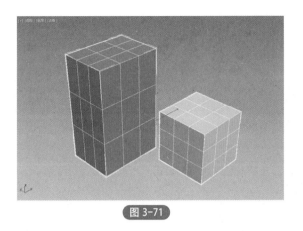

图 3-71

图 3-72

如果想要创建正立方体，可以在"创建方法"卷展栏中选择"立方体"选项，直接在视口中拖动鼠标进行创建。

── 知识链接 ⌘

创建基础模型后，单击鼠标右键即可选择模型。例如，创建模型之前激活的是"选择并移动"工具，那么创建模型并单击鼠标后系统会自动激活"选择并移动"工具。

（2）圆锥体

圆锥体可以用于创建天台、底座等。在"标准基本体"命令面板中单击"圆锥体"按钮，拖动鼠标创建出圆锥体，如图 3-73 所示。如需修改圆锥体，可以在"修改"面板的"参数"卷展栏中设置其半径、高度、分段、切片等参数，如图 3-74 所示。

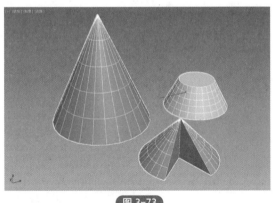

图 3-73

图 3-74

⌣ 注意事项

在创建带有轴向的物体时，在不同的视口创建对象，其轴是不一样的，在对物体进行操作时会产生细小的区别。

（3）球体

无论是建筑建模还是工业建模，球体结构都是必不可少的一种造型。在"标准基本体"命令面板中单击"球体"按钮,拖动鼠标创建出球体,如图 3-75 所示。如需修改球体,可以在"修改"面板的"参数"卷展栏中设置半径、分段、半球、切片等参数,如图 3-76 所示。

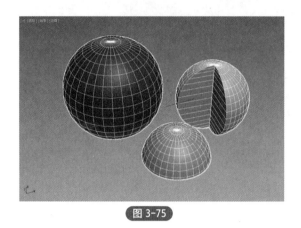

图 3-75

图 3-76

> **注意事项**
>
> 三维对象的细腻程度与物体的分段数有着密切的关系。分段数越多,物体表面就越光滑;分段数越少,物体表面就越粗糙。

（4）几何球体

几何球体是由三角形面拼接而成的,它们不像球体那样可以控制切片局部的大小。几何球体的形状与球体的形状很接近,学习了球体的创建后,几何球体的创建与设置就不难理解了,其模型效果和参数设置面板如图 3-77、图 3-78 所示。

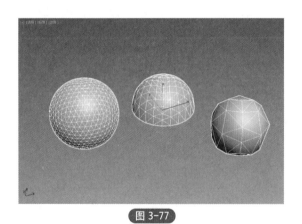

图 3-77

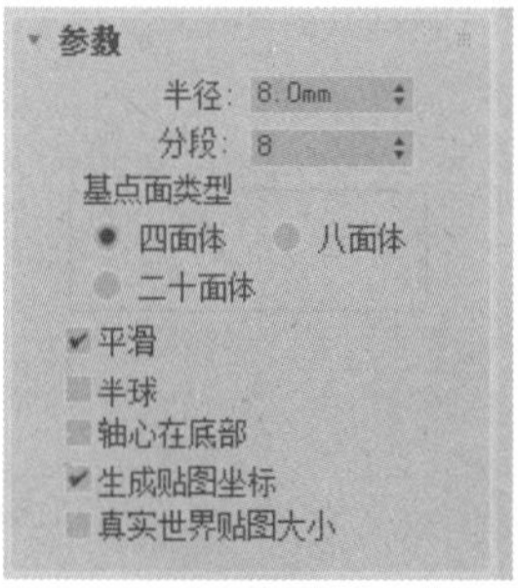

图 3-78

（5）圆柱体

圆柱体在生活中也很常见,可以用于创建玻璃杯、桌腿等模型。在制作圆柱体构成的物体时,可以将其转换为可编辑多边形,再进行细节的调整。

在"标准基本体"命令面板单击"圆柱体"按钮,拖动鼠标创建出圆柱体,如图 3-79 所示。如需修改圆柱体,可以在其"修改"面板的"参数"卷展栏设置半径、高度、分段、切片等参数，如图 3-80 所示。

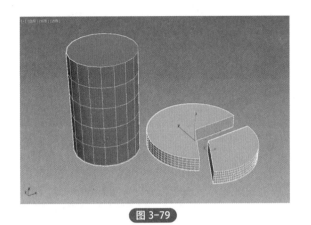

图 3-79

图 3-80

☀ **注意事项**

仔细观察每个物体的基本属性，熟悉每个物体基本属性更改以后所产生的变化，这样有助于以后的建模操作，能够很好地提高工作效率。

（6）管状体

管状体的外形与圆柱体相似，主要用于管道之类模型的制作。在"标准基本体"命令面板中单击"管状体"按钮，拖动鼠标创建出管状体，如图 3-81 所示。如需修改管状体，可以在其"修改"面板的"参数"卷展栏设置半径、高度、分段、切片等参数，如图 3-82 所示。

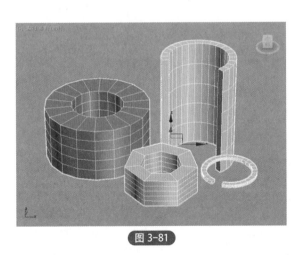

图 3-81

图 3-82

（7）圆环

圆环可以用于创建环形或具有环形横截面的环状物体。在"标准基本体"命令面板中单击"圆环"按钮，拖动鼠标创建出圆环，如图 3-83 所示。如需修改圆环参数，可以在其"修改"面板的"参数"卷展栏中设置半径、旋转、扭曲、分段、边数、平滑、切片等参数，如图 3-84 所示。

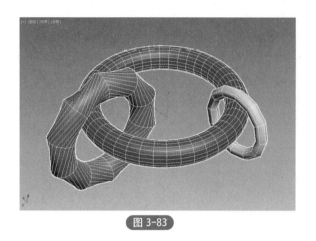

图 3-83

图 3-84

（8）四棱锥

四棱锥的地面是正方形或矩形，侧面是三角形，其形状类似圆锥体，创建方法类似圆柱体，参数设置类似长方体，如图 3-85、图 3-86 所示。

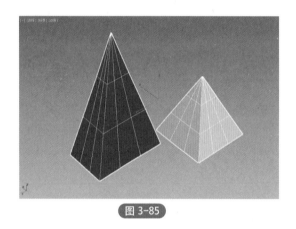

图 3-85

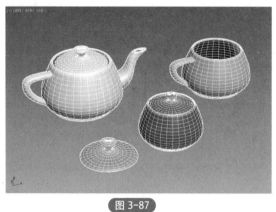

图 3-86

（9）茶壶

茶壶是室内场景中经常使用到的一个物体，使用"茶壶"工具可以方便快捷地创建出一个精度较低的茶壶模型，如图 3-87 所示。在"参数"卷展栏中可以控制茶壶半径及茶壶部件的显示与隐藏，如图 3-88 所示。

图 3-87

图 3-88

（10）平面

平面在建模过程中的使用频率也非常高，常用于创建墙面和地面等。

（11）加强型文本

加强型文本提供了内置文本对象，可以创建样条线轮廓或实心、挤出、倒角类型的几何体，通过"参数"卷展栏和"几何体"卷展栏的设置可以创建不同的字体样式和特殊效果，如图3-89、图3-90所示。

图 3-89

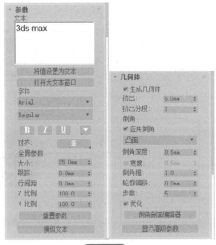

图 3-90

3.3.2　扩展基本体

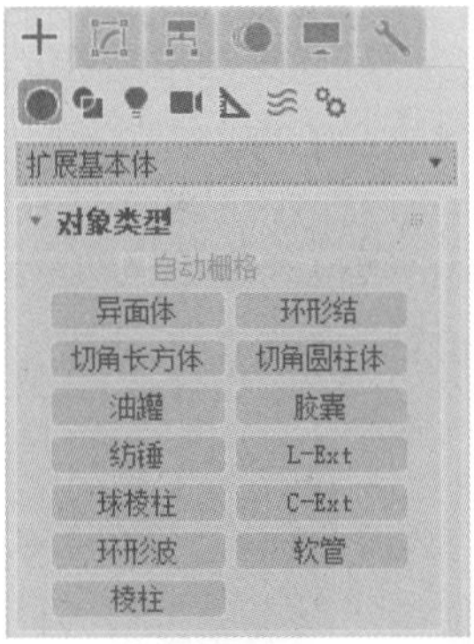

扩展基本体是基于标准基本体的一种扩展物，共有13种，分别是异面体、环形结、切角长方体、切角圆柱体、油罐、胶囊、纺锤、L-Ext、球棱柱、C-Ext、环形波、软管、棱柱，在"创建"面板的"扩展基本体"命令面板中可以看到这些命令按钮，如图3-91所示。本小节仅对实际工作中比较常用的一些扩展基本体进行介绍。

（1）异面体

异面体是一种很典型的三维实体，由多个边面组合而成，可以调节异面体边面的状态，也可以调整实体面的数量从而改变其形状。用户可以用它来制作珠宝吊坠、珠帘等。

图 3-91

在"扩展基本体"命令面板中单击"异面体"按钮，拖动鼠标创建出异面体，如图3-92所示。如果需要修改其外观和尺寸，可以在"修改"面板的"参数"卷展栏中进行设置，如图3-93所示。

下面具体介绍"参数"卷展栏中各选项组的含义。

▸ 系列：该选项组包含四面体、立方体/八面体、十二面体/二十面体、星形1、星形2五个选项，主要用来定义创建异面体的形状和边面的数量。

▸ 系列参数：系列参数中的P和Q两个参数控制异面体的顶点和轴线双重变换关系，两者之和不可以大于1。

▸ 轴向比率：轴向比率中的P、Q、R三个参数分别为其中一个面的轴线，设置相应的参数可以使其面进行凸出或者凹陷。

▶ 顶点：设置异面体的顶点。

▶ 半径：设置创建异面体的半径大小。

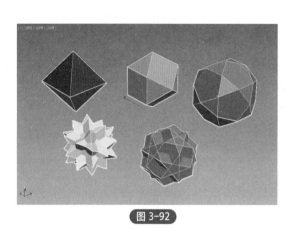

图 3-92

图 3-93

（2）切角长方体

切角长方体是长方体的扩展物体，可以快速创建出自带圆角效果的长方体，在创建模型时应用十分广泛，常被用于创建带有圆角的长方体结构，如沙发、鼠标垫等。

在"扩展基本体"命令面板中单击"切角长方体"按钮，拖动鼠标创建出切角长方体，如图 3-94 所示。如果需要修改其外观和尺寸，可以在"修改"面板的"参数"卷展栏中进行设置，如图 3-95 所示。

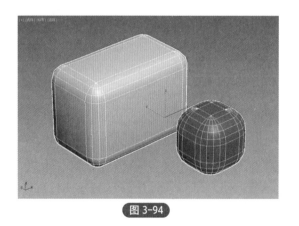

图 3-94

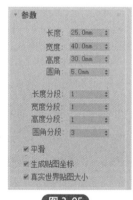

图 3-95

下面介绍切角长方体"参数"卷展栏中常用选项的含义。

▶ 长度、宽度、高度：设置切角长方体长度、宽度和高度值。

▶ 圆角：设置切角长方体的圆角半径。值越大，圆角半径越明显。

▶ 长度分段、宽度分段、高度分段、圆角分段：设置切角长方体分别在长度、宽度、高度和圆角上的分段数目。

（3）切角圆柱体

切角圆柱体是圆柱体的扩展物体，可以快速创建出带有圆角效果的圆柱体，如易拉罐、茶几等。在"扩展基本体"命令面板中单击"切角圆柱体"按钮，拖动鼠标即可创建出切角圆柱体，如图3-96所示。如果需要修改其外观和尺寸，可以在"修改"面板的"参数"卷展栏中进行设置，如图3-97所示。

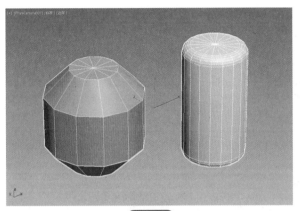

图 3-96

图 3-97

下面具体介绍"参数"卷展栏中各选项的含义。

▶ 半径：设置切角圆柱体的底面或顶面的半径大小。

▶ 高度：设置切角圆柱体的高度。

▶ 圆角：设置切角圆柱体的圆角半径大小。

▶ 高度分段、圆角分段、端面分段：设置切角圆柱体高度、圆角和端面的分段数目。

▶ 边数：设置切角圆柱体边数，数值越大，圆柱体越平滑。

▶ 平滑：勾选"平滑"复选框，即可在将创建的切角圆柱体在渲染中进行平滑处理。

▶ 启动切片：勾选其复选框，将激活"切片起始位置"和"切片结束位置"列表框，在其中可以设置切片的角度。

（4）其他扩展基本体

油罐、胶囊、纺锤是特殊效果的圆柱体，而软管对象则是一个能连接两个对象的弹性对象，因而能反映这两个对象的运动，如图3-98所示。

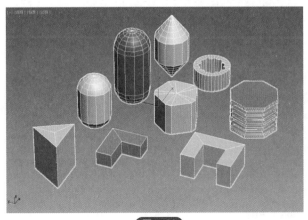

图 3-98

上手实操：制作时尚台灯模型

扫一扫 看视频

下面利用圆柱体、管状体、圆环、球体、切角圆柱体制作一个简单的时尚台灯模型，具体操作步骤介绍如下。

Step01：在"扩展基本体"创建面板中单击"切角圆柱体"命令，创建一个半径140mm、高度50mm的切角圆柱体作为台灯底座，并设置圆角、圆角分段和边数，如图3-99、图3-100所示。

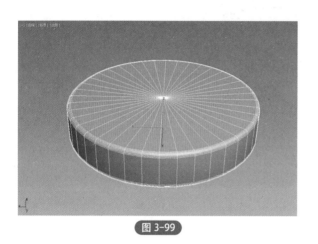

图 3-99

图 3-100

Step02：激活"选择并移动"工具，按住 Shift 键沿 Z 轴向上移动，用"复制"方式克隆对象，重新设置参数，再调整位置，如图3-101、图3-102所示。

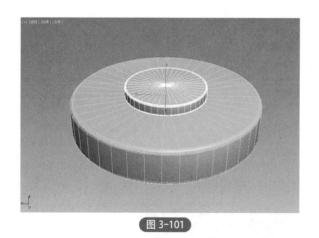

图 3-101

图 3-102

Step03：在"标准基本体"创建面板单击"圆柱体"命令，创建一个半径 10mm、高度400mm 的圆柱体作为台灯支柱，调整位置，如图3-103所示。

Step04：单击"球体"命令，创建半径为45mm、分段数为40的球体，调整位置，使其居中对齐到支柱，如图3-104所示。

Step05：激活"选择并移动"工具，按住 Shift 键向上进行复制，如图3-105所示。

Step06：再复制底座模型，重新设置半径为30mm、高度为100mm、圆角为10mm，将其移动至支柱顶部，如图3-106所示。

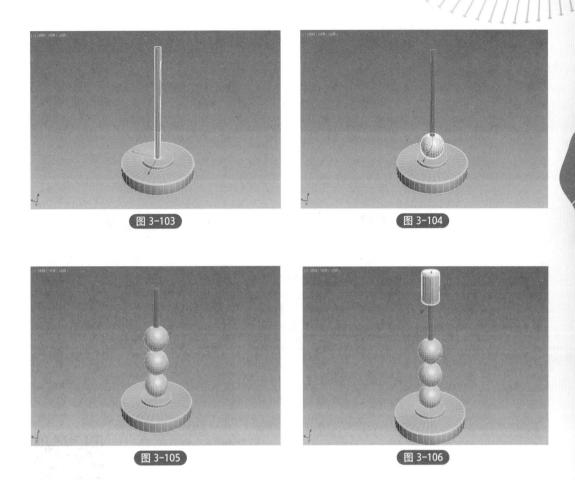

图 3-103

图 3-104

图 3-105

图 3-106

Step07：单击"管状体"命令，创建一个高度为 400mm 的管状体作为灯罩，并设置其半径及边数，调整模型位置，如图 3-107、图 3-108 所示。

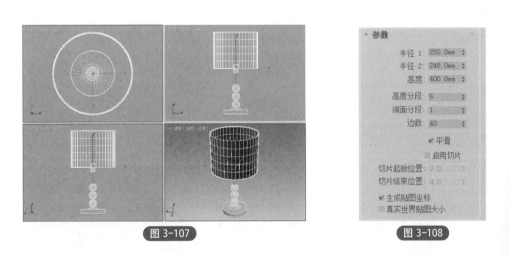

图 3-107

图 3-108

Step08：单击"圆环"命令，创建一个圆环模型，设置半径、分段等参数并调整对象位置，如图 3-109、图 3-110 所示。

Step09：按住 Shift 键，沿 Z 轴向上复制，并调整位置，完成台灯模型的制作，如图 3-111 所示。

图 3-109

图 3-110

图 3-111

扫一扫 看视频

进阶案例：制作铁艺茶几模型

下面利用切角圆柱体、圆环和样条线制作一个铁艺茶几模型，具体操作步骤介绍如下。

Step01：在"样条线"创建面板单击"圆"命令，在顶视图绘制一个半径为160mm的圆，并在"插值"卷展栏中设置"步数"为20，如图3-112、图3-113所示。

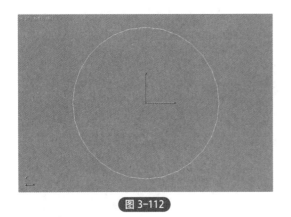

图 3-112

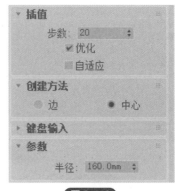

图 3-113

Step02：激活"选择并移动"工具，按 Ctrl+V 组合键，打开"克隆选项"对话框，选择"复制"方式克隆对象，如图3-114所示。

Step03：切换到前视图，右键单击"选择并移动"工具，打开"移动变换输入"工具框，在"偏移：屏幕"选项组输入 Y 数值为 -400，如图 3-115 所示。

图 3-114

图 3-115

Step04：按回车键即可沿 Y 轴向下移动对象，如图 3-116 所示。

Step05：按照同样的操作方法将上下两个圆分别向内进行复制并移动操作，移动距离为，如图 3-117 所示。

图 3-116

图 3-117

Step06：重新设置四个圆的半径，从上往下依次为 140mm、80mm、130mm、160mm，如图 3-118 所示。

Step07：单击"线"命令，在前视图绘制一条样条线，如图 3-119 所示。

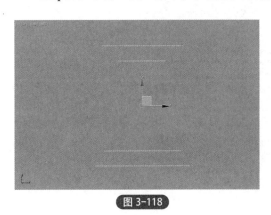

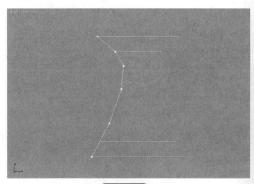

图 3-118

图 3-119

Step08：激活"顶点"子层级，选择除端点以外的所有顶点，如图 3-120 所示。

Step09：单击鼠标右键，在弹出的菜单中选择"平滑"选项，如图 3-121 所示。

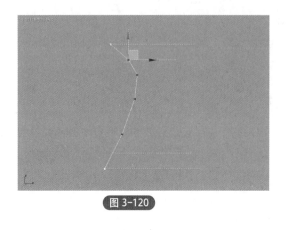

图 3-120

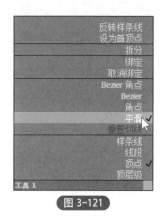

图 3-121

Step10：再调整顶点位置，使样条线轮廓变得流畅，如图 3-122 所示。

Step11：在"渲染"卷展栏中勾选"在渲染中启用"和"在视口中启用"复选框，设置径向厚度为 4mm，再为四个圆设置同样的渲染参数，在透视视口中可以看到模型效果，如图 3-123 所示。

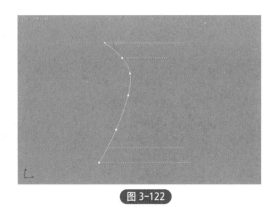

图 3-122

图 3-123

Step12：切换到顶视图，选择样条线，在主工具栏中选择"使用变换坐标中心"按钮，此时可以看到坐标轴位于圆心，如图 3-124 所示。

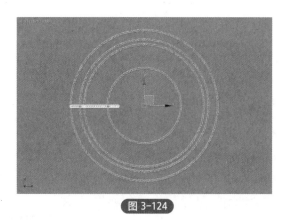

图 3-124

Step13：执行"工具 > 阵列"命令，打开"阵列"对话框，在"阵列变换"选项组单击"旋转"按钮 > ，设置 Z 轴为 360°，在"阵列维度"选项组设置 1D"数量"为 80，如图 3-125 所示。

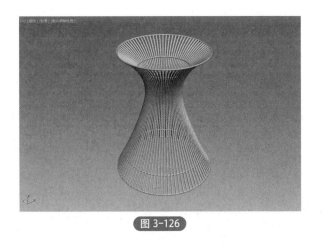

图 3-125

Step14：单击"预览"按钮可以预览阵列效果，然后单击"确定"按钮即可完成阵列操作，模型效果如图 3-126 所示。

Step15：最后在"扩展基本体"创建面板单击"切角圆柱体"命令，创建一个半径为300mm、高度为 10mm、圆角为 5mm 的切角圆柱体，再设置圆角分段、边数等参数，如图 3-127 所示。

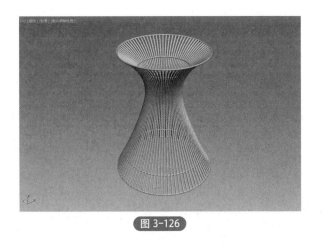

图 3-126

图 3-127

Step16：调整对象位置，完成铁艺茶几模型的创建，如图 3-128 所示。

图 3-128

👑 进阶案例：制作报刊架模型

下面结合可编辑样条线和几何体模型制作一个报刊架模型，具体操作步骤介绍如下。

Step01：在"样条线"创建面板单击"矩形"按钮，在前视图绘制一个矩形，并调整长度、宽度参数，如图 3-129、图 3-130 所示。

扫一扫 看视频

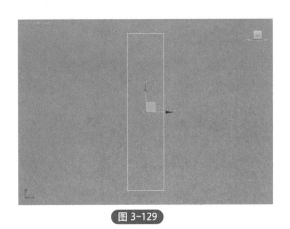

图 3-129

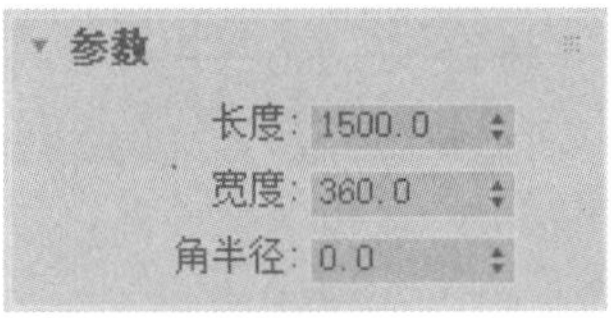

参数

长度:	1500.0
宽度:	360.0
角半径:	0.0

图 3-130

Step02：单击鼠标右键，在弹出的快捷菜单中选择"转换为 > 转换为可编辑样条线"选项，将样条线转为可编辑样条线，激活"线段"子层级，选择两条线段，如图 3-131 所示。

Step03：按 Delete 键删除线段，如图 3-132 所示。

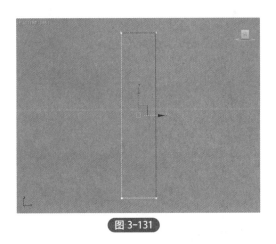

图 3-131

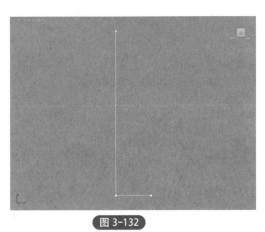

图 3-132

Step04：再激活"顶点"子层级，选择顶部的点进行移动，如图 3-133 所示。

Step05：再选择底部顶点，如图 3-134 所示。

Step06：在"几何体"卷展栏中设置"圆角"参数为 100mm，按回车键后完成圆角操作，如图 3-135 所示。

Step07：返回"可编辑样条线"层级，在"渲染"卷展栏中勾选"在渲染中启用"和"在视口中启用"复选框，再选择"矩形"选项，设置长度、宽度，如图 3-136 所示。

Step08：设置后的模型如图 3-137 所示。

Step09：激活"选择并移动"工具，选择对象，按住 Shift 键实例复制对象，作为报刊架的两个支架，如图 3-138 所示。

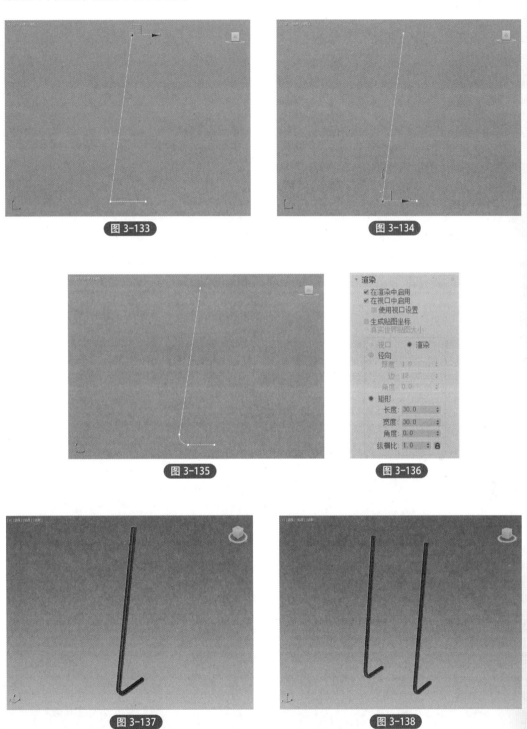

图 3-133

图 3-134

图 3-135

图 3-136

图 3-137

图 3-138

Step10：在"标准基本体"创建面板单击"圆柱体"按钮，然后在前视图创建一个半径为 8mm、高度为 700mm 的圆柱体，并调整位置，如图 3-139 所示。

Step11：单击"长方体"按钮，分别创建尺寸为 240mm×670mm×1mm、40mm×670mm×1mm、50mm×670mm×1mm 的三个，调整长方体，如图 3-140 所示。

Step12：激活"选择并旋转"按钮，旋转对象，并移动到支架之间，如图 3-141 所示。

Step13：单击"线"按钮，在顶视图绘制样条线，并开启渲染，在"渲染"卷展栏中设置径向厚度为 5mm，旋转角度并调整位置，如图 3-142 所示。

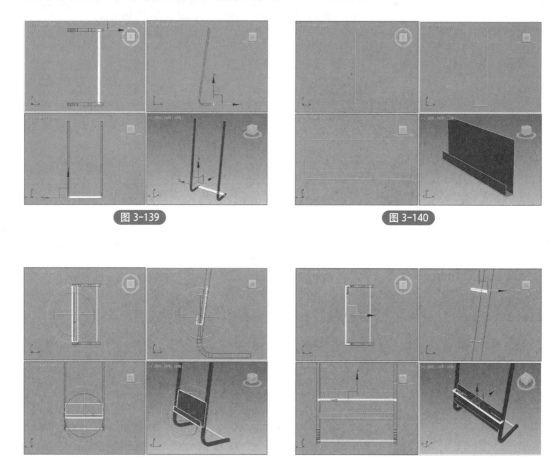

图 3-139 图 3-140

图 3-141 图 3-142

Step14：在左视图中将一层框架向上进行实例复制，并调整位置，如图 3-143 所示。

Step15：最后创建尺寸为 150mm×670mm×1mm 的长方体置于顶部。至此完成报刊架模型的制作，如图 3-144 所示。

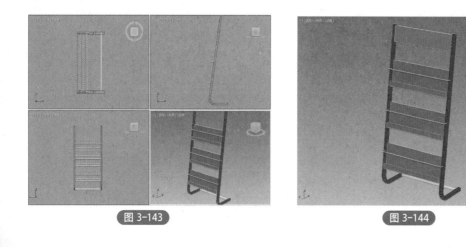

图 3-143 图 3-144

3.4 建筑对象

3ds Max 为用户提供了一些固定的建筑模型，如门、窗、楼梯等，可以快速地完成一些常见模型的创建，如推拉门、平开窗、旋转楼梯等。

（1）门

3ds Max 提供了 3 种类型的门：枢轴门、推拉门和折叠门。枢轴门是仅在一侧装有铰链的门；推拉门是有一半固定，另一半可以推拉的门；折叠门是在中间以及侧端装有铰链的门，如图 3-145、图 3-146 所示。

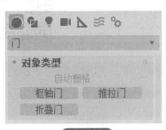

图 3-145

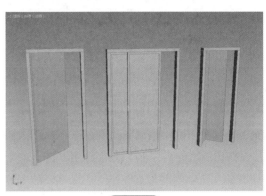

图 3-146

（2）窗

3ds Max 为用户提供了 6 种窗户类型：遮篷式窗、平开窗、固定窗、旋开窗、伸出式窗、推拉窗。

遮篷式窗有一扇通过铰链与顶部相连的窗框；平开窗有一到两扇像门一样的窗框，可以向内或向外转动；固定窗是不能打开的窗；旋开窗的轴垂直或水平位于其窗框的中心；伸出式窗有三扇窗，其中两扇打开时像反向的遮栅；推拉窗有两扇窗，其中一扇可以沿着垂直或水平方向滑动，如图 3-147、图 3-148 所示。

图 3-147

图 3-148

（3）楼梯

3ds Max 中的楼梯分为 4 种类型：L 型楼梯、U 型楼梯、直线楼梯和螺旋楼梯，如

图 3-149、图 3-150 所示。

图 3-149

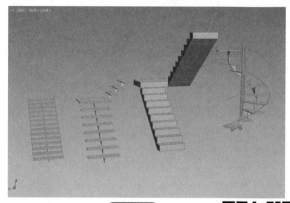

图 3-150

扫一扫 看视频

综合实战：制作桥梁模型

下面将利用本章所学的知识制作一个桥梁模型，由于实际尺寸太大，会影响 3ds Max 的运行，在制作的时候会按 1 : 10 的比例缩放尺寸，具体操作步骤介绍如下。

（1）制作桥面部分

Step01：在"标准基本体"创建面板单击"长方体"命令，创建一个长 30000mm、宽 2500mm、高 250mm 的长方体作为桥面，如图 3-151 所示。

Step02：继续创建一个长 30000mm、宽 250mm、高 700mm 的长方体作为主梁，如图 3-152 所示。

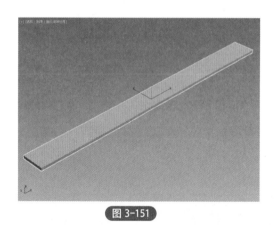

图 3-151

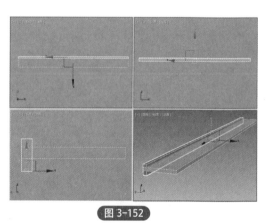

图 3-152

Step03：在左视图中按住 Shift 键向右移动，"实例"复制对象，并调整位置，如图 3-153 所示。

Step04：创建一个长 3600mm、宽 520mm、高 250mm 的长方体作为支座，调整对象位置，如图 3-154 所示。

Step05："实例"克隆多个支座，并调整位置，间距为 3000mm，如图 3-155 所示。

Step06：继续复制主梁对象，重新调整宽度为 10mm、高度为 120mm，调整位置并复制到另一侧，作为护栏，如图 3-156 所示。

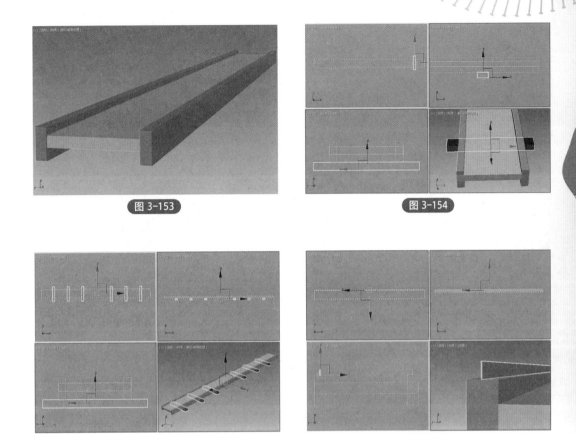

图 3-153

图 3-154

图 3-155

图 3-156

Step07：单击"长方体"命令，创建一个长 30000mm、宽 200mm、高 50mm 的长方体作为隔离带的基础，如图 3-157 所示。

Step08：复制护栏模型，重新调整高度为 80mm，将其移动到隔离带上方，如图 3-158 所示。

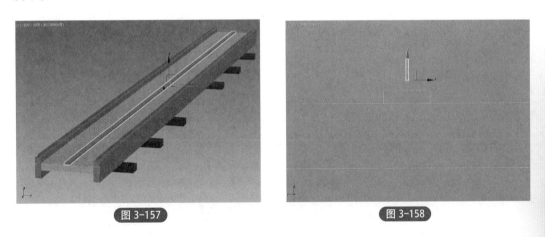

图 3-157

图 3-158

Step09：创建一个长 50mm、宽 50mm、高 120mm 的长方体作为护栏墩柱，如图 3-159 所示。

Step10：切换到顶视图，执行"工具 > 阵列"命令，打开"阵列"对话框，单击"移动"右侧的按钮 ，设置 X 轴为 30000，再设置阵列数量为 75，如图 3-160 所示。

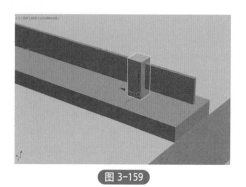

图 3-159

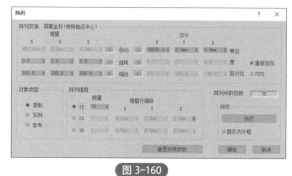

图 3-160

Step11：单击"预览"按钮可以预览阵列效果，单击"确定"按钮即可完成阵列操作，如图 3-161 所示。

图 3-161

扫一扫 看视频

（2）制作悬吊部分

Step01：在"样条线"创建面板单击"弧"命令，在前视图绘制一条弧线，设置其半径、步数等参数，如图 3-162、图 3-163 所示。

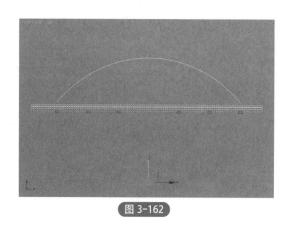

图 3-162

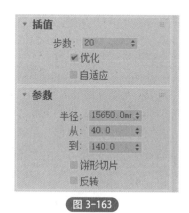

图 3-163

Step02：展开"渲染"卷展栏，勾选"在渲染中启用"和"在视口中启用"复选框，再设置矩形参数，效果如图 3-164、图 3-165 所示。

Step03：创建长 200mm、宽 200mm、高 1200mm 的长方体并进行复制，调整长方体和弧的位置，如图 3-166 所示。

Step04：复制对象，并调整高度，如图 3-167 所示。

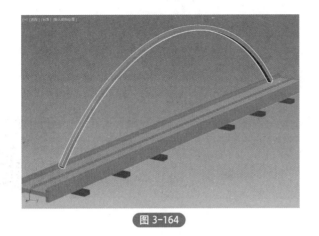

图 3-164

图 3-165

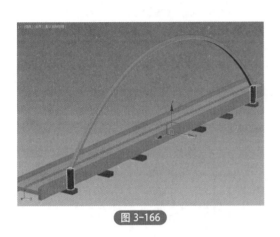

图 3-166

图 3-167

Step05：单击"线"命令，在前视图绘制多条样条线，如图 3-168 所示。

Step06：为样条线启用渲染，设置径向厚度为 10mm，再调整对象位置，如图 3-169 所示。

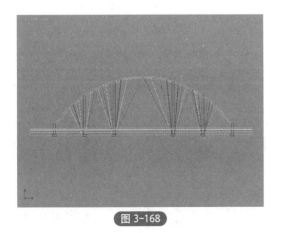

图 3-168

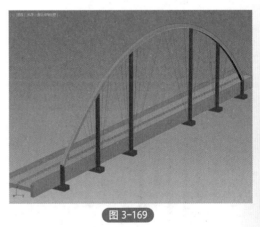

图 3-169

Step07：将这一侧的吊索模型以"实例"方式复制到另一侧，如图 3-170 所示。

图 3-170

扫一扫 看视频

（3）制作桥墩部分

Step01：选择吊索上的立柱模型，在主工具栏单击"镜像"工具，打开"镜像"对话框，设置镜像轴为 Y 轴，再选择克隆方式为"复制"，如图 3-171 所示。

Step02：单击"确定"按钮完成镜像复制操作，再调整对象的位置，作为桥墩，如图 3-172 所示。

图 3-171

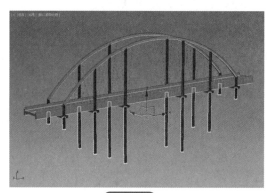

图 3-172

Step03：重新调整桥墩模型的尺寸，长度和宽度都为 500mm，高度为 5000mm 和 8000mm，如图 3-173 所示。

Step04：创建长 750mm、宽 750mm、高 1200mm 的长方体作为桥墩基础，并复制模型，如图 3-174 所示。至此完成桥梁模型的制作。

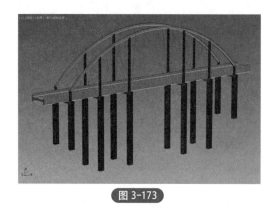

图 3-173

图 3-174

✏️ 课后作业

通过本章内容的学习，读者应该对所学知识有了一定的掌握，最后安排了课后作业，用于巩固和练习。

习题 1

利用所学的样条线知识制作蚊香模型，如图 3-175、图 3-176 所示。

图 3-175

图 3-176

操作提示：

Step01：单击"螺旋线"按钮，绘制一条螺旋线。

Step02：在"渲染"卷展栏中设置渲染参数，使样条线成为可渲染的模型。

习题 2

利用标准几何体创建一个茶桌组合模型，如图 3-177 所示。

图 3-177

操作提示：

Step01：利用"长方体"命令，创建出茶桌模型。

Step02：利用"茶壶"命令创建茶壶和茶杯模型，并复制茶杯模型。

第4章
高级建模

📑 **内容导读：**

在 3ds Max 中，除了内置的几何体模型外，用户还可以通过对二维图形的挤压、放样等操作来制作三维模型，也可以利用基础模型、面片、网格等来创建三维物体。本章将对复合对象、修改器、可编辑网格、NURBS 对象等建模技术进行介绍。

通过对本章内容的学习，读者可以更加全面地了解建模的方法，掌握各种建模的操作方法，从而高效地创建出自己想要的模型。

🎯 **学习目标：**

- 熟悉复合对象建模的知识和操作方法
- 熟悉网格建模的知识和操作方法
- 熟悉 NURBS 建模的知识和操作方法
- 掌握各种修改器的应用与设置

4.1 复合对象建模

复合对象是一种非常规的建模方式，可以结合两个或多个对象，从而创建一个新的参数化对象，适用于较为特殊造型的模型制作。在"创建"命令面板中选择"复合对象"选项，该面板中包含散布、布尔、图形合并、放样等共 12 个命令，如图 4-1 所示。

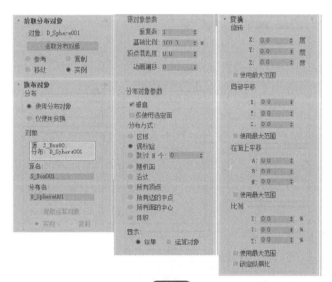

图 4-1

4.1.1 散布

散布是复合对象的一种性质，可以将源对象选择性分布到对象的表面或内部，产生大量相同或不同的复制建模方式。

选择源对象，然后单击"散布"命令，会打开"拾取分布对象"和"散布对象"等参数面板，如图 4-2 所示。在"拾取分布对象"卷展栏中单击"拾取分布对象"按钮，然后选取目标对象，即可将源对象附着到目标对象表面，如图 4-3 所示。

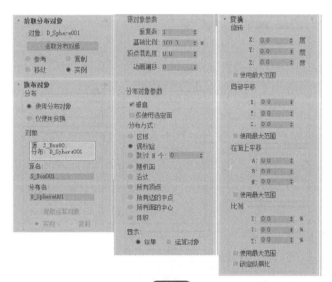

图 4-2

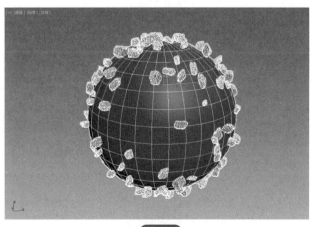

图 4-3

下面介绍卷展栏中各常用选项的含义。

（1）"拾取分布对象"卷展栏

▶ 对象：显示使用"拾取"按钮选择的分布对象的名称。

▶ 拾取分布对象：单击此按钮，在场景中单击一个对象，将其指定为分布对象。

（2）"散布对象"卷展栏

▶ 使用分布对象：根据分布对象的几何体来散布源对象。

▶ 仅适用变换：此选项无须分布对象。

▶ 重复数：指定散布的源对象的重复项数目。

▶ 基础比例：改变源对象的比例，同样也影响到每个重复项。

▶ 顶点混乱度：对源对象的顶点应用随机扰动。

▶ 动画偏移：用于指定每个源对象重复项的动画随机偏移原点的帧数。

▶ 垂直：启用该选项，则每个重复对象垂直于分布对象中的关联面、顶点或边；禁用该选项，则重复项与源对象保持相同的方向。

▶ 仅适用选定面：启用该选项，则将分布限制在所选的面内。

▶ 分布方式：用于指定分布对象几何体确定源对象分布的方式。

（3）"交换"卷展栏

▶ 旋转：指定随机旋转偏移。

▶ 局部平移：指定重复项沿其局部轴的平移。

▶ 在面上平移：用于指定重复项沿分布对象中关联面的重心面坐标的平移。

▶ 比例：用于指定重复项沿其指定局部轴的缩放。

▶ 使用最大范围：启用该选项后，则强制所有三个设置匹配最大值。

▶ 锁定纵横比：启用该项后，则保留源对象的原始纵横比。

（4）"显示"卷展栏

▶ 显示%：指定视口中所显示的所有重复对象的百分比。

▶ 新增特性：生成新的随机种子数目。

▶ 种子：可使用该微调器设置种子数目。

> **知识链接** ◎
>
> 散布的源对象必须是网格对象或者可以转换为网格对象的对象，否则当前所选对象无效，则"散布"按钮不可用。

4.1.2　布尔

布尔是通过对两个以上的物体进行布尔运算，从而得到新的物体形态。布尔运算包括并集、差集、交集、合并等运算方式，利用不同的运算方式，会形成不同的物体形状。

选择源对象，然后单击"布尔"命令，此时右侧会打开"布尔参数"和"运算对象参数"卷展栏，如图4-4、图4-5所示。单击"添加运算对象"按钮，在"运算对象参数"卷展栏中选择运算方式，然后选取目标对象即可进行布尔运算。

下面介绍卷展栏中各常用选项的含义。

（1）"布尔参数"卷展栏

▶ 添加操作对象：从视口或场景资源管理器中单击可将操作对象添加到复合对象。

▶ "运算对象"列表：显示复合对象的操作对象。

- 移除运算对象：将所选操作对象从复合对象中移除。
- 打开布尔操作资源管理器：单击该按钮可以打开"布尔操作资源管理器"窗口。

图 4-4

图 4-5

（2）"运算对象参数"卷展栏

- 并集：结合两个对象的体积。几何体的相交部分或重叠部分会被丢弃。应用了"并集"操作的对象在视口中会以青色显示出其轮廓，如图 4-6、图 4-7 所示。

图 4-6 图 4-7

- 交集：使两个原始对象共同的重叠体积相交，剩余的几何体会被丢弃，如图 4-8 所示。
- 差集：从基础对象移除相交的体积，如图 4-9 所示。
- 合并：使两个网格相交并组合，而不移除任何原始多边形。
- 附加：将多个对象合并成一个对象，而不影响各对象的拓扑。
- 插入：从操作对象 A 减去操作对象 B 的边界图形，操作对象 B 的图形不受此操作的影响。
- 盖印：启用此选项可在操作对象与原始网格之间插入相交边，而不移除或添加面。
- 切面：启用该选项可执行指定的布尔操作，但不会将操作对象的面添加到原始网格中。
- 应用运算对象材质：将已添加操作对象的材质应用于整个复合对象。
- 保留原始材质：保留应用了复合对象的现有材质。
- 显示：显示布尔操作的最终结果。
- 显示为已明暗处理：启用该选项，则在视口中会显示已明暗处理的操作对象。

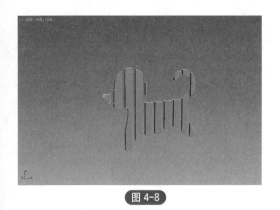

图 4-8

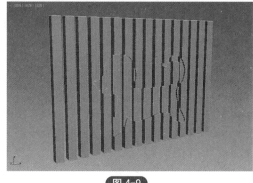

图 4-9

4.1.3 放样

放样功能是 3d Max 内嵌的最古老的建模方法之一，也是最容易理解和操作的建模方法。它源于一种对三维对象的理解：截面和路径。

放样建模是截面图形在一段路径上形成的轨迹，截面图形和路径的相对方向取决于两者的法线方向。路径可以是封闭的，也可以是敞开的，但只能有一个起点和终点，即路径不能是两段以上的曲线，其参数面板如图 4-10 所示。

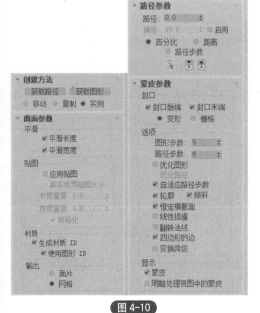

图 4-10

下面介绍卷展栏中各常用选项的含义。

（1）"创建方法"卷展栏

▶ 获取路径：将路径指定给选定图形或更改当前指定的路径。

▶ 获取图形：将图形指定给选定路径或更改当前指定的图形。

▶ 移动 / 复制 / 实例：用于指定路径或图形转换为放样对象的方式。

（2）"曲面参数"卷展栏

▶ 平滑长度：沿着路径的长度提供平滑曲面。

▶ 平滑宽度：围绕横截面图形的周界提供平滑曲面。

▶ 应用贴图：控制放样贴图坐标，选中此复选项，系统会根据放样对象的形状自动赋予贴图大小。

▶ 真实世界贴图大小：控制应用于该对象的纹理贴图材质所使用的缩放方法。

▶ 长度重复：设置沿着路径的长度重复贴图的次数。

▶ 宽度重复：设置围绕横截面图形的周界重复贴图的次数。

▶ 面片：放样过程可生成面片对象。

▶ 网格：放样过程可生成网格对象，这是默认设置。

（3）"路径参数"卷展栏

▶ 路径：通过输入值或单击微调按钮来设置路径的级别。

▶捕捉：用于设置沿着路径图形之间的恒定距离。

　　▶路径步数：将图形置于路径步数和顶点上，而不是作为沿着路径的一个百分比或距离。

　　（4）"蒙皮参数"卷展栏

　　▶封口：启用后，路径的两个端点会被封口。

　　▶图形步数：设置横截面图形的每个顶点之间的步数。

　　▶路径步数：设置路径的每个主分段之间的步数。

　　▶优化图形：启用后，对于路径的直线线段忽略"路径步数"。

　　▶自适应路径步数：启用后，分析放样并调整路径分段的数目，并生成最佳蒙皮。

　　▶轮廓：启用后，则每个图形都将遵循路径的曲率。

　　▶倾斜：启用后，则只要路径弯曲并改变其局部 z 轴的高度，图形便围绕路径旋转，倾斜量由 3ds Max 控制。

　　▶恒定横截面：启用后则在路径中的角处缩放横截面，以保持路径宽度一致。

　　▶线性插值：启用后，使用每个图形之间的直边生成放样蒙皮。

　　▶翻转法线：启用后将法线翻转 180°。

　　▶四边形的边：启用该选项后，切放样对象的两部分具有相同数目的边，则将两部分缝合到一起的面将显示为四方形。

　　▶变换降级：使放样蒙皮在子对象图形 / 路径变换过程中消失。

上手实操：制作动物绿雕模型

　　下面利用散布功能将玩偶制作成绿雕，具体操作步骤介绍如下。

　　Step01：单击"平面"按钮，创建一个长 60mm、宽 40mm 的平面，设置长度分段 15、宽度分段 10，如图 4-11 所示。

　　Step02：为其添加"FFD（长方体）"修改器，在参数面板单击"设置点数"按钮，打开"设置 FFD 尺寸"对话框，设置参数，如图 4-12 所示。

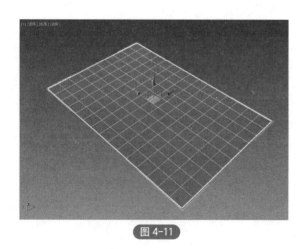

图 4-11

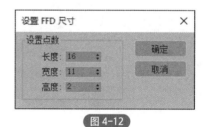

图 4-12

　　Step03：关闭对话框，在视口中可以看到晶格与平面的分段重合，如图 4-13 所示。

　　Step04：激活"控制点"子层级，单击"选择并移动"工具，在顶视图中选择正中的控制点，在前视图中调整位置，如图 4-14 所示。

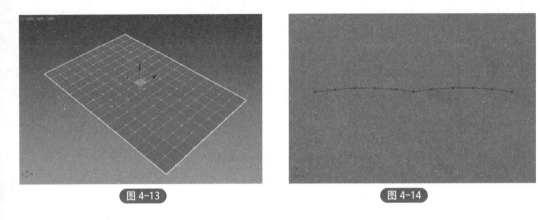

图 4-13

图 4-14

Step05：单击"选择并缩放"工具，接着在顶视图中调整控制点位置，如图 4-15 所示。

Step06：单击"选择并移动"工具，在左视图中调整控制点，如图 4-16 所示。

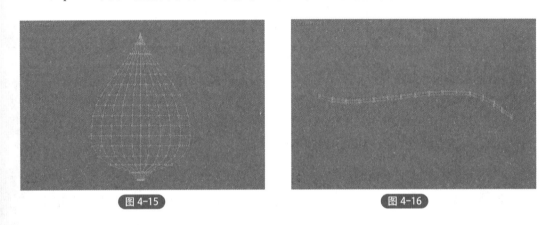

图 4-15

图 4-16

Step07：在透视视口中可以看到制作好的叶片，如图 4-17 所示。

Step08：为模型添加"壳"修改器，在参数面板中设置"外部量"为 0.5mm，为模型添加厚度，如图 4-18 所示。

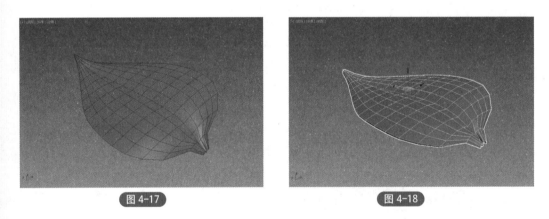

图 4-17

图 4-18

Step09：执行"导入 > 导入 > 合并"命令，将准备好的动物模型合并到当前场景，如图 4-19 所示。

Step10：选择树叶模型，在"复合对象"创建面板中单击"散布"命令，在"拾取分布对象"卷展栏中选择"复制"选项，再单击"拾取分布对象"按钮，如图 4-20 所示。

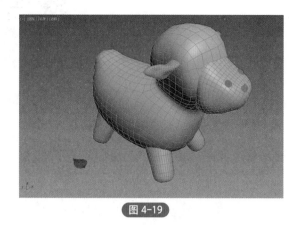

图 4-19

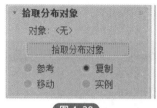

图 4-20

Step11：在视口中单击选择动物模型，可以看到树叶附着在动物模型表面，且场景中会自动创建摄影机，如图 4-21 所示。

Step12：在"散布对象"卷展栏和"变换"卷展栏设置相关参数，如图 4-22 所示。

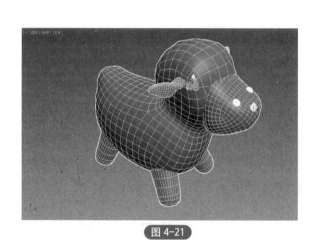

图 4-21

图 4-22

Step13：设置后的模型效果如图 4-23 所示。至此完成本案例的操作。

图 4-23

👑 进阶案例：制作台灯模型

下面利用放样功能制作一个台灯模型，具体操作步骤介绍如下。

Step01：单击"线"命令，在前视图绘制一条线，如图 4-24 所示。

Step02：在修改堆栈中激活"样条线"子层级，接着在"几何体"卷展栏设置"轮廓"为 1mm，按回车键即可为样条线创建轮廓，如图 4-25 所示。

图 4-24 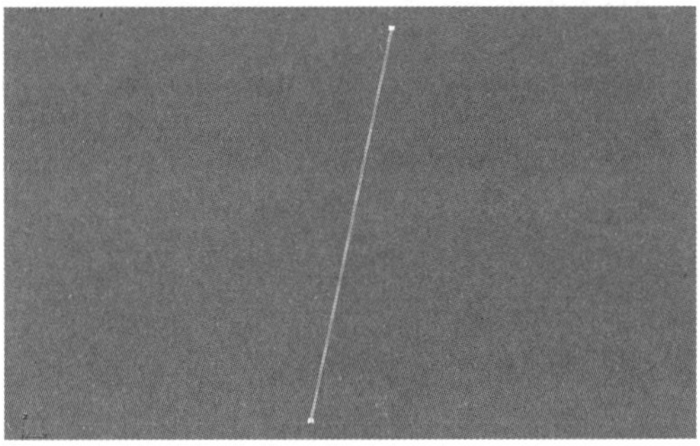　　　　　　　　　　图 4-25

Step03：单击"圆"命令，在顶视图绘制一个半径为 150mm 的圆，在"插值"卷展栏设置"步数"为 30，如图 4-26 所示。

Step04：选择圆，在"复合对象"创建面板中单击"放样"命令，接着在"创建方法"卷展栏单击"获取图形"按钮，然后单击拾取样条线，如图 4-27 所示。

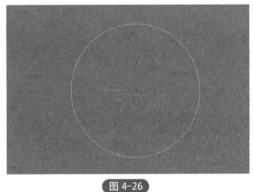

图 4-26 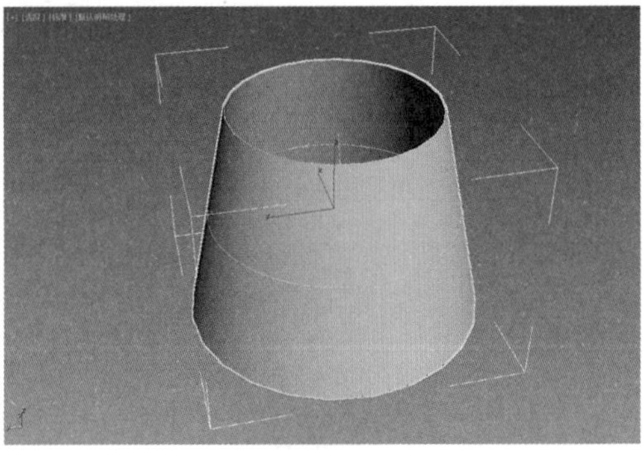　　　　　　　　　　图 4-27

Step05：单击"圆环"命令，在顶视图创建一个半径 1 为 123mm 的圆环，设置分段、边数参数，并调整对象位置，如图 4-28、图 4-29 所示。

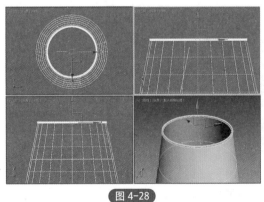

图 4-28

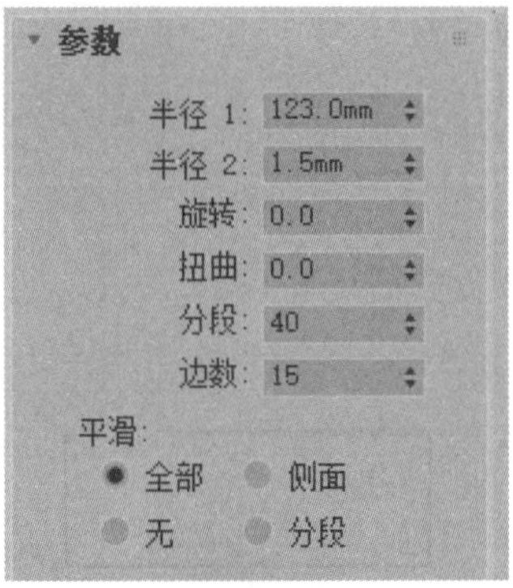

参数

半径 1：123.0mm
半径 2：1.5mm
旋转：0.0
扭曲：0.0
分段：40
边数：15

平滑
● 全部　　○ 侧面
○ 无　　　○ 分段

图 4-29

Step06：复制对象，重新设置半径为 178mm，再调整对象位置，如图 4-30 所示。

Step07：单击"切角圆柱体"命令，创建一个半径为 18mm 的切角圆柱体，再设置高度、圆角、圆角分段等参数，如图 4-31 所示。

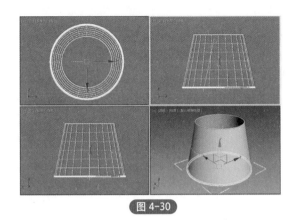

图 4-30

图 4-31

Step08：调整对象位置，如图 4-32 所示。

Step09：单击"线"命令，在前视图绘制一条样条线，开启渲染，并设置径向厚度为 1mm，如图 4-33 所示。

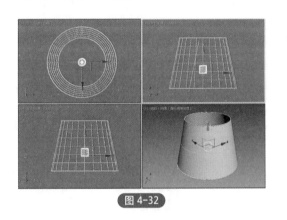

图 4-32

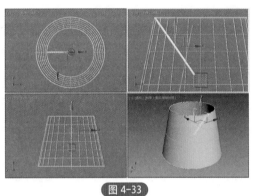

图 4-33

Step10：最大化显示顶视图，单击"使用变换坐标中心"按钮，如图 4-34 所示。

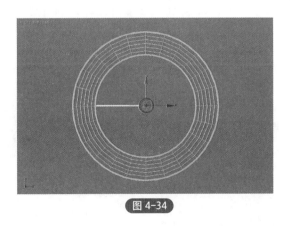

图 4-34

Step11：执行"工具 > 阵列"命令，打开"阵列"对话框，单击"旋转"右侧按钮，设置 Z 轴旋转 360°，再设置 1D "数量"为 6，如图 4-35 所示。单击"预览"按钮可以在视口中预览阵列效果。

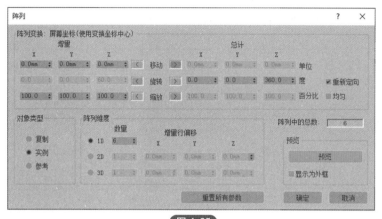

图 4-35

Step12：单击"确定"按钮，完成阵列操作，如图 4-36 所示。

Step13：利用"线"命令在前视图绘制一条长约 420mm 的样条线，再利用"圆"命令，绘制半径分别为 12mm、15mm、40mm 的圆，如图 4-37 所示。

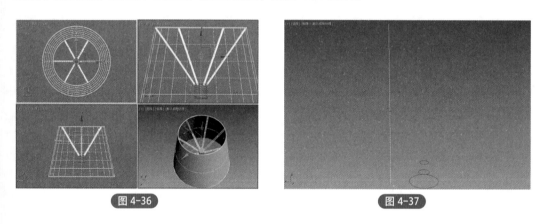

图 4-36　　　　　　　　　　　　　图 4-37

Step14：选择样条线，在"复合对象"面板单击"放样"命令，然后再单击"获取图形"按钮，在视口中拾取半径为 12mm 的圆，放样出一个模型对象，此时的图形位置位于模型顶部，如图 4-38 所示。

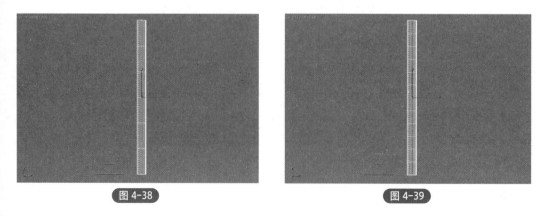

图 4-38　　　　　　　　　　　　　图 4-39

Step15：在"路径参数"卷展栏中设置"路径"参数为50，按回车键确定，再单击"获取图形"按钮，拾取半径为12mm的圆，如图4-39所示。

Step16：在"路径参数"卷展栏中设置"路径"参数为80，按回车键确定，再单击"获取图形"按钮，拾取半径为40mm的圆，如图4-40所示。

Step17：设置"路径"参数为90，按回车键确定，再单击"获取图形"按钮，拾取半径为15mm的圆，如图4-41所示。

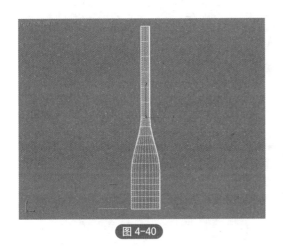

图 4-40

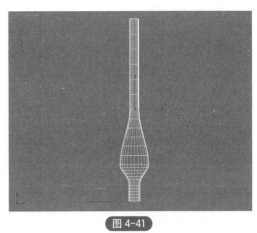

图 4-41

Step18：设置"路径"参数为100，按回车键确定，再单击"获取图形"按钮，拾取半径为40mm的圆，制作出灯柱模型，如图4-42、图4-43所示。

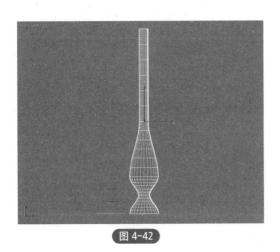

图 4-42

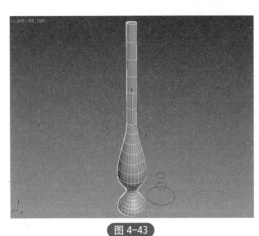

图 4-43

Step19：在"蒙皮参数"卷展栏中设置"图形步数"为15，"路径步数"为30，再勾选"优化图形"复选框，如图4-44所示。

Step20：将制作好的灯柱模型对齐到灯罩，如图4-45所示。

Step21：单击"切角长方体"命令，创建一个切角长方体作为台灯底座，设置半径、高度、圆角、圆角分段及边数，如图4-46所示。

Step22：调整对象位置，完成台灯模型的制作，如图4-47所示。

图 4-44

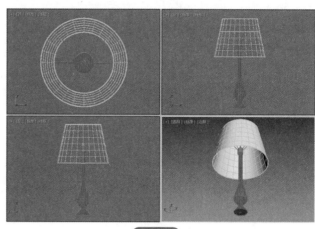

图 4-45

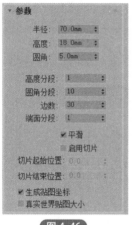

图 4-46

图 4-47

4.2 修改器建模

3ds Max 的建模方式有很多种,而修改器是其中一种特殊的建模方式,其原理是建立在前面两种建模方式之上的。配合这两种建模方式再使用修改器,可以实现很多建模方式实现不了的模型效果。

4.2.1 修改器简介

修改器就是附加到二维图形、三维模型或其他对象上,可以使它们产生变化的工具,通常应用于建模中。修改器可以使模型的外观产生很大的变化,例如扭曲的模型、弯曲的模型、晶格状的模型等都适合使用修改器建模进行制作。

(1)修改器堆栈

修改器堆栈位于"修改器列表下方",该区域罗列了最初创建的参数几何体对象和作用于该对象的所有编辑修改器。

在修改器堆栈中，原始对象位于最底部，其位置不可移动。作用于其上的修改器则是按照添加的先后顺序依次向上排列，用户可以通过移动放置位置来调整修改器之间的次序。要注意的是，不同的修改器次序所产生的模型效果也是不同的。

（2）添加修改器

选择对象，在"修改"命令面板单击打开"修改器列表"，选择需要的修改器即可。

（3）编辑修改器

在修改器堆栈中右键单击修改器，会弹出一个快捷菜单，用户可以通过该菜单对修改器进行复制、粘贴、删除、重命名等操作，如图 4-48 所示。

图 4-48

4.2.2 "挤出"修改器

"挤出"修改器可以将二维样条线挤出厚度，从而产生三维实体。如果样条线为封闭的，即可挤出带有底面的三维实体；若二维线不是封闭的，那么挤出的实体则是片状的，如图 4-49、图 4-50 所示。

图 4-49

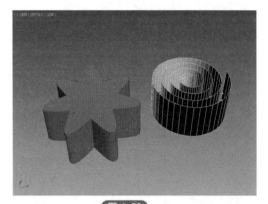

图 4-50

添加"挤出"修改器后，命令面板的下方将显示"参数"卷展栏，如图 4-51 所示。下面具体介绍"参数"展卷栏中各选项的含义。

- 数量：设置挤出实体的厚度。
- 分段：设置挤出厚度上的分段数量。
- 封口：该选项组主要设置在挤出实体的顶面和底面上是否封盖实体。"封口始端"在顶端加面封盖物体，"封口末端"在底端加面封盖物体。
- 变形：用于变形动画的制作，保证点面数恒定不变。
- 栅格：对边界线进行重新排列处理，以最精简的点面数来获取优秀的模型。

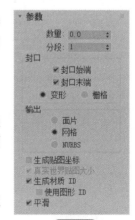

图 4-51

▶ 输出：设置挤出的实体输出模型的类型。

▶ 生成贴图坐标：为挤出的三维实体生成贴图材质坐标。勾选其复选框，将激活"真实世界贴图大小"复选框。

▶ 真实世界贴图大小：贴图大小由绝对坐标尺寸决定，与对象相对尺寸无关。

▶ 生成材质 ID：自动生成材质 ID，设置顶面材质 ID 为 1，底面材质 ID 为 2，侧面材质 ID 则为 3。

▶ 使用图形 ID：勾选该复选框，将使用线形的材质 ID。

▶ 平滑：将挤出的实体平滑显示。

4.2.3 "车削"修改器

"车削"修改器通过绕轴旋转二维样条线或 NURBS 曲线来创建三维实体，该修改器用于创建中心放射物体，用户也可以设置旋转的角度，更改实体的旋转效果，如图 4-52、图 4-53 所示。

图 4-52

图 4-53

图 4-54

在使用"车削"修改器后，命令面板的下方将显示"参数"卷展栏，如图 4-54 所示。下面具体介绍"参数"卷展栏中各选项的含义。

▶ 度数：设置车削实体的旋转度数。

▶ 焊接内核：将中心轴向上重合的点进行焊接精简，以得到结构相对简单的模型。

▶ 翻转法线：将模型表面的法线方向反向。

▶ 分段：设置车削线段后，旋转出的实体上的分段，值越高实体表面越光滑。

▶ 封口：该选项组主要设置在挤出实体的顶面和底面上是否封盖实体。

▶ 方向：该选项组主要用于设置实体进行车削旋转的坐标轴。

▶ 对齐：此区域用来控制曲线旋转式的对齐方式。

▶ 输出：设置挤出的实体输出模型的类型。

▶ 生成材质 ID：自动生成材质 ID，设置顶面材质 ID 为 1，底面材质 ID 为 2，侧面材质 ID 则为 3。

▶ 使用图形 ID：勾选该复选框，将使用线形的材质 ID。

▶ 平滑：将挤出的实体平滑显示。

4.2.4 "弯曲"修改器

"弯曲"修改器用于对物体进行弯曲处理，用户可以调节弯曲的角度和方向以及弯曲所依据的坐标轴，还可以将弯曲限制在一定的区域内，该修改器常被用于管道变形和人体弯曲等，如图 4-55、图 4-56 所示。

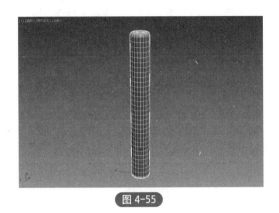

图 4-55

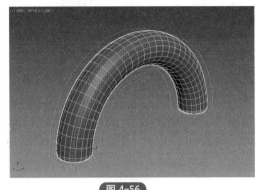

图 4-56

打开修改器列表框，单击"弯曲"选项，即可调用"弯曲"修改器，命令面板的下方将弹出修改弯曲值的"参数"卷展栏，如图 4-57 所示。下面具体介绍"参数"卷展栏中各选项的含义。

▶ 角度：从顶点平面设置要弯曲的角度。

▶ 方向：设置弯曲相对于水平面的方向。

▶ 限制效果：将限制约束应用于弯曲效果。

▶ 上限：以世界单位设置上部边界，此边界位于弯曲中心点上方，超出此边界，弯曲不再影响几何体。

▶ 下限：以世界单位设置下部边界，此边界位于弯曲中心点下方，超出此边界，弯曲不再影响几何体。

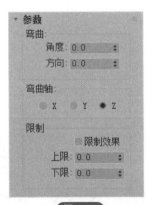

图 4-57

知识链接 ⌀

用户可以在堆栈栏中展开"BEND"卷轴栏，在弹出的列表中选择"中心"选项，返回视图区，向上或向下拖动鼠标即可更改限制范围。

4.2.5 "扭曲"修改器

"扭曲"修改器可以使实体呈麻花或螺旋状，它可以沿指定的轴进行扭曲操作，利用该修改器可以制作绳索、冰淇淋或者带有螺旋形状的立柱等，如图4-58、图4-59所示。

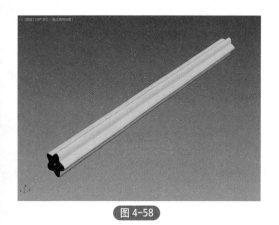

图 4-58

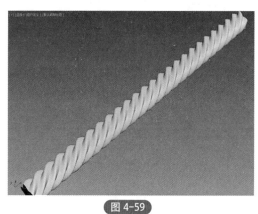

图 4-59

图 4-60

在使用扭曲修改器后，命令面板的下方将弹出设置实体扭曲的"参数"卷展栏，如图4-60所示。

下面具体介绍"扭曲"修改器中"参数"卷栅栏中各选项的含义。

▶扭曲：设置扭曲的角度和偏移距离。"角度"用于设置实体的扭曲角度；"偏移"用于设置扭曲向上或向下的偏向度。

▶扭曲轴：设置实体扭曲的坐标轴。

▶限制：限制实体扭曲范围，勾选"限制效果"复选框，将激活"限制"命令，在上限和下限选项框中设置限制范围即可完成限制效果。

4.2.6 "晶格"修改器

"晶格"修改器将图形的线段或边转换为柱形结构，并在顶点上产生可选的关节多变体，如图4-61、图4-62所示。使用该修改器可基于网格拓扑创建可渲染的几何体结构，或作为获得线框渲染效果的另一种方法。

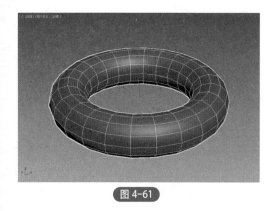

图 4-61

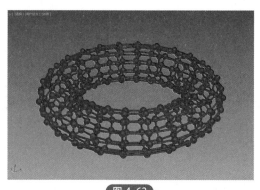

图 4-62

使用"晶格"修改器之后,命令面板下方将弹出"参数"卷展栏,如图 4-63 所示。下面具体介绍"参数"卷展栏中各常用选项的含义。

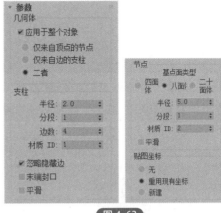

图 4-63

- 应用于整个对象:单击该选项,然后选择晶格显示的物体类型,其下包含"仅来自顶点的节点""仅来自边的支柱"和"二者"三个单选按钮。
- 半径:设置物体框架的半径大小。
- 分段:设置框架结构上物体的分段数值。
- 边数:设置框架结构上物体的边。
- 材质 ID:设置框架的材质 ID 号,该设置可以实现物体不同位置赋予不同的材质。
- 平滑:使晶格实体后的框架平滑显示。
- 基点面类型:设置节点面的类型,包括四面体、八面体和二十面体。半径:设计节点的半径大小。

4.2.7 "FFD"修改器

为模型添加 FFD 修改器后,模型周围会出现橙色的晶格线框架,通过调整晶格线框架的控制点来调整模型的效果,通常使用该修改器制作模型变形效果,如图 4-64、图 4-65 所示。

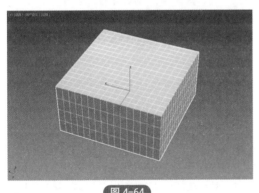

图 4-64

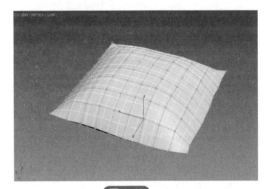

图 4-65

在使用 FFD 修改器之后,命令面板的下方将弹出"FFD 参数"卷展栏,如图 4-66 所示。下面具体介绍"参数"卷展栏中各常用选项的含义。

图 4-66

- 晶格:将绘制链接控制点的线条以形成栅格。
- 源体积:控制点和晶格会以未修改的状态显示。
- 衰减:它决定着 FFD 效果减为零时离晶格的距离,仅用于选择"所有顶点"时。
- 张力 / 连续性:调整变形样条线的张力和连续性。
- 重置:将所有控制点返回到它们的原始位置。
- 全部动画:将"点"控制器指定给所有控制点,这样它们在"轨迹视图"中立即可见。
- 与图形一致:在对象中心控制点位置之间沿直线延长线,将每一个 FFD 控制点移到修改器对象的交叉点上,这将增加一个由"偏移"微调器指定的偏移距离。

▶ 内部点：仅控制受"与图形一致"影响的对象内部点。

▶ 外部点：仅控制受"与图形一致"影响的对象外部点。

▶ 偏移：受"与图形一致"影响的控制点偏移对象曲面的距离。

4.2.8 "噪波"修改器

"噪波"修改器可以使对象表面的顶点进行随机变动，从而让表面变得起伏不规则，常用于制作复杂的地形、地面和水面效果。该修改器可以应用在任何类型的对象上，如图 4-67、图 4-68 所示。

图 4-67

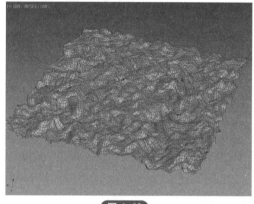

图 4-68

图 4-69

在使用"噪波"修改器之后，命令面板下方将弹出"参数"卷展栏，如图 4-69 所示。

下面具体介绍"参数"卷展栏中各常用选项的含义。

▶ 种子：从设置的数中生成一个随机起始点。在创建地形时尤为有用，因为每种设置都可以生成不同的配置。

▶ 比例：设置噪波影响（不是强度）的大小。较大的值产生更为平滑的噪波，较小的值产生锯齿现象更为严重的噪波。

▶ 分形：根据当前设置产生分形效果。

▶ 粗糙度：决定分形变化的程度。

▶ 迭代次数：控制分形功能所使用的迭代（或是八度音阶）的数目。

▶ 强度：控制噪波效果的大小。

▶ 动画噪波：调节"噪波"和"强度"参数的组合效果。

▶ 频率：设置正弦波的周期。

▶ 相位：移动基本波形的开始和结束点。

4.2.9 "壳"修改器

"壳"修改器是将二维平面物体转换为空间三维物体，倒角边可以设置倒角样条线，形成类似于"倒角""挤出"修改器，对内面、外面和边面可以进行快速的多维子材质设置，如图 4-70、图 4-71 所示。

图 4-70　　　　　　　　　　　　　图 4-71

在使用"壳"修改器之后，命令面板的下方将弹出"参数"卷展栏，如图 4-72 所示。下面具体介绍"参数"卷展栏中各常用选项的含义。

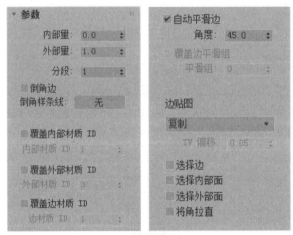

图 4-72

➤ 内部量 / 外部量：以 3ds Max 通用单位表示的距离，按此距离从原始位置将内部曲面向内移动以及将外部曲面向外移动。

➤ 分段：每一边的细分值。

➤ 倒角边：启用该选项后，并指定"倒角样条线"，3ds Max 会使用样条线定义边的剖面和分辨率。

➤ 倒角样条线：单击此按钮，然后选择打开样条线定义边的形状和分辨率。

➤ 覆盖内部材质 ID：启用此选项，使用"内部材质 ID"参数，为所有的内部曲面多边形指定材质 ID。

➤ 内部材质 ID：为内部面指定材质 ID。

➤ 自动平滑边：使用"角度"参数，应用自动、基于角平滑到边面。

➤ 角度：在边面之间指定最大角，该边面由"自动平滑边"平滑。

➤ 覆盖边平滑组：使用"平滑组"设置，用于为新多边形指定平滑组。

➤ 平滑组：为多边形设置平滑组。

➤ 边贴图：指定应用于新编的纹理贴图类型，包括复制、无、剥离、插补四种。

➤ TV 偏移：确定边的纹理顶点间隔。

➤ 将角拉直：调整角顶点以维持直线边。

4.2.10 "细化"修改器

"细化"修改器会对当前选择的曲面进行细分,它在渲染曲面时特别有用,并为其他修改器创建附加的网格分辨率,如图4-73、图4-74所示。如果"堆栈选择级别"为"顶点"或"边"/"边界",细化将仅影响使用选定顶点或边的面或多边形;如果子对象选择拒绝了堆栈,那么整个对象会被细化。

图 4-73

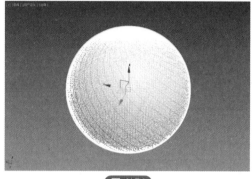

图 4-74

图 4-75

在使用"细化"修改器之后,命令面板下方将弹出"参数"卷展栏,如图4-75所示。下面具体介绍"参数"卷展栏中各常用选项的含义。

▶ 操作于:在三角形面或多边形面上执行细分操作(可见边包围的区域)。

▶ 边/面中心:从面或多边形的中心到每条边的终点或角顶点进行细分。

▶ 张力:决定新面在经过边细分后是平面、凹面还是凸面。

▶ 迭代次数:应用细分的次数。

▶ 更新选项:"始终"是指几何体更改时便会更新细分;"渲染时"是指仅当渲染对象时才更新细分;"手动"是指仅当单击"更新"按钮时才更新细分。

4.2.11 "网格平滑"修改器

"网格平滑"修改器主要用于模型表面锐利面,以增加网格面产生平滑效果,它允许细分几何体,同时可以使角和边变得平滑,如图4-76、图4-77所示。

在使用"网格平滑"修改器之后,将会打开"细分方法""细分量""局部控制""参数""设置"等卷展栏,如图4-78所示。下面介绍卷展栏中常用选项的含义。

(1)"细分方法"卷展栏

▶ 细分方法:选择空间确定"网格平滑"操作的输出。

▶ 应用于整个网络:启用时,在堆栈中向上传递的所有子对象选择被忽略,且"网格平滑"应用于整个对象。

(2)"细分量"卷展栏

▶ 迭代次数:设置网格细分的次数。

▶ 平滑度:确定对尖锐的锐角添加面以平滑它。

⯊ 渲染值：用于在渲染时选择不同数量的迭代次数和平滑度应用于对象。

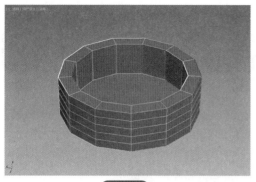

图 4-76

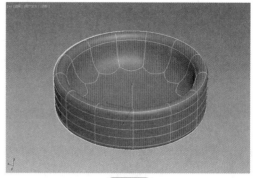

图 4-77

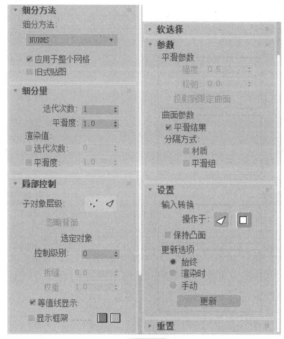

图 4-78

（3）"局部控制"卷展栏

⯊ 子对象层级：启用或禁用"边"或"顶点"层级。

⯊ 忽略背面：启用时，会仅选择在视口中可见的那些子对象。

⯊ 控制级别：在一次或多次迭代后查看控制网格，并在该级别编辑子对象点和边。

⯊ 折缝：创建曲面不连续，从而获得褶皱或唇妆结构等硬边。

⯊ 权重：设置选定顶点或边的权重。

（4）"参数"卷展栏

⯊ 强度：使用 0.0 ～ 1.0 的范围设置所添加面的大小。

⯊ 松弛：应用正的松弛效果以平滑所有顶点。

⯊ 平滑结果：对所有曲面应用相同的平滑组。

⯊ 材质：防止在不共享材质 ID 的曲面之间的边创建新曲面。

⯊ 平滑组：防止在不共享至少一个平滑组的曲面之间的边上创建新曲面。

4.2.12 "UVW 贴图"修改器

材质贴图是 3ds Max 建模过程中必不可少的部分，对于贴图材质的使用，离不开 UVW
贴图功能。为模型添加"UVW 贴图"修改器，可以纠正贴图在模型上的显示效果，如
图 4-79、图 4-80 所示。

图 4-79

图 4-80

用户可以通过"参数"卷展栏设置贴图的分布方式、贴图尺寸、对齐方式等，如图 4-81
所示。下面介绍卷展栏中常用选项的含义。

    ▶ 平面：从对象上的一个平面投影贴图，类似于投影幻灯片。

    ▶ 柱形：从圆柱体投影贴图，使用它包裹对象。

    ▶ 封口：对圆柱体封口应用平面贴图坐标。

    ▶ 球形：通过从球体投影贴图来包围对象。

    ▶ 收缩包裹：使用球形贴图，但是它会截去贴图的各个角，然后在一个单独角点将它们
全部结合在一起，仅创建一个角点。

    ▶ 长方体：从长方体的六个侧面投影贴图。每个侧面投影为一个平面贴图，且表面上的
效果取决于曲面法线。

    ▶ 面：为每个面应用贴图副本。使用完整矩形贴图来贴图共享隐藏边的成对面。

    ▶ XYZ 到 UVW：将 3D 程序坐标贴图到 UVW 坐标。

    ▶ 长度、宽度、高度：指定"UVW 贴图"gizmo 的尺寸。在应用修改器时，贴图图标
的默认缩放由对象的最大尺寸定义。

    ▶ U 向平铺、V 向平铺、W 向平铺：用于指定 UVW 贴图的尺寸以便平铺图像。这些是
浮点值，可设置动画以便随时间移动贴图的平铺。

    ▶ 翻转：绕给定轴反转图像。

    ▶ X/Y/Z：选择其中之一，可翻转贴图 gizmo 的对齐。

    ▶ 操纵：启用时，可手动调节 gizmo 的长宽高。

▶ 适配：将 gizmo 适配到对象的范围并使其居中。

▶ 居中：移动 gizmo，使其中心与对象的中心一致。

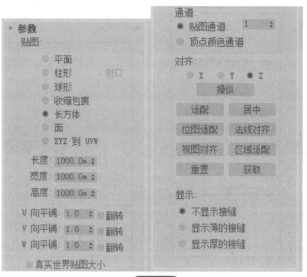

图 4-81

上手实操：制作罗马柱模型

下面利用二维图形结合"挤出"修改器和"车削"修改器制作一个罗马柱模型，具体操作步骤介绍如下。

Step01：单击"星形"命令，绘制一个星形，设置半径等参数，如图 4-82、图 4-83 所示。

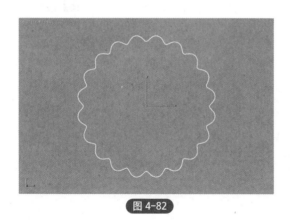

图 4-82

图 4-83

Step02：为对象添加"挤出"修改器，设置挤出数量为 3000mm，如图 4-84 所示。

Step03：单击"线"命令，在前视图按住 Shift 键绘制一条封闭的样条线，激活"顶点"子层级，调整顶点使线段横平竖直，如图 4-85 所示。

Step04：在"几何体"卷展栏中单击"圆角"按钮，选择顶点，按住并移动鼠标设置圆角，如图 4-86 所示。

Step05：为样条线添加"车削"修改器，在参数卷展栏中勾选"焊接内核"复选框，设置"分段"为 60，再单击"最大"按钮，如图 4-87 所示。

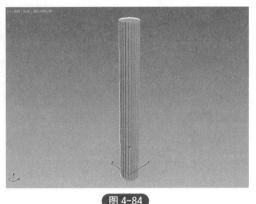

图 4-84

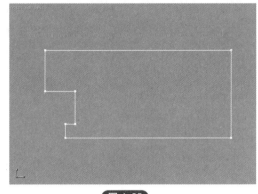

图 4-85

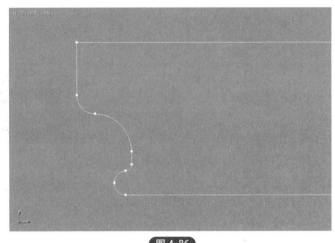

图 4-86

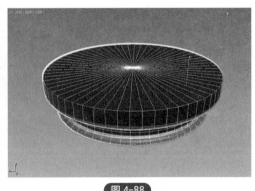

图 4-87

Step06： 创建出的模型如图 4-88 所示。

Step07： 调整模型至柱子顶部，如图 4-89 所示。

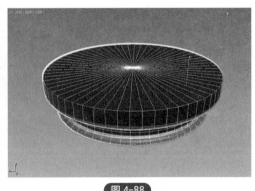

图 4-88

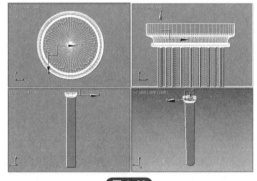

图 4-89

Step08： 在主工具栏单击"镜像"按钮，打开"镜像"对话框，设置镜像轴为 Y 轴，选择"实例"选项，如图 4-90 所示。

Step09： 将镜像复制的模型移动至柱子底部，完成罗马柱模型的制作，如图 4-91 所示。

图 4-90

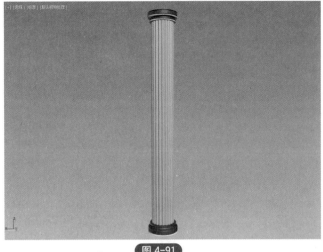

图 4-91

👑 进阶案例：制作水晶吊灯模型

扫一扫 看视频

下面利用圆柱体、球体和"晶格"修改器制作一个水晶吊灯模型，具体操作步骤介绍如下。

Step01：先制作灯具底盘。单击"圆柱体"命令，创建一个圆柱体，设置半径为250mm、高20mm、边数60，如图4-92所示。

Step02：激活"移动并选择"工具，按Ctrl+V组合键复制对象，重新设置半径为260mm、高6mm，再调整对象位置，如图4-93所示。

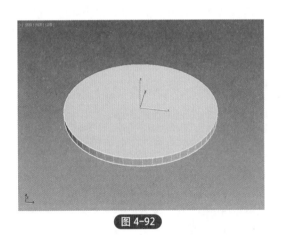

图 4-92

图 4-93

Step03：继续复制对象用于制作水晶吊线，重新设置半径为240mm、高600mm、边数28mm，再调整其位置，如图4-94所示。

Step04：为对象添加"晶格"修改器，在"参数"卷展栏中选择"仅来自边的支柱"，设置支柱半径为0.1mm，再勾选"平滑"复选框，如图4-95所示。

Step05：设置后的模型效果如图4-96所示。

Step06：单击"球体"命令，创建一个半径为240mm的球体用于制作水晶吊坠，设置分段为28，并调整至下方位置，如图4-97所示。

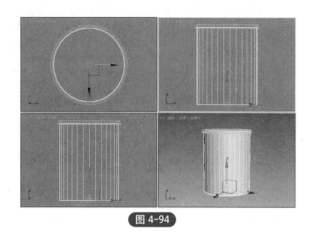

图 4-94

图 4-95

图 4-96

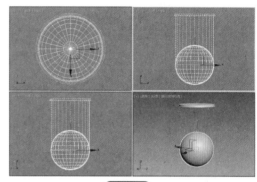

图 4-97

Step07：为球体添加"晶格"修改器，在"参数"卷展栏中选择"仅来自顶点的节点"，设置节点类型为"二十面体"，半径为 10mm，如图 4-98 所示。

Step08：设置后的模型如图 4-99 所示。

图 4-98

图 4-99

Step09：选择吊线模型，按 Ctrl+V 组合键进行克隆，设置源对象的圆柱体半径和高度，再调整位置，对齐到下一层水晶上，如图 4-100、图 4-101 所示。

图 4-100

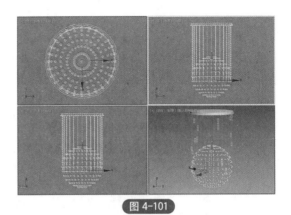

图 4-101

Step10：照此方法继续复制吊线模型，调整参数及位置，如图 4-102 所示。

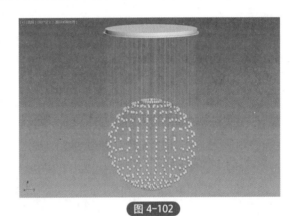

图 4-102

👑 进阶案例：制作字典模型

扫一扫 看视频

下面利用样条线结合"挤出"修改器、"细分"修改器和"网格平滑"修改器制作一个字典模型，具体操作步骤介绍如下。

Step01：单击"矩形"命令，在前视图绘制一个长 210mm、宽 55mm 的矩形，如图 4-103 所示。

Step02：将其转换为可编辑样条线，激活"顶点"子层级，如图 4-104 所示。

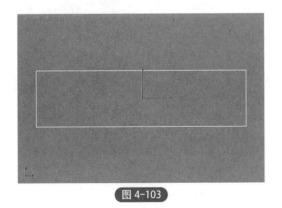

图 4-103

图 4-104

Step03：选择顶点并移动控制柄，调整样条线轮廓，如图 4-105 所示。

Step04：为样条线添加"挤出"修改器，设置挤出数量为 290mm，制作出纸张模型，如图 4-106 所示。

图 4-105

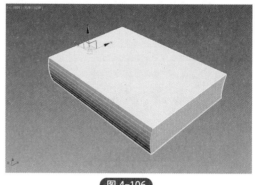

图 4-106

Step05：单击"线"命令，在前视图中模型外侧绘制一个样条线，如图 4-107 所示。

Step06：激活"顶点"子层级，选择左侧的两个顶点，单击鼠标右键，将角点设置为"Bezier 角点"，如图 4-108 所示。

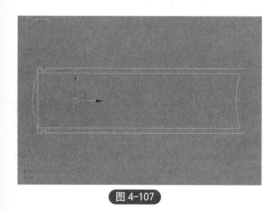

图 4-107

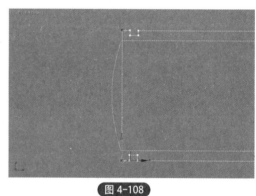

图 4-108

Step07：调整控制柄制作出弧形，如图 4-109 所示。

Step08：激活"样条线"子层级，在"几何体"卷展栏中设置"轮廓"为 5mm，如图 4-110 所示。

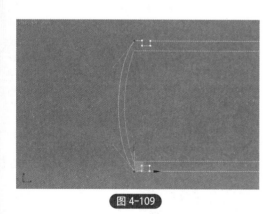

图 4-109

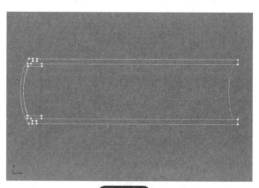

图 4-110

Step09：再激活"顶点"子层级，重新调整顶点位置和控制柄，如图 4-111 所示。

Step10：选择如图 4-112 所示的顶点。

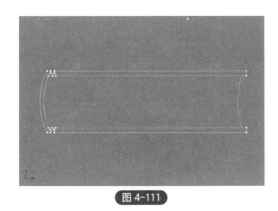

图 4-111

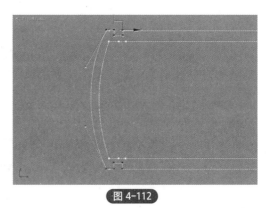

图 4-112

Step11：在"几何体"卷展栏中设置"圆角"为 2mm，如图 4-113 所示。

Step12：再选择右侧的顶点，设置"圆角"为 1mm，如图 4-114 所示。

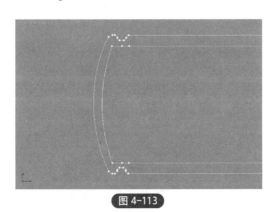

图 4-113

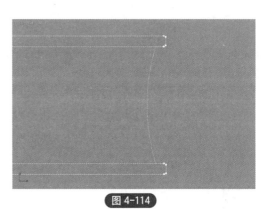

图 4-114

Step13：为样条线添加"挤出"修改器，设置挤出数量为 300mm，制作出书籍硬皮模型，再调整位置，如图 4-115 所示。

Step14：为模型添加"细分"修改器，设置"大小"为 3，如图 4-116 所示。

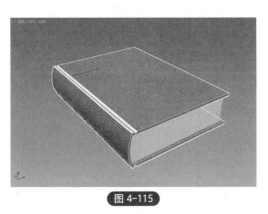

图 4-115

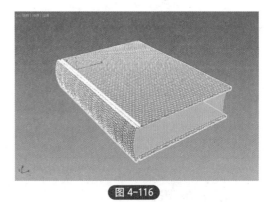

图 4-116

Step15：最后为模型添加"网格平滑"修改器，保持参数默认，完成字典模型的创建，如图 4-117 所示。

图 4-117

4.3 网格建模

可编辑网格是一种使用三角多边形的可变形对象，适用于创建简单、少边的对象或用于网格平滑和 HSDS 建模的控制网格。

4.3.1 转换网格对象

3ds Max 中的大多数对象可以转化为可编辑网格，但是对于开口样条线对象，只有顶点可用，因为在被转化为网格时开放样条线没有面和边。将对象转换为可编辑网格的方法有以下三种。

▶选择对象并单击鼠标右键，在弹出的菜单中选择"转换为>转换为可编辑网格"命令，如图 4-118 所示。

▶选择对象，在修改器列表中添加"编辑网格"修改器。

▶在修改器堆栈中选择对象并单击鼠标右键，在弹出的快捷菜单中选择"可编辑网格"命令，如图 4-119 所示。

▶选择对象，在"实用程序"命令面板中单击"塌陷"命令，然后单击"塌陷选定对象"按钮，如图 4-120 所示。

图 4-118

图 4-119

图 4-120

4.3.2 编辑网格对象

将模型转换为可编辑网格后，可以看到其子层级分别为顶点、边、面、多边形和元素五种，与多边形建模的子层级有所不同。其参数面板如图 4-121 所示。

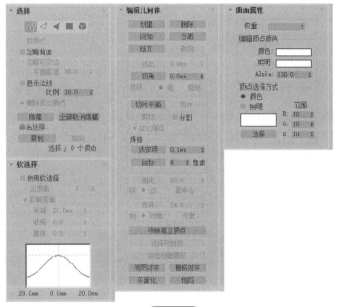

图 4-121

下面介绍各参数展卷栏中常用选项的含义。

（1）"选择"卷展栏

▶ 按顶点：当处于启用状态时，单击顶点，将选中任何使用此顶点的子对象。

▶ 忽略背面：启用时，选定子对象只会选择视口中显示其法线的那些子对象。

▶ 忽略可见边：仅在"多边形"子对象层级可用。当禁用时，单击一个面，无论"平面阈值"如何设置，选择不会超出可见边；当启用时，面选择将忽略可见边，使用"平面阈值"设置作为指导。

▶ 显示法线：启用时，3ds Max 会在视口中显示法线。

▶ 隐藏：隐藏任何选定的子对象。

（2）"软选择"卷展栏

▶ 使用软选择：启用后，在子层级上影响"移动""旋转"和"缩放"功能的操作，如果在子对象选择上操作变形修改器，那么也会影响应用到对象上的变形修改器的操作。

▶ 边距离：启用该选项后，将软选择限制到指定的面数，该选择在进行选择的区域和软选择的最大范围之间。

▶ 影响背面：启用该选项后，那些法线方向与选定子对象平均法线方向相反的、取消选择的面就会受到软选择的影响。

▶ 衰减：用以定义影响区域的距离，是用当前单位表示的从中心到球体的边的距离。

▶ 收缩：沿着垂直轴提高并降低曲线的顶点。

▶ 膨胀：沿着垂直轴展开和收缩曲线。

（3）"编辑几何体"卷展栏

▶ 创建：可将子对象添加到单个选定的网格对象中。

▶ 删除：删除选定的子对象以及附加在上面的任何面（仅限于子对象层级）。

▶ 附加：将场景中的另一个对象附加到选定的网格。

▶ 分离：将选定子对象作为单独的对象或元素进行分离。

▶ 断开：为每一个附加到选定顶点的面创建新的顶点，可以移动面角使之互相远离它们曾经在原始顶点连接起来的地方。

▶ 改向：在边的范围内旋转边（仅限于"边"子层级）。

▶ 挤出：单击此按钮，然后拖动来挤出选定的边或面，或是调整"挤出"微调器来执行挤出。

▶ 切角：单击此按钮，然后垂直拖动任何面，以便将其挤出。释放鼠标按钮，然后垂直移动鼠标光标，以便对挤出对象执行倒角处理。

▶ 切片平面：在需要对边执行切片操作的位置处定位和旋转的切片平面创建 gizmo。

▶ 切片：在切片平面位置处执行切片操作。

▶ 剪切：允许单击，移动鼠标，然后再次单击，在两条边之间创建一条或多条新边，从而细分边对之间的网格曲面。

▶ 选定项：焊接在"焊接阈值"微调器（位于按钮的右侧）中指定的公差范围内的选定顶点。所有线段都会与产生的单个顶点连接。

▶ 目标：进入焊接模式，可以选择顶点并将它们移来移去。

▶ 细化：根据"边""面中心"和"张力"的设置，单击即可细化选定的面。

▶ 炸开：根据边所在的角度将选定面炸开为多个元素或对象。该功能在"对象"模式以及所有子对象层级中可用。

▶ 移除孤立顶点：无论当前选择如何，删除对象中所有的孤立顶点。

▶ 选择开放边：选择所有只有一个面的边。

▶ 由边创建图形：选择边后，单击该按钮，以便通过选定的边创建样条线形状。

▶ 平面化：强制所有选定的子对象共面。

▶ 塌陷：将选定子对象塌陷为平均顶点。

👑 进阶案例：制作水杯模型

Step01：单击"圆柱体"命令，创建一个圆柱体，设置半径为 30mm、高 80mm、边数 10，如图 4-122 所示。

Step02：单击鼠标右键，在弹出的菜单中选择"转换为 > 转换为可编辑网格"命令，将其转换为可编辑网格，激活"多边形"子层级，选择顶部的面，如图 4-123 所示。

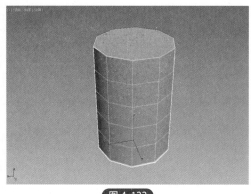

图 4-122

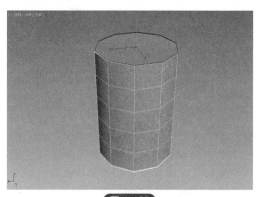

图 4-123

Step03：按 Delete 键删除多边形，如图 4-124 所示。

Step04：激活"顶点"子层级，在前视图选择底部的顶点，如图 4-125 所示。

图 4-124

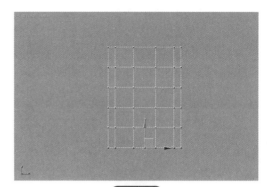

图 4-125

Step05：展开"软选择"卷展栏，勾选"使用软选择"复选框，再设置"衰减"为 80，如图 4-126、图 4-127 所示。

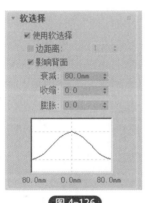

图 4-126

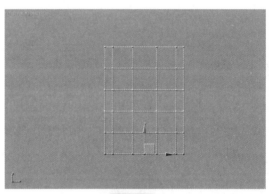

图 4-127

Step06：切换到顶视图，激活"选择并缩放"工具，缩放顶点，如图 4-128 所示。

Step07：取消勾选"使用软选择"复选框，再为对象添加"壳"修改器，参数保持默认，如图 4-129 所示。

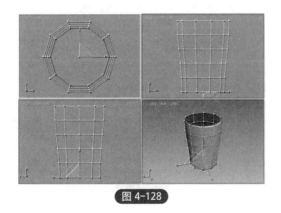

图 4-128

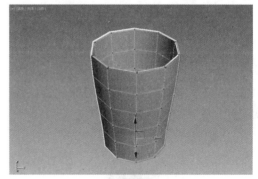

图 4-129

Step08：再将对象转换为可编辑网格，激活"顶点"子层，在全视图选择杯子内侧底部的顶点，并适当向上移动，如图 4-130 所示。

Step09：激活"边"子层级，选择杯口的两圈边，如图 4-131 所示。

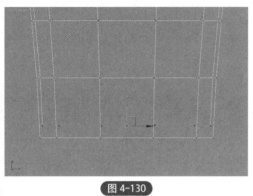

图 4-130

图 4-131

Step10：在"编辑几何体"卷展栏设置"切角"为 0.2mm，然后按回车键即可对边线进行切角处理，如图 4-132 所示。

Step11：再选择杯子内侧底部的一圈边线，设置"切角"为 4mm，如图 4-133 所示。

图 4-132

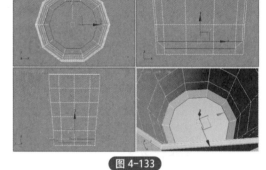

图 4-133

Step12：最后选择杯子底部的一圈边线，设置"切角"为 2mm，如图 4-134 所示。

Step13：为模型添加"细分"修改器，保持默认参数，模型效果如图 4-135 所示。

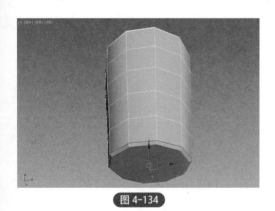

图 4-134

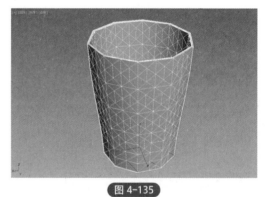

图 4-135

Step14：再为模型添加"网格细分"修改器，设置"迭代次数"为 2，完成水杯模型的制作，如图 4-136 所示。

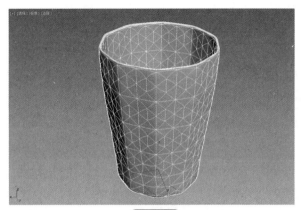

图 4-136

4.4 NURBS 建模

NURBS 建模是 3ds Max 中建模的方式之一，包括 NURBS 曲面和曲线。NURBS 表示非均匀有理数 B 样条线，是设计和建模曲面的行业标准，特别适合于为含有复杂曲线的曲面建模，因为这些对象很容易交互操纵，且创建它们的算法效率高，计算稳定性好。

4.4.1 创建 NURBS 对象

NURBS 对象包含曲线和曲面两种，NURBS 建模也就是创建 NURBS 曲线和 NURBS 曲面的过程，使用它可以使以前实体建模难以达到的圆滑曲面的构建变得简单方便。

（1）NURBS 曲面

NURBS 曲面包含点曲面和 CV 曲面两种。

▶ 点曲面：由点来控制模型的形状，每个点始终位于曲面的表面上。

▶ CV 曲面：由控制顶点来控制模型的形状，CV 形成围绕曲面的控制晶格，而不是位于曲面上。

（2）NURBS 曲线

NURBS 曲线包含点曲线和 CV 曲线两种。

▶ 点曲线：由点来控制曲线的形状，每个点始终位于曲线上。

▶ CV 曲线：由控制顶点来控制曲线的形状，这些控制顶点不必位于曲线上。

3ds Max 提供了 4 种创建 NURBS 对象的方法。

▶ 在"创建"命令面板的"NURBS 曲面"面板中提供了"点曲面"和"CV 曲面"两个按钮，如图 4-137 所示。

▶ 在对象的修改器堆栈中单击鼠标右键，在弹出的快捷菜单中选择 NURBS 选项，如图 4-138 所示。

▶ 创建 NURBS 对象，进入"修改"面板，在"常规"卷展栏单击"NURBS 创建工具箱"按钮，即可打开 NURBS 创建工具箱，通过该工具箱可以创建新的 NURBS 对象，如图 4-139 所示。

▶ 选择对象后单击鼠标右键，在弹出的快捷菜单选择"转换为 > 转换为 NURBS"命令。

图 4-137

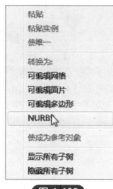
图 4-138

图 4-139

下面详细介绍 NURBS 创建工具箱中各个编辑工具的作用。

创建点	创建一个独立自由的顶点
创建偏移点	在距离选定点一定的偏移位置创建一个顶点
创建曲线点	创建一个依附在曲线上的顶点
创建曲线 - 曲线点	在两条曲线交叉处创建一个顶点
创建曲面点	创建一个依附在曲面上的顶点
创建曲面 - 曲线点	在曲面和曲线的交叉处创建一个顶点
创建 CV 曲线	创建可控曲线，与创建面板中按钮功能相同
创建点曲线	创建点曲线
创建拟合曲线	可以使一条曲线通过曲线的顶点、独立顶点，曲线的位置与顶点相关联
创建变换曲线	创建一条曲线的备份，并使备份与原始曲线相关联
创建混合曲线	在一条曲线的端点与另一条曲线的端点之间创建过渡曲线
创建偏移曲线	创建一条曲线的备份，当拖动鼠标改变曲线与原始曲线之间的距离时，随着距离的改变，其大小也随之改变
创建镜像曲线	创建镜像曲线
创建切角曲线	创建倒角曲线
创建圆角曲线	创建圆角曲线
创建曲面 - 曲面相交曲线	创建曲面与曲面的交叉曲线
创建 U 向等参曲线	偏移沿着曲面的法线方向，大小随着偏移量而改变
创建 V 向等参曲线	在曲线上创建水平和垂直的 ISO 曲线
创建法向投影曲线	以一条原始曲线为基础，在曲线所组成的曲面法线方向上曲面投影
创建向量投影曲线	与创建标准投影曲线相似，只是投影方向不同。矢量投影是在曲面的法线方向上向曲面投影，而标准投影是在曲线所组成的曲面方向上向曲面投影
创建曲面上的 CV 曲线	这与可控曲线非常相似，只是曲面上的可控曲线与曲面关联
创建曲面上点曲线	创建曲面上的点曲线
创建曲面偏移曲线	创建曲面上的偏移曲线
创建曲面边曲线	创建曲面上的边曲线
创建 CV 曲面	创建可控曲面
创建点曲面	创建点曲面

创建变换曲面	所创建的变换曲面是原始曲面的一个备份
创建混合曲面	在两个曲面的边界之间创建一个光滑曲面
创建偏移曲面	创建与原始曲面相关联且在原始曲面的法线方向指定的距离
创建镜像曲面	创建镜像曲面
创建挤出曲面	将一条曲线拉伸为一个与曲线相关联的曲面
创建车削曲面	即旋转一条曲线生成一个曲面
创建规则曲面	在两条曲线之间创建一个曲面
创建封口曲面	在一条封闭曲线上加上一个盖子
创建 U 向放样曲面	在水平方向上创建一个横穿多条 NURBS 曲线的曲面，这些曲线会形成曲面水平轴上的轮廓
创建 UV 放样曲面	创建水平垂直放样曲面，与水平放样曲面类似。不仅可以在水平方向上放置曲线，还可以在垂直方向上放置曲线
创建单轨扫描	这需要至少两条曲线，一条作路径，一条作曲面的交叉界面
创建双轨扫描	这需要至少三条曲线，其中两条作路径，其他曲线作为曲面的交叉界面
创建多边混合曲面	在两个或两个以上的边之间创建融合曲面
创建多重曲线修剪曲面	在两个或两个以上的边之间创建剪切曲面
创建圆角曲面	在两个交叉曲面结合的地方建立一个光滑的过渡曲面

4.4.2　编辑 NURBS 对象

NURBS 对象的参数面板中共有 7 个卷展栏，分别是"常规""显示线参数""曲面近似""曲线近似""创建点""创建曲线"和"创建曲面"，如图 4-140 所示。

而在选择"曲面 CV"或者"曲面"子层级时，又会分别出现不同的参数卷展栏，如图 4-141、图 4-142 所示。

图 4-140

图 4-141

图 4-142

图 4-143

（1）常规

"常规"卷展栏中包含了附加、导入以及 NURBD 工具箱等，参数面板如图 4-143 所示。各参数含义介绍如下。

▶附加：将另一个对象附加到 NURBS 对象上。

▶附加多个：将多个对象附加到 NURBS 曲面上。

▶重新定向：移动并重新定向正在附加或导入的对象，这样其局部坐标系的创建与 NURBS 对象局部坐标系的创建相对齐。

▶导入：将另一个对象导入到 NURBS 对象上。

▶导入多个：导入多个对象。

▶显示：启用复选框后，会显示相关对象。

▶"NURBS 创建工具箱"按钮：单击后打开 NURBS 创建工具箱。

▶细分网格：选择此单选按钮后，NURBS 曲面在着色视口中显示为着色晶格。

▶明暗处理晶格：选择此单选按钮后，NURBS 曲面在着色视口中显示着色晶格。

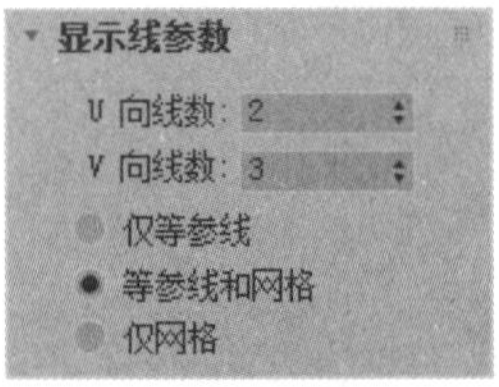

（2）显示线参数

"显示线参数"卷展栏提供了曲面的线条数及显示方式，参数面板如图 4-144 所示。各参数含义介绍如下。

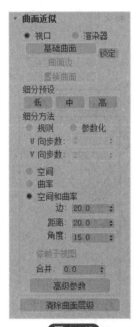

图 4-144

▶U 向线数 /V 向线数：视口中用于近似 NURBS 曲面的线条数，分别沿着曲面的局部 U 向和 V 向维度。

▶仅等参线：选择此单选按钮后，所有视口将显示曲面的等参线表示。

▶等参线和网格：选择此单选按钮后，线框视口将显示曲面的等参线表示，而着色视口将显示着色曲面。

▶仅网格：选择此单选按钮后，线框视口将曲线显示为线框网格，而着色视口将显示着色曲面。

（3）曲面近似

为了渲染和显示视口，可以使用"曲面近似"卷展栏，控制 NURBS 模型中的曲面子对象的近似值求解方式。参数面板如图 4-145 所示，各参数含义介绍如下。

图 4-145

▶基础曲面：启用此选项后，设置将影响选择集中的整个曲面。

▶曲面边：启用该选项后，设置影响由修剪曲线定义的曲面边的细分。

▶置换曲面：只有在选中"渲染器"的时候才启用。

▶细分预设：用于选择低、中、高质量层级的预设曲面近似值。

▶细分方法：如果已经选择视口，该组中的控件会影响 MURBS 曲面在视口中的显示。如果选择"渲染器"，这些控件还会影响渲染器显示曲面的方式。

▶规则：根据 U 向步数、V 向步数在整个曲面内生成固定的细化。

▶参数化：根据 U 向步数、V 向步数生成自适应细化。

▶空间：生成由三角形面组成的统一细化。

▶曲率：根据曲面的曲率生成可变的细化。

▶ 空间和曲率：通过所有三个值使空间方法和曲率方法完美结合。

▶ 高级参数：单击可以显示"高级曲面近似"对话框。

（4）曲线近似

在模型级别上，近似空间影响模型中的所有曲线子对象。参数面板如图 4-146 所示，各参数含义介绍如下。

图 4-146

▶ 步数：用于近似每个曲线段的最大线段数。

▶ 优化：启用此复选框可以优化曲线。

▶ 自适应：基于曲率自适应分割曲线。

（5）创建点 / 曲线 / 曲面

这三个卷展栏中的工具与 NURBS 工具箱中的工具相对应，主要用来创建点、曲线、曲面对象，如图 4-147 ～图 4-149 所示。

图 4-147

图 4-148

图 4-149

综合实战：制作液晶电视模型

扫一扫 看视频

下面利用几何体结合布尔、"挤出"修改器、可编辑网格功能等制作一个液晶电视模型，具体操作步骤介绍如下。

Step01：单击"切角长方体"命令，创建一个切角长方体，设置其长度、宽度、高度、圆角等参数，如图 4-150、图 4-151 所示。

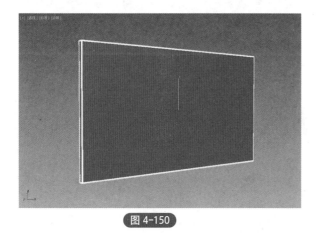

图 4-150

图 4-151

Step02：再单击"长方体"命令，创建一个长方体，设置长度、宽度及高度，如图 4-152、图 4-153 所示。单击"确定"按钮复制对象。

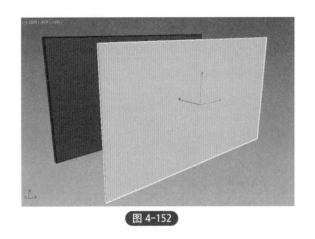

图 4-152

图 4-153

Step03：激活"选择并移动"工具，选择长方体，在主工具栏单击"对齐"按钮，然后在视口中单击切角长方体，此时会打开"对齐当前选择"对话框，选择当前位置为"中心"，目标位置为"中心"，如图 4-154 所示。

Step04：此时在视口中可以看到二者居中对齐的效果，如图 4-155 所示。单击"确定"按钮关闭对话框。

图 4-154

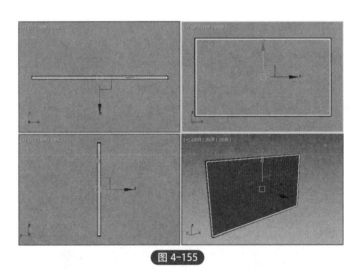

图 4-155

Step05：在左视图中沿 X 轴适当调整对象位置，使二者相交，如图 4-156 所示。

Step06：选择切角长方体，在"复合对象"创建面板中单击"布尔"命令，在打开的"运算对象参数"卷展栏中选择"差集"运算方式，然后单击"添加运算对象"按钮，如图 4-157 所示。

Step07：在视口中拾取长方体对象，将其从切角长方体中减去，制作出屏幕凹陷造型，如图 4-158 所示。

Step08：单击"线"命令，在左视图绘制一个封闭的样条线轮廓，激活"顶点"子层级，调整顶点位置，如图 4-159 所示。

Step09：打开"修改"命令面板，为其添加"挤出"修改器，并设置挤出数量为 30，模型效果如图 4-160 所示。

Step10：将模型转换为可编辑网格，激活"边"子层级，单击选择全部边线，如图 4-161 所示。

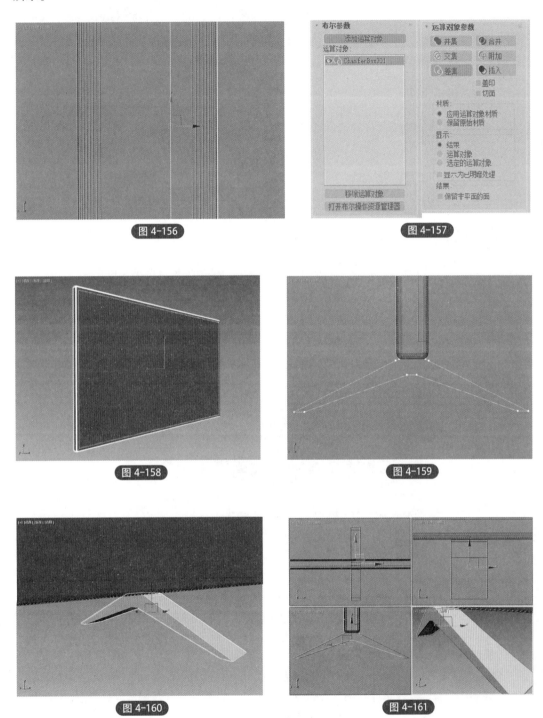

图 4-156

图 4-157

图 4-158

图 4-159

图 4-160

图 4-161

Step11：在"编辑几何体"卷展栏设置"切角"量为 0.5mm，按回车键对边线进行切角处理，如图 4-162 所示。

Step12：移动模型到一侧，再按住 Shift 键进行实例复制，完成液晶电视模型的制作，如图 4-163 所示。

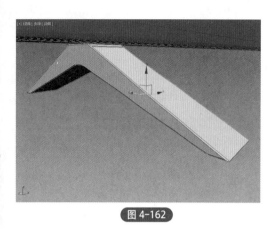

图 4-162

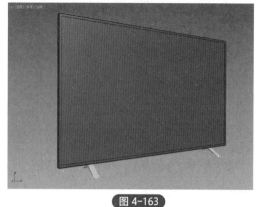

图 4-163

✏️ 课后作业

通过本章内容的学习，读者应该对所学知识有了一定的掌握，章末安排了课后作业，用于巩固和练习。

习题 1

利用"挤出"修改器结合样条线创建一个高脚椅模型，如图 4-164 所示。

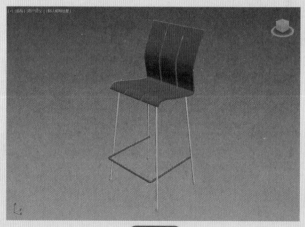

图 4-164

操作提示：

Step01：绘制样条线并转换为可编辑样条线，设置样条线轮廓。

Step02：为样条线添加"挤出"修改器，制作出坐垫模型并复制。

Step03：绘制样条线，并设置渲染参数，作为高脚椅的支架。

习题 2

利用 NURBS 对象制作一个藤球，如图 4-165、图 4-166 所示。

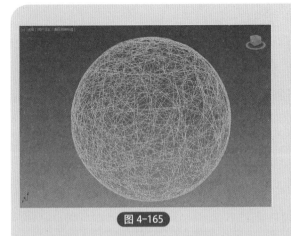

图 4-165

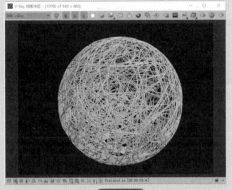

图 4-166

操作提示：

Step01：创建一个球体，将其转换为 NURBS 对象。

Step02：在 NURBS 工具箱中单击"创建曲面上的点曲线"按钮，在球体表面创建曲线。

Step03：分离曲线，删除球体，设置曲线的渲染参数。

第5章
多边形建模

📄 **内容导读:**

多边形建模又称为 Polygon 建模，是目前所有三维软件中最为流行的方法。该建模方法比较容易理解，在建模过程中也有更多的想象空间和修改余地，常用于室内设计模型、人物角色模型和工业设计模型等。本章主要介绍可编辑多边形的转换、公用参数以及多边形子层级参数的设置及应用。

🎯 **学习目标:**

- 了解什么是多边形建模
- 熟悉如何转换可编辑多边形
- 掌握多边形参数的设置及应用
- 掌握多边形子层级参数的设置及应用

5.1 了解多边形建模

作为当今世界的主流建模方式，多边形建模已经被广泛应用到游戏角色、影视、工业造型、建筑室内外等模型制作中。与网格建模相比，多边形建模在编辑上更加灵活，对硬件的要求也很低，功能更加全面，对面数也没有任何要求。

5.1.1 什么是多边形建模

多边形建模是 3ds Max 中最常见且最为强大的建模方式，其原理是先将一个模型对象转化为可编辑多边形，然后对顶点、边、多边形、边界、元素这几种级别进行编辑，使模型逐渐产生相应的变化，从而达到建模的目的。

多边形建模提供了许多实用的工具，为模型创作带来很大的便利。用户可以对模型的网格密度进行较好的控制，制作动物、人物、景观等非常复杂的模型，如图 5-1、图 5-2 所示。

图 5-1

图 5-2

5.1.2 转换多边形

可编辑多边形不能作为修改命令直接指定给几何体，而是需要将几何体转换为可编辑多边形。几乎所有的几何体类型都可以转换为可编辑多边形，曲线可以转换为曲面。

转换可编辑多边形的操作方法同编辑样条线类似，操作方法包括以下几种。

▶ 选择对象并单击鼠标右键，在弹出的菜单中选择"转换为 > 转换为可编辑多边形"命令，如图 5-3 所示。

▶ 选择对象，在修改器列表中选择添加"编辑多边形"修改器，如图 5-4 所示。

▶ 在修改器堆栈中选择对象名称并单击鼠标右键，在弹出的菜单中选择"可编辑多边形"选项，如图 5-5 所示。

知识链接 🔗

使用鼠标右键转换可编辑多边形后，对象的原始创建参数会被清除。

图 5-3

图 5-4

图 5-5

5.2 编辑多边形对象

将物体转换为可编辑多边形后，进入修改面板，可以看到物体原本的属性消失不见，替换为可编辑多边形的堆栈和参数面板。包括"选择""软选择""编辑几何体""细分曲面""细分置换""绘制变形"6 个公用的卷展栏，如图 5-6 所示。

图 5-6

图 5-7

5.2.1 "选择"卷展栏

"选择"卷展栏提供了各种工具，用于访问不同的子对象层级和显示设置以及创建与修改选定内容，此外还显示了与选定实体有关的信息，如图 5-7 所示。卷展栏中各选项含义如下。

▶ 5 种级别：包括顶点 ⋮、边 ◁、边界 ⟫、多边形 ■ 和元素 ⬡。
▶ 顶点：访问"顶点"子对象层级，可从中选择光标下的顶点，如图 5-8 所示。
▶ 边：访问"边"子对象层级，可从中选择光标下的多边形的边，如图 5-9 所示。

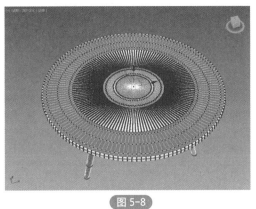

图 5-8

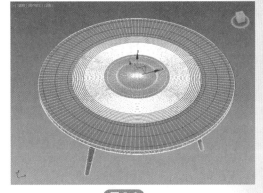

图 5-9

▶边界：访问"边界"子对象层级，可从中选择构成网格中孔洞边框的一系列边。

▶多边形：访问"多边形"子对象层级，可选择光标下的多边形，如图 5-10 所示。区域选择选中区域中的多个多边形。

▶元素：访问"元素"子对象层级，通过它可以选择对象中所有相邻的多边形，如图 5-11 所示。区域选择用于选择多个元素。

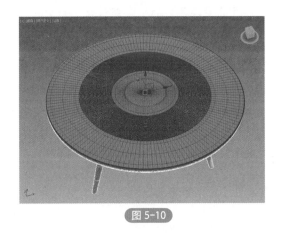

图 5-10

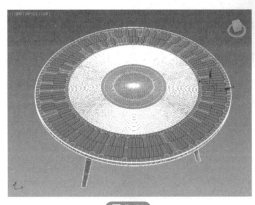

图 5-11

▶按顶点：启用时，只有通过选择模型上的顶点，才能选择子对象。

▶忽略背面：未启用该选项时，当选择此对象，模型背部的此对象也会被选中；启用后，将只能选择朝向用户的子对象，如图 5-12 所示。

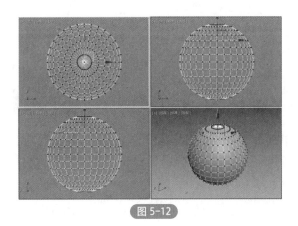

图 5-12

▶ 按角度：启用时，选择一个多边形也会基于复选框右侧的数字"角度"设置选择相邻多边形。该值可以确定要选择的邻近多边形之间的最大角度。

▶ 收缩：单击该按钮可以在当前选择范围中向内减少一圈。如果不再减少选择大小，则可以取消选择其余的子对象。

▶ 扩大：与"收缩"相反，单击该按钮可以在当前选择范围中向外增加一圈，多次单击可以进行多次扩大。在该功能中，将边界看作一种边选择。

▶ 环形：通过选择所有平行于选中边的边来扩展边选择。

▶ 循环：在与所选边对齐的同时，尽可能远地扩展边选定范围。

5.2.2 "软选择"卷展栏

"软选择"是以选中的子对象为中心向四周扩散，以放射状方式来选择子对象。在对选择的部分子对象进行变换时，可以使子对象以平滑的方式进行过渡。这种效果随着距离或部分选择的"强度"而衰减，如图 5-13 所示。卷展栏中各选项含义如下。

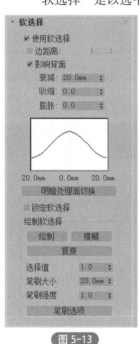

图 5-13

▶ 使用软选择：在可编辑对象或"编辑"修改器的子对象层级上影响"移动""旋转"和"缩放"功能的操作，如果在子对象选择上操作变形修改器，那么也会影响应用到对象上的变形修改器的操作。

▶ 边距离：启用该选项后，将软选择限制到指定的面数，该选择在进行选择的区域和软选择的最大范围之间。影响区域根据"边距离"空间沿着曲面进行测量，而不是真实空间。

▶ 影响背面：启用该选项后，那些法线方向与选定子对象平均法线方向相反的、取消选择的面会受到软选择的影响。

▶ 衰减：用以定义影响区域的距离，它是用当前单位表示的从中心到球体的边的距离。

▶ 收缩：沿着垂直轴提高并降低曲线的顶点。

▶ 膨胀：沿着垂直轴展开和收缩曲线。

▶ （软选择曲线）：以图形的方式显示软选择是如何进行工作的。

▶ 绘制：在使用当前设置的活动对象上绘制软选择。

▶ 模糊：可绘制以软化现有软选择的轮廓。

▶ 复原：还原对活动对象的软选择。

▶ 选择值：绘制软选择的最大相对选择值。

▶ 笔刷大小：用以绘制选择的圆形笔刷的半径。

▶ 笔刷强度：将绘制的子对象设置成最大值的速率。高数值可以快速达到完全值，低数值则需要重复应用才可以达到完全值。

▶ 笔刷选项：可以打开"绘制选项"对话框，在该对话框中可设置笔刷的相关属性。

5.2.3 "编辑几何体"卷展栏

"编辑几何体"卷展栏提供了用于在顶（对象）层级或子对象层级更改多边形对象几何体的全局控件，如图 5-14 所示。卷展栏中各选项含义如下。

▶ 重复上一个：重复最近使用的命令。

约束：可以使用现有的几何体约束子对象的变换。

保持 UV：启用此选项后，可以编辑子对象，而不影响对象的 UV 贴图。

创建：创建新的几何体。

塌陷：通过将其顶点与选择中心的顶点焊接，使连续选定子对象的组产生塌陷。

附加：使场景中的其他对象属于选定的多边形对象。

分离：将选定的子对象和关联的多边形分隔为新对象或元素（仅限于子对象层级）。

切片平面：为切片平面创建 Gizmo，可以定位和旋转它来指定切片位置。

重置平面：将切片平面恢复到默认位置和方向（仅限子对象层级）。

快速切片：可以将对象快速切片，而不操纵 Gizmo。

切割：用于创建一个多边形到另一个多边形的边，或在多边形内创建边。

图 5-14

网格平滑：使用当前设置平滑对象。

细化：根据喜好设置细分对象中的所有多边形。

平面化：强制所有选定的子对象成为共面。

X/Y/Z：平面化选定的所有子对象，并使该平面与对象的局部坐标系中的相应平面对齐。

视图对齐：使对象中的所有顶点与活动视口所在的平面对齐。

栅格对齐：将选定对象中的所有顶点与当前视图的构造平面对齐，并将其移动到该平面上。或者在子对象层级，只影响选定的子对象。

松弛：可以规格化网格空间，工作方式与"松弛"修改器相同。

5.2.4 "细分曲面"卷展栏

将细分应用于采用网格平滑格式的对象，以便可以对分辨率较低的"框架"网格进行操作，同时查看更为平滑的细分结果。该卷展栏既可以在所有子对象层级使用，也可以在对象层级使用，如图 5-15 所示。卷展栏中各选项含义如下。

平滑结果：启用该选项后，对所有的多边形应用相同的平滑组。禁用该选项后，细分后的对象将保持原有的平滑组。

使用 NURMS 细分：启用该选项后，将通过 NURMS 方法对对象表面进行平滑处理。默认为禁用状态。

等值线显示：启用该选项后，3ds Max 仅显示等值线，即对象在进行光滑处理之前的原始边缘。使用该选项的优点在于，显示不会显得杂乱无章。若禁用该复选框时，该软件将会显示使用"NURMS 细分"添加的所有面。因此，"迭代次数"设置越高，模型显示的线框越多。

显示框架：在修改或细分之前，切换显示可编辑多边形对象的两种颜色线框的显示。

图 5-15

▶ 迭代次数：设置对表面进行重复平滑的次数。每个迭代次数都会使用上一个迭代次数生成的顶点生成所有多边形。该数值框的取值范围为 0 ～ 10。数值越高，平滑效果也越明显，但计算速度会大大降低。

▶ 平滑度：用于另外选择一个要在渲染时应用于对象的平滑度值。如果值为 0，在原表面不会创建任何面；如果值为 1，将会向所有顶点中添加面。

▶ 平滑组：防止在面间的边处创建新的多边形。

▶ 材质：防止为不共享"材质 ID"的面间的边创建新多边形。

5.2.5 "细分置换"卷展栏

图 5-16

指定用于细分可编辑多边形对象的曲面近似设置。这些控件的工作方式与 NURBS 曲面的曲面近似设置相同，对可编辑多边形对象应用置换贴图时会使用这些控件，如图 5-16 所示。卷展栏中各选项含义如下。

▶ 细分置换：启用时，可以使用在"细分预设"和"细分方法"组中指定的方法和设置，将多边形进行细分以精确地置换多边形对象。

▶ 分割网格：影响位移多边形对象的接缝，也会影响纹理贴图。启用时，会将多边形对象分割为各个多边形，然后使其发生位移。

▶ 细分预设：用于选择低、中或高质量的预设曲面近似值。

▶ 细分方法：如果已经选择上述"视口"，该组中的控件会影响多边形在视口中的显示；如果已经选择上述"渲染器"，这些控件还会影响该渲染器显示的方式。

▶ 依赖于视图：（仅限"渲染器"）启用时，要在计算细化期间考虑对象到摄影机的距离，从而可以通过对渲染场景距离范围内的对象不生成纹理细密的细化来缩短渲染时间。

5.2.6 "绘制变形"卷展栏

图 5-17

该卷展栏可以推、拉或者在对象曲面上拖动鼠标光标来影响顶点。在对象层级上，该卷展栏可以影响选定对象中的所有顶点；在子对象层级上，它仅会影响选定顶点以及识别软选择，通常使用该工具模拟山脉模型、布纹理模型、凹凸质感模型等，参数面板如图 5-17 所示。卷展栏中各选项含义如下。

▶ 推 / 拉：将顶点移入对象曲面内（推）或移出曲面外（拉）。推拉的方向和范围由"推 / 拉值"设置所确定。

▶ 松弛：将每个顶点移到由它的邻近顶点平均位置所计算出来的位置上，来规格化顶点之间的距离。

▶ 复原：通过绘制可以逐渐擦除或者反转"推拉"或"松弛"的效果。

▶ 推 / 拉方向：此设置用于指定对定点的推或拉是根据原始法线、变形法线进行，还是沿着指定轴进行。

▶ 推 / 拉值：确定单个推拉操作应用的方向和最大范围。

▶ 笔刷大小：设置圆形笔刷的半径。

▶ 笔刷强度：设置笔刷应用推拉值的速率。

▶ 笔刷选项：单击此按钮以打开"绘制选项"对话框，在该对话框中可以设置各种笔刷相关的参数。

▶ 提交：使变形的更改永久化，将它们烘焙到对象几何体中。

▶ 取消：取消自最初应用绘制变形以来的所有更改，或取消最近的提交操作。

♛ 进阶案例：制作花瓶模型

下面利用多边形建模的软选择功能制作一个花瓶模型，具体操作步骤介绍如下。

Step01：单击"圆柱体"命令，创建一个半径为100mm、高度为300mm的圆柱体，再设置高度分段和边数，如图5-18、图5-19所示。

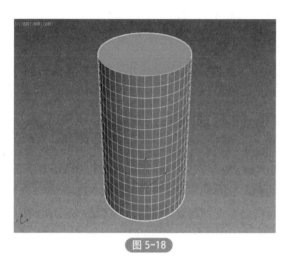

图 5-18   图 5-19

Step02：单击鼠标右键，选择"转换为 > 转换为可编辑多边形"命令，将对象转换为可编辑多边形，激活"多边形"子层级，选择模型顶部的多边形，按Delete键删除，如图5-20、图5-21所示。

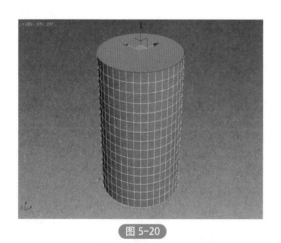
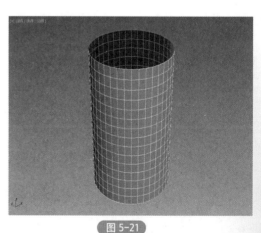

图 5-20   图 5-21

Step03：激活"顶点"子层级，在"软选择"卷展栏勾选"使用软选择"复选框，设置"衰减"参数为30mm，然后在前视图选择底部的顶点，如图5-22所示。

Step04：切换到顶视图，激活"选择并缩放"工具，均匀缩放顶点，如图5-23所示。

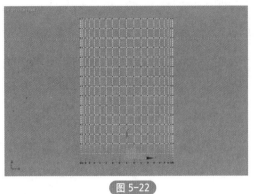

图 5-22

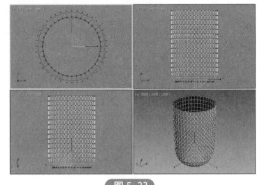

图 5-23

Step05：继续选择顶点并进行缩放操作，如图 5-24 所示。

Step06：设置"衰减"参数为 180mm，在前视图中选择两排顶点，如图 5-25 所示。

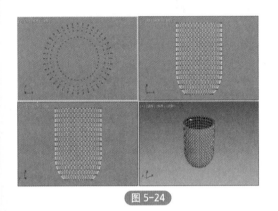

图 5-24

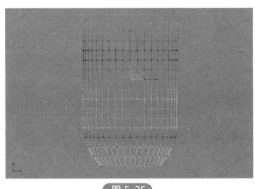

图 5-25

Step07：在顶视图中缩放顶点，缩放出花瓶模型效果，如图 5-26 所示。

Step08：退出子层级，为对象添加"壳"修改器，设置"内部量"为 1mm，"外部量"为 2mm，为对象添加厚度，如图 5-27 所示。

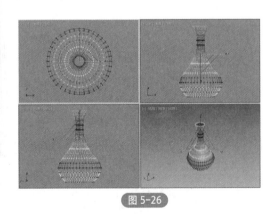

图 5-26

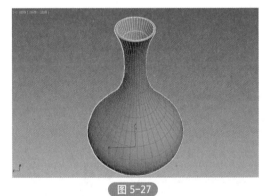

图 5-27

Step09：将制作好的模型转换为可编辑多边形，激活"边"子层级，选择瓶口的两圈边线，如图 5-28 所示。

Step10：单击"切角"设置按钮，设置"切角量"为 1.5mm，"连接分段"为 5，如图 5-29 所示。

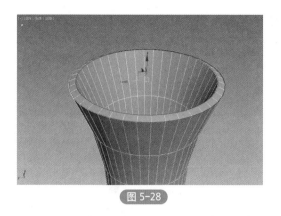

图 5-28

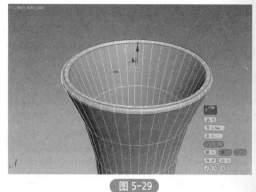

图 5-29

Step11：最后为模型添加"网格平滑"修改器，设置"迭代次数"为 3，完成花瓶模型的制作，如图 5-30 所示。

图 5-30

5.3 编辑多边形子对象

在多边形建模时，可以针对某一个级别的对象进行调整。当选择某一子层级时，参数面板也会发生相应的变化。比如选择"顶点"子层级时，就会出现"编辑顶点"卷展栏。

5.3.1 编辑顶点

顶点是空间中的点，它们定义组成多边形对象的其他子对象（边和多边形）的结构。当移动或编辑顶点时，也会影响其连接的几何体。选择"顶点"子层级后，即可打开"编辑顶点"卷展栏，其中提供了特定于顶点的编辑命令，如图 5-31 所示。卷展栏中各选项含义如下。

图 5-31

▶ 移除：选中一个或多个顶点后，单击该按钮可以将其移除，然后结合相邻的多边形。

▶ 断开：在与选定顶点相连的每个多边形上，都创建一个新顶点，这可以使多边形的转角相互分开，使它们不再相连于原来的顶点上。

▶ 挤出：挤出顶点时，它会沿法线方向移动，并且创建新的多边形，形成挤出的面，将顶点与对象相连。

▶ 焊接：对焊接助手中指定的公差范围内选定的连续顶点进行合并。

知识链接 ⑤

　　移除顶点与删除顶点是不同的。移除顶点后，顶点相邻的多边形依然存在，只是可能会发生变形，如图 5-32 所示；删除顶点后，会同时删除连接该顶点的所有多边形，如图 5-33 所示。

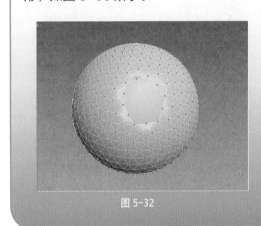
图 5-32

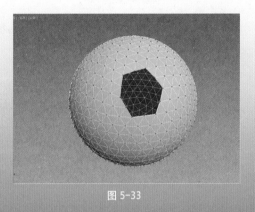
图 5-33

▶ 切角：单击该按钮，选择并拖动顶点可以手动为顶点切角，如图 5-34、图 5-35 所示。也可以单击其后的"设置"按钮，设置精准的切角量。

▶ 目标焊接：可以选择一个顶点，并将它焊接到相邻目标顶点。目标焊接只焊接成对的连续顶点；也就是说，顶点有一个边相连。

▶ 连接：在选中的顶点对之间创建新的边。

▶ 移除孤立顶点：将不属于任何多边形的所有顶点删除。

▶ 移除未使用的贴图顶点：某些建模操作会留下未使用的贴图顶点，它们会显示在"展开 UVW"编辑器中，但是不能用于贴图。

▶ 权重：设置选定顶点的权重。

▶ 拆缝：设置选定顶点的拆缝值。

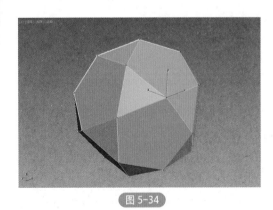
图 5-34

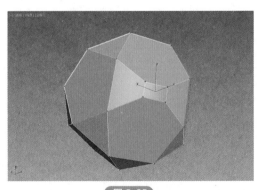
图 5-35

5.3.2 编辑边

边是连接两个顶点的直线，它可以形成多边形的边。选择"边"子层级后，即可打开"编辑边"卷展栏，该卷展栏包括特定于编辑边的命令，如图 5-36 所示。卷展栏中各选项含义如下。

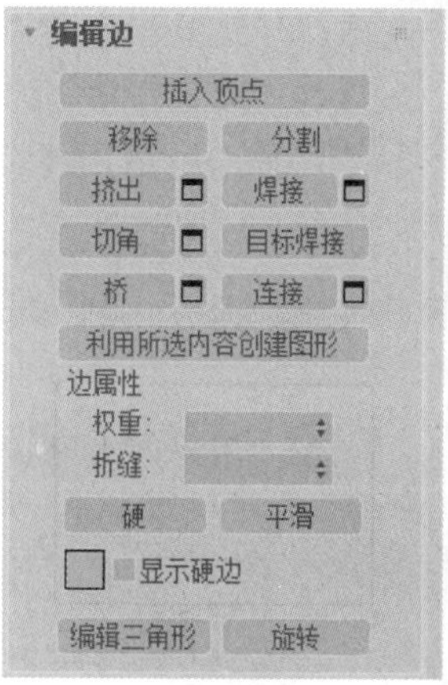

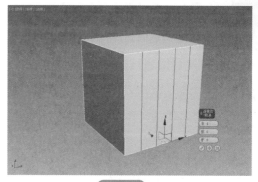

图 5-36

　　↘插入顶点：用于手动细分可视的边。激活该命令后单击某条边即可在该位置处添加顶点。

　　↘移除：删除选定边并组合使用这些边的多边形。

　　↘分割：沿着选定边分割网格。

　　↘挤出：直接在视口中操纵时，可以手动挤出边。

　　↘焊接：对焊接助手中指定的阈值范围内的选定边进行合并。

　　↘切角：这是多边形建模中使用频率最高的工具之一，可以为选定边进行切角（圆角）处理，从而生成平滑的棱角。

　　↘目标焊接：用于选择边并将其焊接到目标边。

　　↘桥：使用多边形的"桥"连接对象的边。

　　↘连接：使用当前的"连接边"设置在选定边对之间创建新边，如图 5-37、图 5-38 所示。

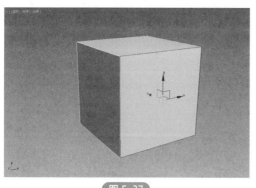

图 5-37

图 5-38

　　↘利用所选内容创建图形：选择一个或多个边后，单击该按钮，以便通过选定的边创建样条线形状。单击该按钮会弹出一个"创建图形"对话框，在该对话框中可以选择设置图形类型，如图 5-39 所示。如果选择"平滑"，会生成平滑的样条线；如果选择"线性"，则生成平直的样条线，如图 5-40 所示。

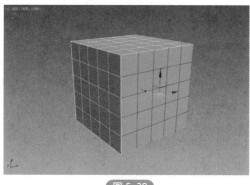

图 5-39

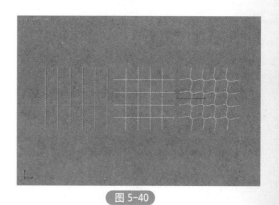

图 5-40

▶ **硬**：导致显示选定边并将其渲染为未平滑的边。

▶ **平滑**：通过在相邻的面之间自动共享平滑组，设置选定边以将其显示为平滑边。

▶ **显示硬边**：启用该选项后，所有硬边都使用通过临近色样定义的硬边颜色显示在视口中。

5.3.3 编辑边界

边界是网格的线性部分，通常可以描述为孔洞的边缘。选择"边界"子层级后，即可

图 5-41

打开"编辑边界"卷展栏，如图 5-41 所示。卷展栏中各选项含义如下。

▶ **挤出**：通过直接在视口中操纵，对边界进行手动挤出处理。

▶ **插入顶点**：用于手动细分边界边。

▶ **切角**：单击该按钮，然后拖动活动对象中的边界。

▶ **封口**：使用单个多边形封住整个边界环。

▶ **桥**：用"桥"连接多边形对象上的边界对。

▶ **连接**：在选定边界边对之间创建新的边，这些便通过其中点相连。

5.3.4 编辑多边形 / 元素

多边形是通过曲面连接的三条或多条边的封闭序列，它提供了可渲染的可编辑多边形对象曲面。

"多边形"与"元素"子层级兼容，可在二者之间切换，将保留所有现有选择。在"编辑元素"卷展栏中包含常见的多边形和元素命令，而在"编辑多边形"卷展栏中包含"编辑元素"卷展栏中的这些命令以及多边形特有的多个命令，如图 5-42、图 5-43 所示。

图 5-42

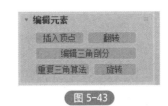

图 5-43

"编辑多边形"卷展栏中各选项含义如下。

▶ **插入顶点**：用于手动细分多边形，单击多边形即可在该位置处添加顶点。

▶ **挤出**：直接在视口中操纵时，可以执行手动挤出操作。

▶ **轮廓**：用于增加或减少每组连续的选定多边形的外边。

▶ **倒角**：通过直接在视口中操纵执行手动倒角操作。

▶ **插入**：执行没有高度的倒角操作，即在选定多边形的平面内执行该操作。

▶ **桥**：使用多边形的"桥"连接对象上的两个多边形或选定多边形。

▶ **翻转**：反转选定多边形的法线方向，从而使其面向读者。

▶ 从边旋转：通过在视口中直接操纵执行手动旋转操作。

▶ 沿样条线挤出：沿样条线挤出当前的选定内容。

▶ 编辑三角剖分：使用户可以通过绘制内边修改多边形细分为三角形的方式。

▶ 重复三角算法：允许 3ds Max 对当前选定的多边形自动执行最佳的三角剖分操作。

▶ 旋转：通过单击对角线修改多边形细分为三角形的方式。

 ## 上手实操：制作装饰画框模型

下面利用多边形建模功能制作一个装饰画框模型，具体操作步骤介绍如下。

Step01：单击"长方体"命令，在视口中创建一个长方体，设置长度为 500mm、宽度为 400mm、高度为 30mm，如图 5-44 所示。

Step02：将对象转换为可编辑多边形，激活"多边形"子层级，选择一面多边形，如图 5-45 所示。

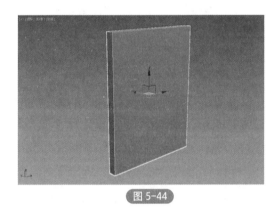

图 5-44

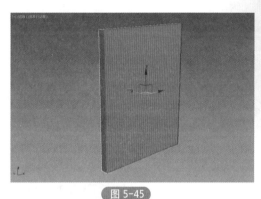

图 5-45

Step03：在"编辑多边形"卷展栏中单击"插入"设置按钮，设置插入数量为 10mm，可以看到在多边形内又创建一个多边形，如图 5-46 所示。

Step04：再单击"挤出"设置按钮，设置挤出数量为 -10mm，如图 5-47 所示。

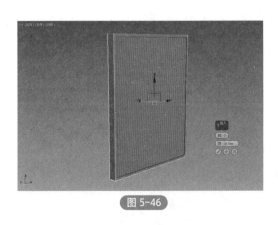

图 5-46

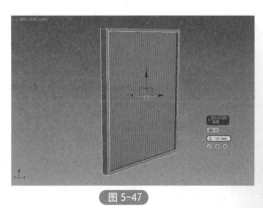

图 5-47

Step05：切换到前视图，激活"选择并缩放"工具，均匀向内缩放多边形，如图 5-48 所示。

Step06：制作好的装饰画框模型如图 5-49 所示。

图 5-48

图 5-49

 上手实操：制作足球模型

下面利用多边形建模功能制作一个足球模型，具体操作步骤介绍如下。

Step01：单击"异面体"命令，创建一个半径为 110.5mm 的异面体，设置系列类型及系列参数，如图 5-50、图 5-51 所示。

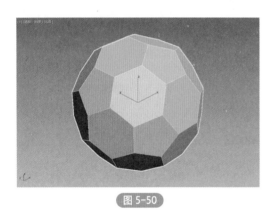

图 5-50

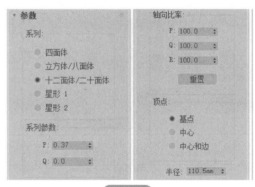

图 5-51

Step02：为模型添加"网格平滑"修改器，保持默认参数，效果如图 5-52 所示。

Step03：将模型转换为可编辑多边形，激活"边"子层，选择如图 5-53 所示的五边形的边线。

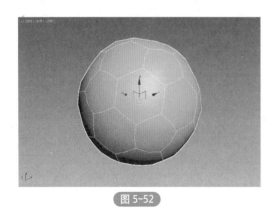

图 5-52

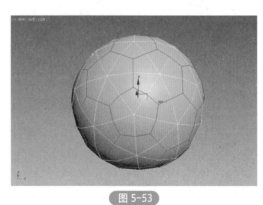

图 5-53

Step04：单击"挤出"设置按钮，设置挤出高度为 -4mm，挤出宽度为1.5mm，效果如图 5-54 所示。

Step05：最后再为模型添加"网格平滑"修改器，保持默认参数，完成足球模型的制作，如图 5-55 所示。

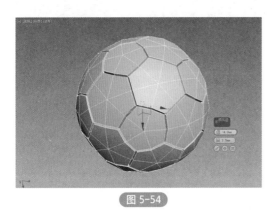

图 5-54

图 5-55

👑 进阶案例：制作浴缸模型

扫一扫 看视频

下面利用多边形建模功能结合修改器制作一个浴缸模型，具体操作步骤介绍如下。

Step01：单击"矩形"命令，绘制一个矩形，设置其长度、宽度、角半径以及步数，如图 5-56、图 5-57 所示。

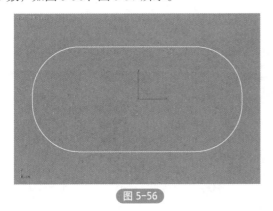

图 5-56

图 5-57

Step02：为样条线添加"挤出"修改器，设置挤出数量为 560mm，如图 5-58 所示。

Step03：将其转换为可编辑多边形，激活"多边形"子层级，选择顶部的面，如图 5-59 所示。

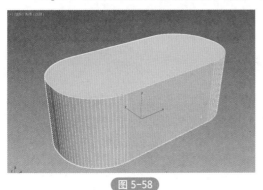

图 5-58

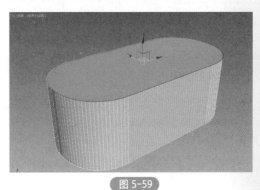

图 5-59

Step04：在"编辑多边形"卷展栏中单击"插入"设置按钮，设置插入数量为 25mm，如图 5-60 所示。

Step05：接着再单击"挤出"设置按钮，设置挤出数量为 -445mm，如图 5-61 所示。

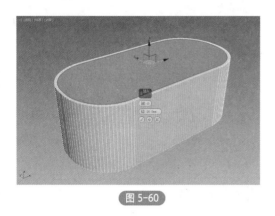

图 5-60

图 5-61

Step06：激活"顶点"子层，在前视图中选择顶点，如图 5-62 所示。

Step07：切换到顶视图，再激活"选择并缩放"工具，向内均匀缩放顶点，如图 5-63 所示。

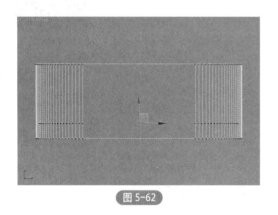

图 5-62

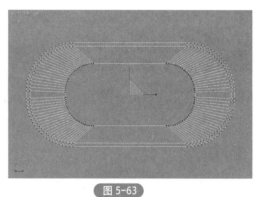

图 5-63

Step08：再从前视图选择底部的顶点，如图 5-64 所示。

Step09：然后在顶视图中均匀缩放顶点，制作出浴缸的外观造型，如图 5-65 所示。

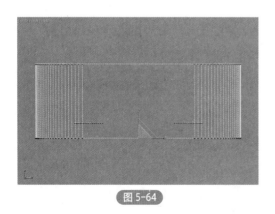

图 5-64

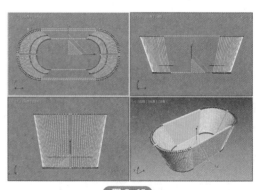

图 5-65

Step10：激活"边"子层级，双击选择边沿处的边线，如图 5-66 所示。

Step11：在"编辑边"卷展栏中单击"切角"设置按钮，设置切角量为5mm、分段为5，如图 5-67 所示。

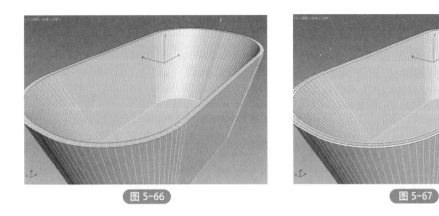

图 5-66　　　　　　　　　　　图 5-67

Step12：切换到前视图，利用按住 Alt 减选的方式选择浴缸内底部的一圈边线，如图 5-68、图 5-69 所示。

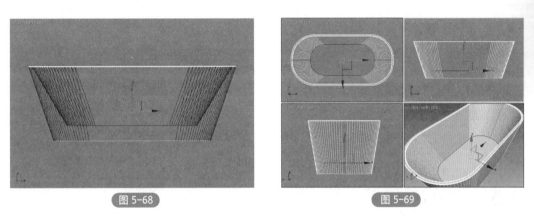

图 5-68　　　　　　　　　　　图 5-69

Step13：单击"切角"设置按钮，设置切角量为 200mm、分段为 5，制作出内部的切角效果，如图 5-70 所示。

Step14：再利用减选方式选择浴缸外侧底部的一圈边线，如图 5-71 所示。

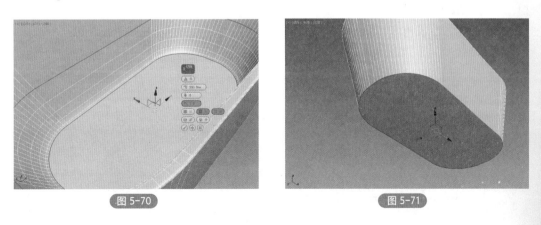

图 5-70　　　　　　　　　　　图 5-71

Step15：单击"切角"设置按钮，设置切角量为 100mm、分段为 5，制作出外部切角效果，如图 5-72 所示。

Step16：激活"顶点"子层级，使用"选择并缩放"工具在顶视图内多次缩放浴缸内部的顶点，使轮廓曲线变得更加明显，如图 5-73 所示。

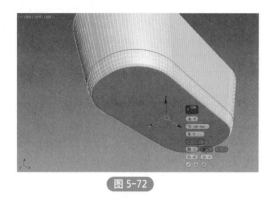

图 5-72

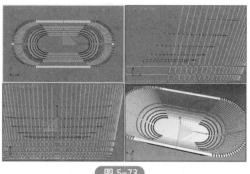

图 5-73

Step17：为模型添加"网格平滑"修改器，设置"迭代次数"为 2，使模型变得更加平滑，完成浴缸模型的制作，如图 5-74 所示。

Step18：在"几何体"创建面板单击"圆柱体"命令，创建一个半径为 30mm、高度为 30mm 的圆柱体，设置边数为 40，调整对象居中对齐到浴缸并与底面相交，如图 5-75 所示。

图 5-74

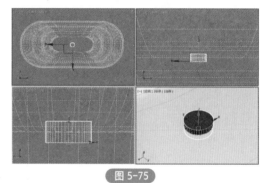

图 5-75

Step19：选择浴缸模型，在"复合对象"创建面板中单击"布尔"命令，选择"差集"运算方式，然后单击"添加运算对象"按钮，在视口中拾取圆柱体，制作出一个凹陷的造型，如图 5-76 所示。

Step20：再次将对象转换为可编辑多边形，激活"多边形"子层级，选择凹槽中的面，如图 5-77 所示。

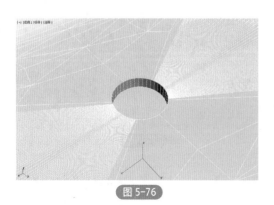

图 5-76

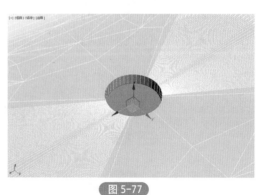

图 5-77

Step21：在"编辑多边形"卷展栏中单击"插入"设置按钮，设置插入数量为1mm，如图 5-78 所示。

Step22：再单击"挤出"设置按钮，设置挤出数量为10mm，如图 5-79 所示。

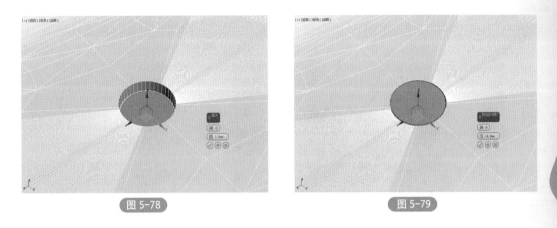

图 5-78   图 5-79

Step23：激活"边"子层级，选择如图 5-80 所示的内圈边线。

Step24：在"编辑边"卷展栏中单击"切角"设置按钮，设置切角量为1mm，分段为5，如图 5-81 所示。

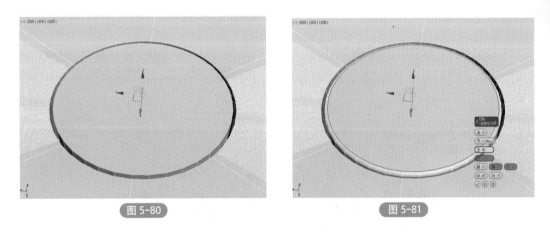

图 5-80   图 5-81

Step25：退出编辑，完成浴缸模型的制作，如图 5-82 所示。

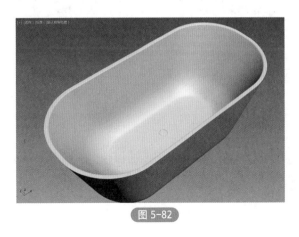

图 5-82

👑 进阶案例：制作茶几模型

下面利用多边形建模功能制作一个茶几模型，具体操作步骤介绍如下。

Step01：单击"圆柱体"按钮，在顶视图中创建一个半径为 300mm、高度为 25mm 的圆柱体，并设置高度分段、端面分段和边数，如图 5-83、图 5-84 所示。

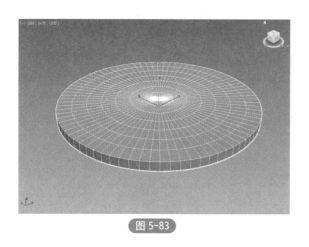

图 5-83

图 5-84

Step02：将圆柱体转换为可编辑多边形，激活"边"子层级，选择如图 5-85 所示的一圈边线。

Step03：在"编辑边"卷展栏中单击"切角"设置按钮，并设置"边切角量"为 4，"连接边分段"为 8，如图 5-86 所示。单击"确定"按钮☑完成设置，为模型的边制作出圆滑效果。

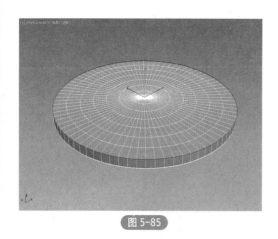

图 5-85

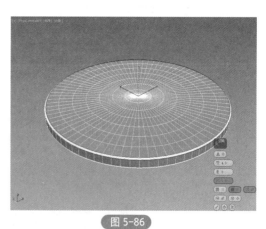

图 5-86

Step04：再双击选择底部的一圈边线，单击"切角"设置按钮，并设置"边切角量"为 15，"连接边分段"为 10，如图 5-87 所示。

Step05：激活"多边形"子层，在底视图中选择如图 5-88 所示的面。

Step06：在"编辑多边形"卷展栏中单击"挤出"设置按钮，设置挤出数量为 400mm，如图 5-89 所示。

Step07：激活"顶点"子层级，选择如图 5-90 所示的顶点。

Step08：单击"选择并缩放"工具，在底视图中均匀缩放顶点，如图 5-91 所示。

Step09：再选择顶点并进行均匀缩放，调整茶几腿造型，如图 5-92 所示。

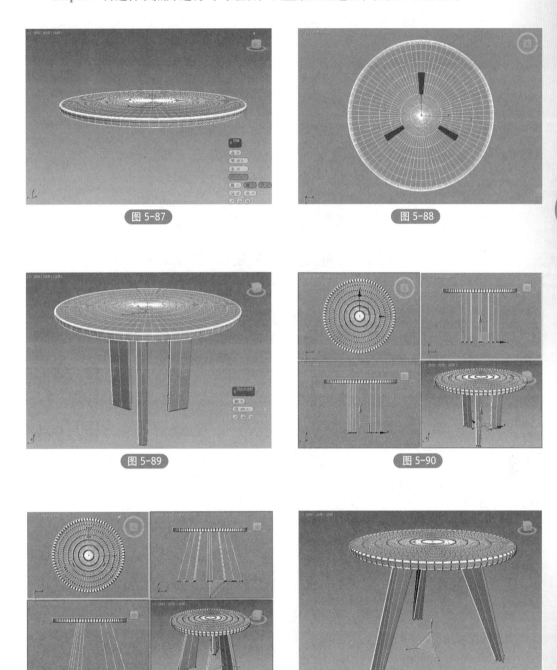

图 5-87

图 5-88

图 5-89

图 5-90

图 5-91

图 5-92

Step10：激活"边"子层级，选择茶几腿的边线，如图 5-93 所示。

Step11：在"编辑边"卷展栏中单击"切角"设置按钮，并设置"边切角量"为 6，"连接边分段"为 10，如图 5-94 所示。

Step12：设置完毕后，取消视口的边面，模型效果如图 5-95 所示。

图 5-93

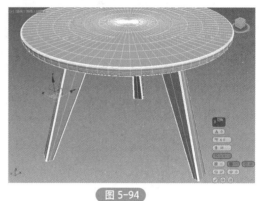

图 5-94

图 5-95

扫一扫 看视频

综合实战：制作花箱模型

下面利用"挤出"修改器结合本章所学的多边形建模知识制作一个花箱模型，具体操作步骤介绍如下。

Step01： 单击"长方体"命令，绘制一个长度、宽度都为 770mm、高度为 30mm 的长方体，并设置分段，如图 5-96、图 5-97 所示。

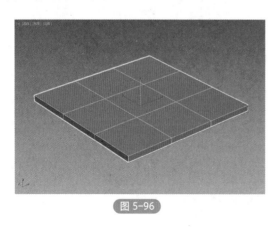

图 5-96

图 5-97

Step02： 将对象转换为可编辑多边形，激活"顶点"子层级，在顶视图中调整顶点位置，如图 5-98 所示。

Step03：激活"多边形"子层级，选择上下两个内部的面，如图 5-99 所示。

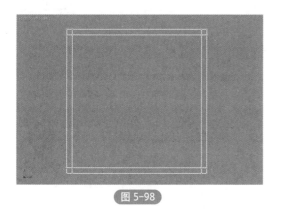

图 5-98

图 5-99

Step04：在"编辑多边形"卷展栏中单击"桥"按钮，连接对象，如图 5-100 所示。

Step05：激活"元素"子层级，选择对象，如图 5-101 所示。

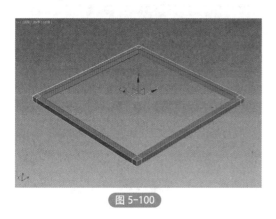

图 5-100

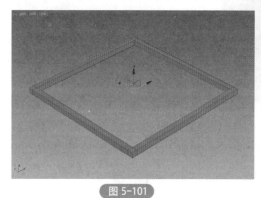

图 5-101

Step06：按住 Shift 键沿 Y 轴向下复制对象，此时会弹出"克隆部分网格"对话框，选择"克隆到元素"选项，如图 5-102 所示。

Step07：适当调整新复制的元素的位置，如图 5-103 所示。

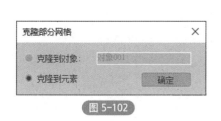

图 5-102

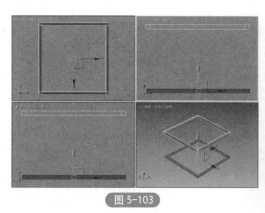

图 5-103

Step08：激活"多边形"子层级，选择如图 5-104 所示的四个面。

Step09：单击"挤出"设置按钮，设置挤出数量为 750mm，如图 5-105 所示。

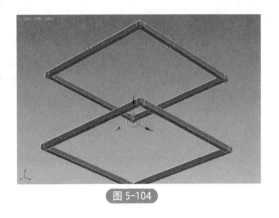

图 5-104

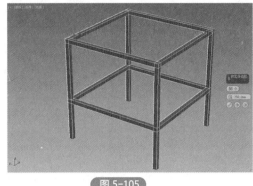

图 5-105

Step10：激活"边"子层级，选择如图 5-106 所示的边。

Step11：单击"切角"设置按钮，设置切角量为 5mm，分段为 5，制作出花箱支架造型，如图 5-107 所示。

图 5-106

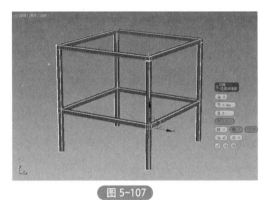

图 5-107

Step12：单击"矩形"命令，绘制一个长度、宽度都为 820mm 的矩形，如图 5-108 所示。

Step13：将其转换为可编辑样条线，激活"样条线"子层级，在"几何体"卷展栏中设置"轮廓"参数为 20mm，按回车键即可创建新的样条线轮廓，如图 5-109 所示。

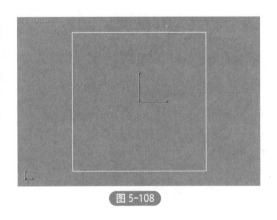

图 5-108

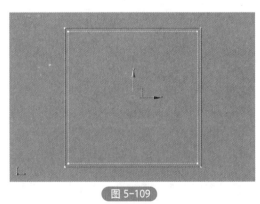

图 5-109

Step14：为其添加"挤出"修改器，并设置挤出数量为 750mm、分段为 6，如图 5-110 所示。

Step15：将对象转换为可编辑多边形，激活"边"子层级，选择如图5-111所示的竖向边线。

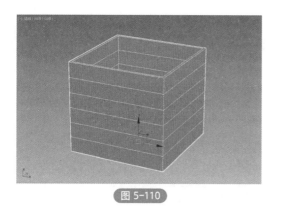

图 5-110

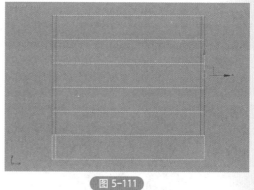

图 5-111

Step16：在"编辑边"卷展栏中单击"连接"设置按钮，设置滑块为-80，如图5-112所示。

Step17：再激活"多边形"子层级，选择如图5-113所示的面。

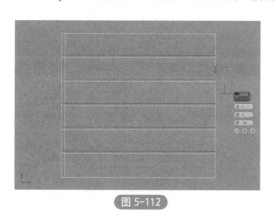

图 5-112

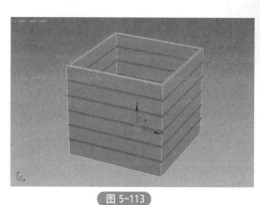

图 5-113

Step18：在"编辑多边形"卷展栏中单击"桥"按钮，制作出镂空，如图5-114所示。

Step19：单击"长方体"命令，在顶视图捕捉绘制长方体，设置高度为20mm，如图5-115所示。

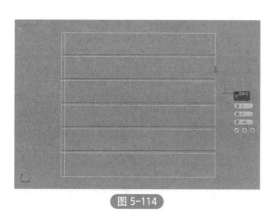

图 5-114

图 5-115

Step20：将其转换为可编辑多边形，激活"多边形"子层级，选择对象上下两层面，如

图 5-116 所示。

    Step21：在"编辑多边形"卷展栏中单击"插入"设置按钮，设置插入数量为 100mm，如图 5-117 所示。

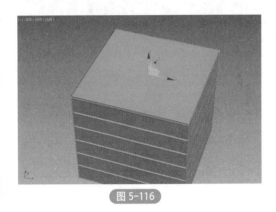

图 5-116

图 5-117

    Step22：保持当前选择，再单击"桥"按钮，制作镂空，如图 5-118 所示。

    Step23：激活"边"子层级，选择如图 5-119 所示的边线。

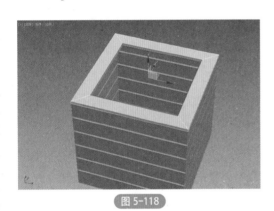

图 5-118

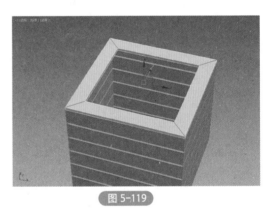

图 5-119

    Step24：在"编辑边"卷展栏中单击"挤出"设置按钮，设置挤出高度为 -4mm，挤出宽度为 4mm，如图 5-120 所示。

    Step25：再选择四周的边线，如图 5-121 所示。

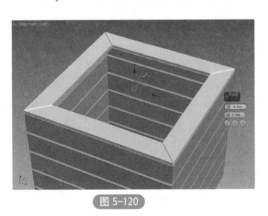

图 5-120

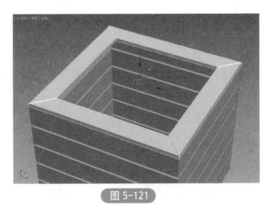

图 5-121

    Step26：单击"切角"设置按钮，设置切角量为 7mm，如图 5-122 所示。

Step27： 最后将制作好的模型对齐，并调整位置。至此完成花箱模型的制作，如图 5-123 所示。

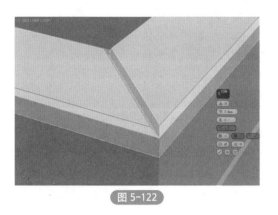

图 5-122

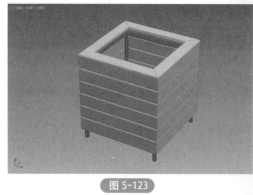

图 5-123

✎ 课后作业

通过本章内容的学习，读者应该对所学知识有了一定的掌握，章末安排了课后作业，用于巩固和练习。

习题 1

利用可编辑多边形结合扩展基本体创建一个桌子模型，如图 5-124 所示。

图 5-124

操作提示：

Step01： 单击"切角长方体"按钮，创建一个切角长方体作为桌面。

Step02： 创建一个长方体，设置分段，再将其转换为可编辑多边形。

Step03： 利用"挤出""连接""切角"等工具编辑模型。

习题 2

利用可编辑多边形结合样条线创建一个单人沙发模型，如图 5-125 所示。

图 5-125

操作提示：

Step01：创建长方体，设置分段，将其转换为可编辑多边形。

Step02：利用"挤出""切角""连接"等工具制作出沙发帮模型。

Step03：再利用长方体创建出坐垫模型。

Step04：绘制样条线并设置渲染参数，作为沙发腿。

第 6 章
VRay 渲染技术

内容导读：

渲染是效果图制作中关键的一个环节，依据所指定的材质、布局灯光以及背景环境等设置，将场景中的实体以二维图像的结果显示出来。渲染参数的设置，直接决定了设计作品的质量，如明暗、精细度等。

本章将会介绍 3ds Max 渲染器相关知识，并重点介绍 VRay 渲染器的参数设置及应用。

学习目标：

- 了解渲染器的类型及渲染工具
- 熟悉 VRay 渲染器
- 掌握渲染参数的设置

渲染器通过设置参数，可以将创建的灯光、所应用的材质及环境设置（如背景和大气）产生几何体场景的着色效果，从而呈现最终的画面。渲染器的技术相对比较简单，熟练使用好其中一款或两款渲染器，即可完成优秀作品。

6.1.1　什么是渲染器

使用 Photoshop 制作作品时，可以实时看到最终的效果，而 3ds Max 由于是三维软件，对系统要求很高，无法承受实时预览，这时就需要一个渲染步骤，才能看到最终效果。当然渲染不仅仅是单击渲染这么简单，还需要适当的参数设置，使渲染的速度和质量都达到要求。

使用 3ds Max 创作作品时，一般都遵循"建模—灯光—材质—渲染"这个最基本的步骤，渲染为最后一道工序（后期处理除外）。渲染的英文为 Render，翻译为"着色"，也就是对场景进行着色的过程，它是通过复杂的运算将虚拟的三维场景投射到二维平面上，这个过程需要对渲染器进行复杂的设置。

6.1.2　渲染器类型

3ds Max 的渲染器类型很多，到 3ds Max 2020 版本时已经做了多次更新，目前包括扫描线渲染器、Arnold 渲染器、ART 渲染器、Quicksilver 硬件渲染器、VUE 文件渲染器共 5 种，

图 6-1

在"渲染设置"面板中可以进行选择，如图 6-1 所示。此外，用户还可以使用外置的渲染器插件，比如 VRay 渲染器、Brazil 渲染器等。

▶ 默认扫描线渲染器：扫描线渲染器是 3ds Max 默认的渲染器，它是一种多功能渲染器，可以将场景渲染为从上到下生成的一系列扫描线。该渲染器的渲染速度是最快的，但是真实度一般。

▶ Arnold 渲染器：Arnold 渲染器是一款高级的、跨平台的渲染 API，与传统用于 CG 动画的扫描线渲染器不同，它是逼真照片级的光线追踪渲染器，是基于物理算法的电影级别渲染引擎。

▶ ART 渲染器：ART 渲染器是一种仅使用 CPU 并且基于物理的快速渲染器，适用于建筑、产品和工业设计渲染与动画。

▶ Quicksilver 硬件渲染器：Quicksilver 硬件渲染器使用图形硬件生成渲染。Quicksilver 硬件渲染器的一个优点是它的速度，默认设置提供快速渲染。

▶ VUE 文件渲染器：VUE 文件渲染器可以创建 VUE（.vue）文件。VUE 文件使用可编辑 ASCII 格式。

▶ VRay 渲染器：VRay 渲染器是渲染效果相对比较优质的渲染器，也是本书重点讲解的渲染器。

6.1.3　渲染工具

3ds Max 的主工具栏中提供了多个渲染工具，以便用于设置渲染参数、渲染场景并观察

渲染效果，如图 6-2 所示。

图 6-2

▶ 渲染设置 ：单击该按钮即可打开"渲染设置"对话框，基本所有的渲染参数都在该对话框中完成。

▶ 渲染帧窗口 ：单击该按钮可以打开"渲染帧窗口"对话框，显示最近的渲染效果。在该对话框中可以选择渲染区域、切换通道和储存渲染图像等任务。

▶ 渲染产品 ：单击该按钮可以使用当前的产品级渲染设置来渲染场景。

▶ 在线渲染 ：通过 Autodesk A360 设置在线渲染。

▶ 打开 A360 库 ：在默认 Web 浏览器中打开 A360 图像库。

6.2 认识 VRay 渲染器

VRay 渲染器是 Chaos Group 公司开发的一款高质量渲染引擎，主要以插件的形式应用在 3ds Max、Maya、SketchUp 等软件中。VRay 的渲染速度与渲染质量比较均衡，无论是静止画面还是动态画面，其真实性和可操作性都非常惊艳，被广泛应用于室内设计、建筑设计、工业造型设计及动画表现等领域。

VRay 渲染器的"渲染设置"面板中主要包括"公用""V-Ray""GI""设置"以及"Render Elements"共 5 个选项卡，如图 6-3 所示。各个选项卡中又包含了多个参数卷展栏，本章主要介绍常用的一些参数。

图 6-3

6.2.1 公用

"公用"选项卡中的参数适用于所有渲染器，分为"公用参数""电子邮件通知""脚本""指定渲染器" 4 个卷展栏，主要包括单帧 / 多帧渲染、图像大小、图像输出和指定渲染器等基本功能。

（1）"公用参数"卷展栏

"公用参数"卷展栏用于设置所有渲染输出的公用参数，其参数面板如图 6-4 所示。下面介绍该卷展栏中常用参数的含义。

▶ 单帧：仅当前帧。

▶ 要渲染的区域：分为视图、选定对象、区域、裁剪、放大 5 种。

▶ 选择的自动区域：该选项控制选择的自动渲染区域。

▶ "输出大小"下拉列表：下拉列表中可以选择几个标准的电影和视频分辨率以及纵横比。

图 6-4

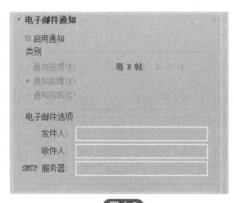

图 6-5

▶ 光圈宽度（毫米）：指定用于创建渲染输出的摄影机光圈宽度。

▶ 宽度和高度：以像素为单位指定图像的宽度和高度，也可直接选择预设尺寸。

▶ 图像纵横比：设置图像的纵横比。

▶ 像素纵横比：设置显示在其他设备上的像素纵横比。

▶ 大气：启用此选项后，渲染任何应用的大气效果，如体积雾。

▶ 效果：启用此选项后，渲染任何应用的渲染效果，如模糊。

▶ 置换：渲染任何应用的置换贴图。

▶ 渲染为场：为视频创建动画时，将视频渲染为场，而不是渲染为帧。

▶ 渲染隐藏几何体：渲染场景中所有的几何体对象，包括隐藏的对象。

▶ 需要时计算高级照明：启用此选项后，当需要逐帧处理时，3ds Max 计算光能传递。

▶ 保存文件：启用此选项后，进行渲染时 3ds Max 会将渲染后的图像或动画保存到磁盘。

▶ 将图像文件列表放入输出路径：启用此选项可创建图像序列文件，并将其保存。

▶ 渲染帧窗口：在渲染帧窗口中显示渲染输出。

▶ 跳过现有图像：启用此选项且启用"保存文件"后，渲染器将跳过序列中已渲染到磁盘中的图像。

（2）"电子邮件通知"卷展栏

"电子邮件通知"卷展栏可以使渲染作业发送电子邮件通知，其参数面板如图 6-5 所示。下面介绍该卷展栏中常用参数的含义。

▶ 启用通知：启用此选项后将在某些事件发生时发送电子邮件通知。

▶ 通知进度：发送电子邮件以表明渲染进度。

▶ 通知故障：出现阻止渲染完成的情况会发送电子邮件通知。

▶ 通知完成：当渲染作业完成时，发送电子邮件通知。

▶ 发件人：输入启动渲染作业的用户的电子邮件地址。

▶ 收件人：输入需要了解渲染状态的用户的电子邮件地址。

▶ SMTP 服务器：输入作为邮件服务器使用的系统的数字 IP 地址。

（3）"脚本"卷展栏

使用"脚本"卷展栏可以指定在渲染之前和之后要运行的脚本，其参数面板如图6-6所示。下面介绍该卷展栏中常用参数的含义。

☞ 启用：启用该选项之后，启用脚本。

☞ 立即执行：单击可"手动"执行脚本。

☞ 文件：单击该按钮，选择要运行的预渲染脚本。

☞ 删除文件：单击可删除脚本。

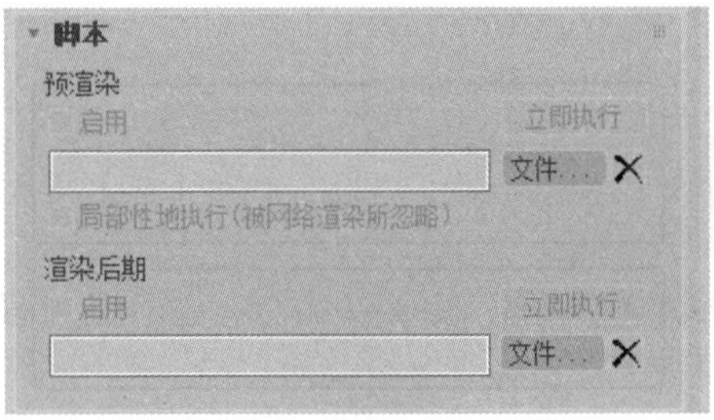

（4）"指定渲染器"卷展栏

在"指定渲染器"卷展栏中可以进行渲染器的更换。单击右侧的"选择渲染器"按钮，会打开"选择渲染器"对话框，在列表中选择合适的渲染器，单击"确定"按钮即可完成设置，如图6-7、图6-8所示。

图 6-6

图 6-7

图 6-8

☞ 选择渲染器按钮：单击带有省略号的按钮可更改指定渲染器。

☞ 产品级：选择用于渲染图形输出的渲染器。

☞ 材质编辑器：选择用于渲染"材质编辑器"中示例的渲染器。

☞ 锁定按钮：默认情况下，示例窗渲染器被锁定为与产品级渲染器相同的渲染器。

☞ ActiveShade：选择用于预览场景中照明和材质更改效果的 ActiveShade 渲染器。

☞ 保存为默认设置：单击该选项可将当前渲染器指定保存为默认设置，以便下次重新启动 3ds Max 时它们处于活动状态。

6.2.2　V-Ray

V-Ray 卷展栏中包括"帧缓冲区""全局开关""交互式产品级渲染选项""图像采样器（抗锯齿）""图像过滤器""全局确定性蒙特卡洛""环境""颜色贴图""摄影机"等卷展栏，主要用于设置全局参数、抗锯齿、图像过滤、模糊计算、场景曝光等。

图 6-9

（1）帧缓冲区

帧缓冲区卷展栏下的参数可以代替 3ds Max 自身的帧缓冲窗口。这里可以设置渲染图像的大小以及保存渲染图像等，其参数设置面板如图 6-9 所示。下面介绍该卷展栏中常用参数的含义。

▶ 启用内置帧缓冲区：可以使用 VRay 自身的渲染窗口。

▶ 内存帧缓冲区：勾选该选项，可将图像渲染到内存，再由帧缓冲区窗口显示出来，可以方便用户观察渲染过程。

▶ 从 Max 获取分辨率：当勾选该选项时，将从 3ds Max 的渲染设置对话框的公用选项卡的"输出大小"选项组中获取渲染尺寸。

▶ 图像纵横比：控制渲染图像的长宽比。

▶ 宽度 / 高度：设置像素的宽度 / 高度。

▶ V-Ray Raw 图像文件：控制是否将渲染后的文件保存到所指定的路径中。

▶ 单独的渲染通道：控制是否单独保存渲染通道。

▶ 保存 RGB/Alpha：控制是否保存 RGB 色彩 /Alpha 通道。

▶ 可恢复渲染：勾选该选项后，如果中途停止了渲染，但没有关闭软件或切换打开其他场景文件，即可继续进行渲染。

（2）全局开关

全局开关展卷栏下的参数主要用来对场景中的灯光、材质、置换等进行全局设置，比如是否使用默认灯光、是否开启阴影、是否开启模糊等，新版本的 3ds Max 中"全局开关"卷展栏中分为基本模式、高级模式、专家模式 3 种，而专家模式的面板参数是最全面的，如图 6-10 所示。下面介绍该卷展栏中常用参数的含义。

▶ 置换：控制是否开启场景中的置换效果。

▶ 强制背面消隐：背面强制隐藏与创建对象时背面消隐选项相似，强制背面隐藏是针对渲染而言的，勾选该选项后反法线的物体将不可见。

▶ 灯光：控制是否开启场景中的光照效果。当关闭该选项时，场景中放置的灯光将不起作用。

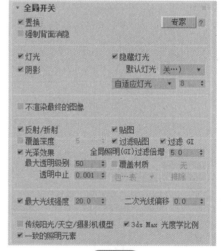

图 6-10

▶ 隐藏灯光：控制场景是否让隐藏的灯光产生光照。这个选项对于调节场景中的光照非常方便。

▶ 阴影：控制场景是否产生阴影。

▶ 默认灯光：在关闭灯光的情况下可以控制默认灯光的开关。

▶ 灯光采样：控制多灯场景的灯光采样策略，包括全光求值、灯光树、自适应灯光三种。

▶ 不渲染最终的图像：控制是否渲染最终图像。

▶ 反射 / 折射：控制是否开启场景中的材质的反射和折射效果。

▶ 覆盖深度：控制整个场景中的反射、折射的最大深度，后面的输入框数值表示反射、折射的次数。

▶ 光泽效果：是否开启反射或折射模糊效果。

▶ 贴图：控制是否让场景中的物体的程序贴图和纹理贴图渲染出来。

▶ 过滤贴图：这个选项用来控制 VRay 渲染时是否使用贴图纹理过滤。

▶ 过滤 GI：控制是否在全局照明中过滤贴图。

▶ 最大透明级别：控制透明材质被光线追踪的最大深度。值越高，被光线追踪的深度越深，效果越好，但渲染速度会变慢。

▶ 覆盖材质：当在后面的通道中设置了一个材质后，那么场景中所有的物体都将使用该材质进行渲染，这在测试阳光的方向时非常有用。

▶ 透明中止：控制 VRay 渲染器对透明材质的追踪终止值。

▶ 二次光线偏移：设置光线发生二次反弹的时候的偏移距离，主要用于检查建模时有无重面。

（3）交互式产品级渲染选项

该卷展栏可以设置使用新的视口 IPR，边调整边渲染，渲染速度更快。其参数设置面板如图 6-11 所示。下面介绍该卷展栏中常用参数的含义。

图 6-11

▶ 开始交互式产品级渲染：单击即可开始交互式产品级渲染。

▶ 适配虚拟帧缓冲区的分辨率：启用该选项后，IPR 模式会使渲染分辨率适应当前 VFB 的窗口大小，并遵守渲染设置中的图像宽高比。取消勾选该选项时，会使用完整分辨率渲染。

▶ 强制渐进式采样：不论当前选择何种图像采样器，启用该选项后都会强制 IPR 使用渐进式采样。噪点阈值和最大细分仍将从当前选择的采样器中读取。

（4）图像采样器（抗锯齿）

抗锯齿在渲染设置中是一个必须调整的参数，其数值的大小决定了图像的渲染精度和渲染时间，但抗锯齿与全局照明精度的高低没有关系，只作用于场景物体的图像和物体的边缘精度，其参数设置面板如图 6-12 所示。

图 6-12

下面介绍该卷展栏中常用参数的含义。

▶ 类型：设置图像采样器的类型，包括"渐进式"和"渲染块"两种。当选择"渐进式"采样器，下方会出现"渐进式图像采样器"卷展栏，提供相关设置参数，如图 6-13 所示。当选择"渲染块"采样器，则会出现"渲染块图像采样器"卷展栏，如图 6-14 所示。

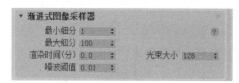

图 6-13

图 6-14

▶ 渲染遮罩：启用渲染蒙版功能。

▶ 最小着色比率：只影响三射线，提高最小着色速率可以增加阴影 / 折射模糊 / 反射模糊的精度。推荐使用数值 1 ～ 6。

▶ 划分着色细分：当关闭抗锯齿过滤器时，常用于测试渲染，渲染速度非常快，质量较差。

图 6-15

（5）图像过滤器

在该卷展栏中可以对抗锯齿的过滤方式进行选择，VRay 渲染器提供了多种抗锯齿过滤器，主要针对贴图纹理或图像边缘进行平滑处理，选择不同的过滤器就会显示该过滤器的相关参数及过滤效果，如图 6-15 所示。

下面介绍该卷展栏中常用参数的含义。

▶ 图像过滤器：选择复选框可开启子像素过滤。在测试渲染阶段，建议取消勾选该选项以加快渲染速度。

▶ 过滤器：提供了 17 种过滤器类型，包括区域、清晰四方形、Catmull-Rom、图版匹配 /MAX R2、四方形、立方体、视频、柔化、Cook 变量、混合、Blackman、Mitchell-Netravali、VRayLanczosFilter、VRaySincFilter、VRayBoxFilter、VRayTriangFilter、VRayMitNetFilter，如图 6-16 所示。在设置渲染参数时，较为常用的是 Mitchell-Netravali 和 Catmull-Rom，前者可以得到较为平滑的边缘效果，后者边缘则比较锐利。

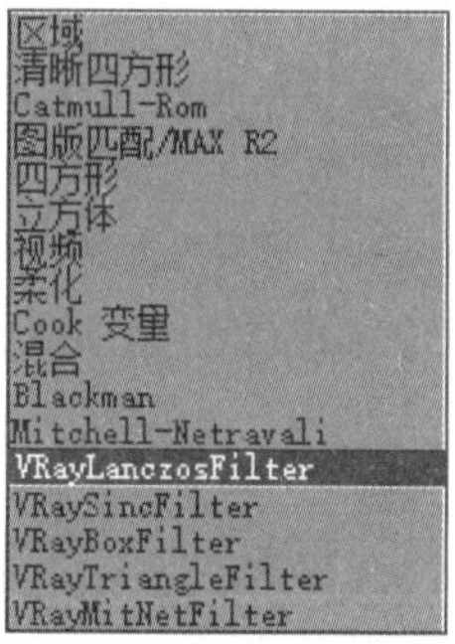

▶ 大小：指定图像过滤器的大小。部分过滤器的大小是固定值，不可调节。

图 6-16

（6）全局确定性蒙特卡洛

全局 DMC 也就是以往老版本面板中的全局确定性蒙特卡洛，该卷展栏可以说是 VRay 的核心，贯穿于 VRay 的每一种模糊计算，包括抗锯齿、景深、间接照明、面积灯光、模糊反射 / 折射、半透明、运动模糊等，其参数面板如图 6-17 所示。

图 6-17

下面介绍该卷展栏中常用参数的含义。

▶ 锁定噪波图案：对动画的所有帧强制使用相同的噪点分布形态。

▶ 使用局部细分：关闭该选项时，VRay 会自动计算着色效果的细分。启用该选项时，

材质 / 灯光 /GI 引擎可以指定各自的细分。

▶ 细分倍增：场景全部细分的 Subdives 值的总体倍增值。

▶ 最小采样：确定在使用早起终止算法之前必须获得的最少的样本数量。

▶ 自适应数量：用于控制重要性采样使用的范围。默认值为 1，表示在尽可能大的范围内使用重要性采样，0 则表示不进行重要性采样。减低数值会降低噪波和黑斑，但渲染速度也会减慢。

▶ 噪波阈值：在计算模糊效果是否足够好时，控制 VRay 的判断能力，在最后的结果中直接转化为噪波。较小的值表示较少的噪波、使用更多的样本并得到更好的图像质量。

（7）环境

环境卷展栏分为 GI 环境、反射 / 折射环境、折射环境、二次无光环境 4 个选项组，其参数面板如图 6-18 所示。

下面介绍该卷展栏中常用参数的含义。

▶ 全局照明（GI）环境：开启和关闭 GI 环境覆盖，并设置环境颜色、颜色强度，也可以使用纹理贴图覆盖颜色。

▶ 反射 / 折射环境：在反射 / 折射计算过程中使用指定的颜色或纹理贴图。

▶ 折射环境：使用折射环境覆盖。

▶ 二次无光环境：将指定的颜色和纹理用于反射 / 折射中可见的遮罩物体。

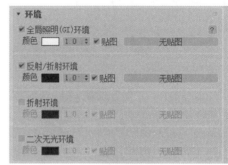

图 6-18

（8）颜色贴图

颜色贴图卷展栏下的参数用来控制整个场景的色彩和曝光方式，其参数设置面板如图 6-19 所示。下面介绍该卷展栏中常用参数的含义。

① 类型　用于定义色彩转换使用的类型，包括线性倍增、指数、HSV 指数、强度指数、伽玛校正、强度伽玛、莱因哈德 7 种模式。

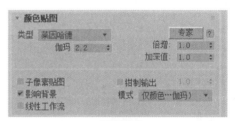

图 6-19

▶ "线性倍增"模式：将基于最终图像色彩的亮度来进行简单的倍增，太亮的颜色成分将会被限制，但可能会导致靠近光源的点过分明亮，如图 6-20 所示为利用"线性倍增"模式渲染的效果。

▶ "指数"模式：将基于亮度来使图像更饱和，对防止非常明亮的区域曝光很有用。该模式不显示颜色范围，而是使它们更加饱和，如图 6-21 所示为利用"指数"模式渲染的效果。

图 6-20

图 6-21

▶ "HSV 指数"模式：与"指数"模式很相似，但是会保护色彩的色调和饱和度，如图 6-22 所示为利用"HSV 指数"模式渲染的效果。

▶ "强度指数"模式：用于调整色彩的饱和度。当图像亮度增强时，在不曝光的情况下增强色彩的饱和度，如图 6-23 所示为利用"强度指数"模式渲染的效果。

图 6-22

图 6-23

▶ "伽玛校正"模式：主要用于校正电脑系统的色彩偏差。

▶ "强度伽玛"模式：主要用于调整伽玛色彩的饱和度。

▶ "莱因哈德"模式：是一种介于指数和线性倍增之间的贴图类型，非常实用。

② 伽玛　用于控制最终输出图像的伽玛校正值。

③ 倍增 / 加深值　用于控制最终输出图像的暗部亮度与亮部亮度。

④ 子像素贴图　勾选该选项后，物体的高光区与非高光区的界限处不会有明显的黑边。

⑤ 钳制输出　勾选该选项后，在渲染图中有些无法表现出来的色彩会通过限制来自动纠正。

⑥ 影响背景　控制是否让曝光模式影响背景。当关闭该选项时，背景不受曝光模式的影响。

⑦ 线性工作流　该选项就是一种通过调整图像的灰度值来使图像得到线性化显示的技术流程。

（9）摄影机

"摄影机"卷展栏是 VRay 系统里的一个摄影机特效功能，可以制作景深和运动模糊等效果，如图 6-24 所示。

下面介绍该卷展栏中常用参数的含义。

▶ 自动曝光：选择该选项后会自动为渲染图决定合适的曝光值。

▶ 自动白平衡：选择该选项后会自动为渲染图决定合适的白平衡。

▶ 类型：11 种摄影机类型，分别是默认、球形、柱形（点）、柱形（正交）、长方体、鱼眼、变形球（旧式）、正交、透视、球形全景、立方 6*1。

▶ 覆盖视野：替代 3ds Max 默认摄影机的视角，这里的视角最大为 360°。

▶ 圆柱体高度：当仅使用"圆柱（正交）"摄

图 6-24

影机时，该选项才可用，用于设定摄影机高度。

　　　🔖鱼眼自动拟合：当使用"鱼眼"和"变形球（旧式）"摄影机时，该选项才可用。

　　　🔖鱼眼距离：使用"鱼眼"摄影机时，该选项才可用。在关闭"自适应"选项的情况下，"距离"选项用来控制摄影机到反射球之间的距离，值越大，表示摄影机到反射球之间的距离越大。

　　　🔖鱼眼曲线：当使用"鱼眼"摄影机时，该选项才可用，主要用来控制渲染图形的扭曲程度。值越小，扭曲程度越大。

　　　🔖运动模糊：勾选该选项后，可以开启运动模糊特效。

　　　🔖持续时间（帧）：控制运动模糊每一帧的持续时间，值越大，模糊程度越强。

　　　🔖间隔中心：用来控制运动模糊的时间间隔中心，0 表示间隔中心位于运动方向的后面；1 表示间隔中心位于运动方向的前面。

　　　🔖偏移：用来控制运动模糊的偏移，0 表示不偏移；负值表示沿着运动方向的反方向偏移；正值表示沿着运动方向偏移。

　　　🔖快门效率：控制快门的效率。

　　　🔖几何体采样：这个值常用在制作物体的旋转动画上。

　　　🔖预通过采样：控制在不同时间段上的模糊样本数量。

　　　🔖景深：控制是否开启景深。

　　　🔖从摄影机获得焦点距离：当勾选该选项时，焦点由摄影机的目标点确定。

　　　🔖光圈：值越小，景深越大，模糊程度越小；值越大，景深越小，模糊程度越高。

　　　🔖中心偏移：这个参数主要用来控制模糊效果的中心位置。值为 0 表示以物体边缘均匀向两边模糊；正值表示模糊中心向物体内部偏移；负值则表示模糊中心向物体外部偏移。

　　　🔖边数：这个选项用来模拟物理世界中的摄影机光圈的多边形形状。

　　　🔖焦点距离：摄影机到焦点的距离，焦点处的物体最清晰。

　　　🔖各向异性：控制多边形形状的各向异性，值越大，形状越扁。

　　　🔖旋转：光圈多边形形状的旋转。

6.2.3　GI

　　GI 可以理解为间接照明，其选项卡中根据漫反射反弹的计算方法会显示出不同的卷展栏，常用的是"全局照明"卷展栏、"发光贴图"卷展栏以及"灯光缓存"卷展栏。

　　（1）全局照明

　　"全局照明"卷展栏是 VRay 的核心部分。在修改 VRay 渲染器时，首先要开启全局照明，这样才能出现真实的渲染效果。开启 GI 后，光线会在物体与物体间互相反弹，因此光线计算得会更准确，图像也更加真实，其参数面板如图 6-25 所示。

图 6-25

下面介绍该卷展栏中常用参数的含义。

▶ 启用全局照明（GI）：勾选该选项后，将开启 GI 效果。

▶ 首次引擎 / 二次引擎：VRay 计算的光的方法是真实的，光线发射出来然后进行反弹，再进行反弹。

▶ 倍增：控制首次反弹和二次反弹光的倍增值。

▶ 折射全局照明（GI）焦散：控制是否开启折射焦散效果。

▶ 反射全局照明（GI）焦散：控制是否开启反射焦散效果。

▶ 饱和度：可以用来控制色溢，降低该数值可以降低色溢效果。

▶ 对比度：控制色彩的对比度。

▶ 对比度基数：控制饱和度和对比度的基数。

▶ 环境阻光：该选项可以控制 AO 贴图的效果。

▶ 半径：控制环境阻光（AO）的半径。

▶ 细分：环境阻光（AO）的细分。

（2）发光贴图

在 VRay 渲染器中，发光贴图是计算场景中物体的漫反射表面发光的时候会采取的一种有效的方法。发光贴图是一种常用的全局照明引擎，它只存在于首次反弹引擎中，因此在计算 GI 的时候，并不是场景的每一个部分都需要同样的细节表现，它会自动判断在重要的部分进行更加准确的计算，在不重要的部分进行粗略的计算，其参数面板如图 6-26 所示。下面介绍该卷展栏中常用参数的含义。

图 6-26

▶ 当前预设：设置发光贴图的预设类型，共有自定义、非常低、低、中、中 - 动画、高、高 - 动画、非常高 8 种。

▶ 最小 / 最大比率：主要控制场景中比较平坦、面积比较大 / 细节比较多弯曲较大的面的质量受光。

▶ 细分：数值越高，表现光线越多，精度也就越高，渲染的品质也越好。

▶ 插值采样：这个参数是对样本进行模糊处理，数值越大渲染越精细。

▶ 插值帧数：该数值用于控制插补的帧数。

▶ 使用摄影机路径：勾选该选项将会使用相机的路径。

▶ 显示计算相位：勾选后，可看到渲染帧里的 GI 预计算过程，建议勾选。

▶ 显示直接光：在预计算的时候显示直接光，以方便用户观察直接光照的位置。

▶ 显示采样：显示采样的分布以及分布的密度，帮助用户分析 GI 的精度够不够。

▶ 细节增强：是否开启细部增强功能，勾选后细节非常精细，但是渲染速度非常慢。

▶ 比例：细分半径的单位依据，有屏幕和世界两个单位选项。屏幕是指用渲染图的最后尺寸来作为单位，世界是以 3ds Max 系统中的单位来定义。

▶ 半径：半径值越大，使用细部增强功能的区域也就越大，渲染时间也越慢。

▶ 细分倍增：控制细部的细分，但是这个值和发光贴图里的细分有关系。值越低，细部就会产生杂点，渲染速度比较快；值越高，细部就可以避免产生杂点，同时渲染速度会变慢。

▶ 随机采样：控制发光贴图的样本是否随机分配。

▶ 多过程：当勾选该选项时，VRay 会根据最大比率和最小比率进行多次计算。

▶ 检查采样可见性：在灯光通过比较薄的物体时，很有可能会产生漏光现象，勾选该选项可以解决这个问题。

▶ 计算采样数：用在计算发光贴图过程中，主要计算已经被查找后的插补样本的使用数量。

▶ 插值类型：VRay 提供了 4 种样本插补方式，为发光贴图的样本的相似点进行插补。

▶ 查找采样：它主要控制哪些位置的采样点适合用来作为基础插补的采样点。VRay 提供了 4 种样本查找方式。

▶ 模式：包括单帧、多帧增量、从文件、添加到当前贴图、增量添加到当前贴图、块模式、动画（预处理）、"动画（渲染）" 8 种模式。

▶ 不删除：当光子渲染完以后，不把光子从内存中删掉。

▶ 自动保存：当光子渲染完以后，自动保存在硬盘中，单击 ▦▦ 按钮就可以选择保存位置。

▶ 切换到保存的贴图：当勾选了自动保存选项后，在渲染结束时会自动进入"从文件"模式并调用光子贴图。

（3）灯光缓存

缓存与发光贴图比较相似，只是光线路相反，发光贴图的光线追踪方向是从光源发射到场景的模型中，最后再反弹到摄影机，而灯光缓存是从摄影机开始追踪光线到光源，摄影机追踪光线的数量就是灯光缓存的最后精度，其参数面板如图 6-27 所示。

下面介绍该卷展栏中常用参数的含义。

图 6-27

▶ 细分：用来决定灯光缓存的样本数量。值越高，样本总量越多，渲染效果越好，渲染速度越慢。

▶ 采样大小：控制灯光缓存的样本大小，小的样本可以得到更多的细节，但是需要更多的样本。

▶ 比例：在效果图中使用"屏幕"选项，在动画中使用"世界"选项。

▶ 折回：控制折回的阈值数值。

▶ 显示计算相位：勾选该选项以后，可以显示灯光缓存的计算过程，方便观察。

▶ 使用摄影机路径：勾选改选项后将使用摄影机作为计算的路径。

▶ 预滤器：当勾选该选项以后，可以对灯光缓存样本进行提前过滤，它主要是查找样本边界，然后对其进行模糊处理。后面的值越高，对样本进行模糊处理的程度越深。

▶ 过滤器：该选项是在渲染最后成图时，对样本进行过滤，其下拉列表中共有 3 个选项。

▶ 插值采样：这个参数是对样本进行模糊处理，较大的值可以得到比较模糊的效果，较小的值可以得到比较锐利的效果。

▶ 使用光泽光线：是否使用平滑的灯光缓存，开启该功能后会使渲染效果更加平滑，但会影响到细节效果。

► 存储直接光：勾选该选项以后，灯光缓存将存储直接光照信息。当场景中有很多灯光时，使用这个选项会提高渲染速度。因为它已经把直接光照信息保存到灯光缓存中，在渲染出图的时候，不需要对直接光照再进行采样计算。

► 防止泄漏：启用额外的计算，来防止灯光缓存漏光和减少闪烁。

► 反弹：指定灯光缓存计算的 GI 反弹次数。

（4）焦散

在真实世界里，当光线通过曲面进行反射或在透明表面折射时，会产生小面积光线聚焦，即产生了光线焦散效果。该卷展栏主要用于支持渲染光滑或者透明物体的焦散效果。为了产生这种效果，场景中必须同时具有产生焦散的物体和接收焦散的物体，如图 6-28 所示。

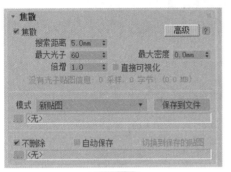

图 6-28

下面介绍该卷展栏中常用参数的含义。

► 焦散：控制是否打开焦散。

► 搜索距离：光子追踪撞击到物体表面后，以撞击光子为中心的圆形的自动搜索区域，这个区域的半径值就是"搜索距离"。较小的数值会产生斑点，较大的数值会产生模糊焦散效果。

► 最大光子：定义单位区域内的光子数量，在根据这个区域内的光子数量进行均匀照明，较小的数值不容易得到焦散效果，较大的数值会产生模糊焦散效果。

► 最大密度：控制光子的最大密度，0 表示使用 VR 内部确定的密度，较小的数值会让焦散效果比较锐利。

► 倍增：控制焦散强度。这是一个全局控制参数，对场景中所有产生焦散的光源都有效。

6.2.4　设置

"设置"选项卡下共包含 6 个卷展栏，分别是"授权""关于 V-Ray""默认置换""系统""平铺纹理选项"以及"代理预存缓存"。

（1）授权

"授权"卷展栏下主要呈现的是 VRay 的注册信息，注册文件一般都放置在 C：\Program Files\Common Files\ChaosGroup\vrlclient.xml 中，如图 6-29 所示。

（2）关于 V-Ray

在"关于 V-Ray"展卷栏下，可以看到关于 VRay 的官方网站地址、渲染器的版本等。

图 6-29

（3）默认置换

"默认置换"卷展栏下的参数是用灰度贴图来实现物体表面的凸凹效果，它对材质中的置换起作用，而不作用于物体表面。其参数设置面板如图 6-30 所示。

► 覆盖 MAX 设置：控制是否用"默认置换"卷展栏下的参数来替代 3ds Max 中的置换参数。

► 边长：用于设置 3D 置换中产生最小的三角面长度。数值越小，精度越高，渲染速度越慢。

 ‣ 依赖于视图：控制是否将渲染图像中的像素长度设置为"边长"的单位。

 ‣ 相对于边界框：控制是否在置换时关联边界。

 ‣ 数量：用于设置置换的强度总量。数值越大，置换效果越明显。

 ‣ 紧密边界：用于控制是否对置换进行预先计算。

图 6-30

（4）系统

该卷展栏下的参数会影响渲染速度、渲染的显示和提示功能，同时可以完成联机渲染，其参数面板如图 6-31 所示。下面介绍该卷展栏中常用参数的含义。

 ‣ 动态分割渲染块：用于控制是否进行动态的分割。

 ‣ 序列：用于控制渲染块的渲染顺序，共有以下 6 种方式，分别是上→下、左→右、棋盘格、螺旋、三角剖分、稀耳伯特曲线。

 ‣ 反转渲染块序列：当勾选该选项以后，渲染顺序将和设定的顺序相反。

 ‣ 上次渲染：确定在渲染开始时，在 3ds Max 默认的帧缓冲区框以哪种方式处理渲染图像。

 ‣ 动态内存限制：控制动态内存的总量。

 ‣ 默认几何体：控制内存的使用方式，共有 3 种方式。

 ‣ 最大树向深度：控制根节点的最大分支数量。较高的值会加快渲染速度，同时会占用较多的内存。

 ‣ 最小叶片尺寸：控制叶节点的最小尺寸，当达到叶节点尺寸以后，系统停止计算场景。

 ‣ 面 / 级别系数：控制一个节点中的最大三角面数量，当未超过临近点时计算速度快。

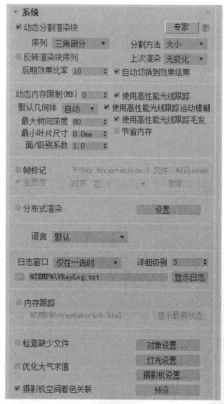

图 6-31

 ‣ 高精度：控制是否使用高精度效果。

 ‣ 节省内存：控制是否需要节省内存。

 ‣ 帧标记：当勾选该选项后，就可以显示水印。

 ‣ 全宽度：水印的最大宽度。当勾选该选项后，它的宽度和渲染图像的宽度相当。

 ‣ 对齐：控制水印里的字体排列位置，包括左、中、右 3 个选项。

6.2.5　Render Elements

Render Elements 选项卡下仅有"渲染元素"一个卷展栏，通过添加渲染元素，可以针对某一级别单独进行渲染，并在后期进行调节、合成、处理，非常方便。其参数面板如图 6-32 所示。

图 6-32

- 激活元素：启用该选项后，单击"渲染"可分别对元素进行渲染。默认设置为启用。
- 显示元素：启用此选项后，每个渲染元素会显示在各自的窗口中，并且其中的每个窗口都是渲染帧窗口的精简版。
- 添加：可将新元素添加到列表中。此按钮会显示"渲染元素"对话框。
- 合并：可合并来自其他 3ds Max 场景中的渲染元素。
- 删除：单击可从列表中删除选定对象。
- 元素渲染列表：这个可滚动的列表显示要单独进行渲染的元素以及它们的状态。要重新调整列表中列的大小，可拖动两列之间的边框。
- "选定元素参数"选项组：这些控制用来编辑列表中选定的元素。
- "输出到 Combustion"选项组：启用该功能后，会生成包含正进行渲染元素的 Combustion 工作区（CWS）文件。

 上手实操：保存渲染完成的图像

下面将对渲染好的效果图进行保存操作，具体操作步骤介绍如下。

Step01：打开创建好的素材场景，如图 6-33 所示。

Step02：切换到摄影机视口，按 F9 键渲染视口，如图 6-34 所示。

扫一扫 看视频

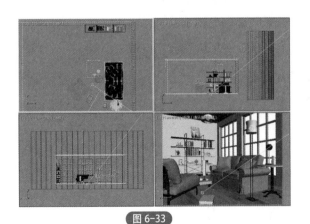

图 6-33

图 6-34

Step03：在"渲染帧"窗口中单击"保存图像"按钮，打开"保存图像"对话框，输入图像名称，选择图像存储类型为 PNG，再指定存储路径，如图 6-35 所示。

Step04：单击"保存"按钮，系统会弹出"PNG 配置"对话框，直接单击"确定"按钮即可保存渲染效果，如图 6-36 所示。

图 6-35

图 6-36

 上手实操：局部渲染图像

扫一扫 看视频

下面利用局部渲染功能快速渲染场景，具体操作步骤介绍如下。

Step01：打开素材场景，如图 6-37 所示。

Step02：按 F10 键打开"渲染设置"面板，在"帧缓冲区"卷展栏勾选"启用内置帧缓冲区"复选框，如图 6-38 所示。

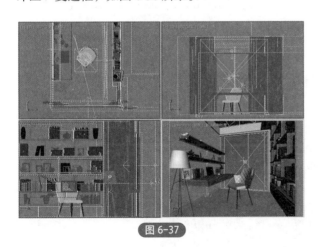

图 6-37

图 6-38

Step03：按 F8 键渲染摄影机视口，如图 6-39 所示。

Step04：创建一个 VRay 球体灯光，设置参数后移动到落地灯灯罩内，如图 6-40 所示。

图 6-39

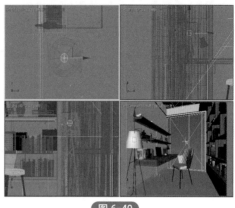
图 6-40

Step05：在渲染帧窗口中单击"区域渲染"按钮 ，然后在窗口中按住鼠标拖出一个矩形框，作为要局部渲染的区域，如图 6-41 所示。

Step06：按 F9 键渲染摄影机视口，在渲染帧窗口中可以看到系统仅渲染矩形框内的区域，如图 6-42 所示。

图 6-41

图 6-42

Step07：确定渲染效果符合预期，在渲染帧窗口中再单击取消"区域渲染"按钮，重新渲染场景，可以看到最终效果，如图 6-43 所示。

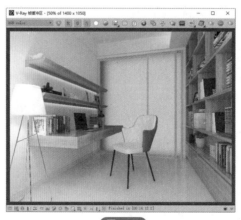
图 6-43

🖊 综合实战：渲染卫生间场景

Step01：打开创建好的素材场景，如图 6-44 所示。

Step02：首先设置测试渲染参数。按 F10 键打开"渲染设置"面板，在"公用参数"卷展栏中设置输出大小，如图 6-45 所示。

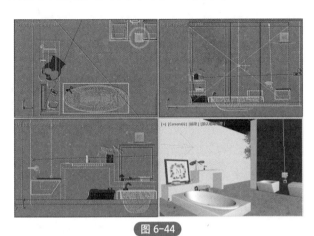

图 6-44

图 6-45

Step03：在"帧缓冲区"卷展栏中取消勾选"启用内置帧缓冲区"复选框，如图 6-46 所示。

Step04：在"全局开关"卷展栏中设置"高级"模式，设置灯光采样类型为"全光求值"，如图 6-47 所示。

图 6-46

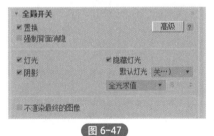

图 6-47

Step05：在"图像采样器"卷展栏中设置抗锯齿类型为"渐进式"，如图 6-48 所示。

Step06：在"颜色贴图"卷展栏中设置曝光类型为"指数"，再设置"亮部倍增"，如图 6-49 所示。

图 6-48

图 6-49

Step07：在"全局照明"卷展栏开启"启用全局照明"复选框，并设置首次引擎为"发光贴图"、二次引擎为"灯光缓存"，如图 6-50 所示。

Step08：设置发光贴图预设类型为"非常低"，再设置细分和插值采样，勾选"显示计算相位"和"显示直接光"复选框，如图 6-51 所示。

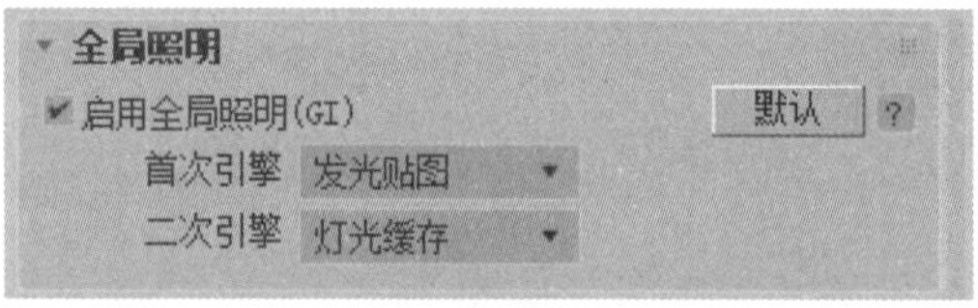

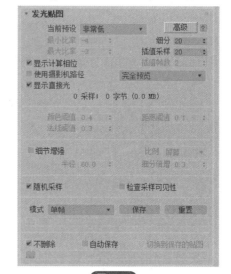

图 6-50

图 6-51

Step09：在"灯光缓冲"卷展栏中设置"细分"值，如图 6-52 所示。

Step10：渲染摄影机视口，效果如图 6-53 所示。

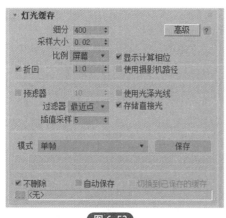

图 6-52

图 6-53

Step11：确认效果图达到要求后，就可以设置高品质参数并进行渲染。重新打开"渲染设置"面板，在"公用参数"卷展栏设置输出大小，如图 6-54 所示。

Step12：在"图像采样器"卷展栏设置抗锯齿类型为"渲染块"，然后开启"图像过滤器"，选择过滤器类型，如图 6-55 所示。

Step13：在"渲染块图像采样器"卷展栏设置最小 / 最大细分和噪波阈值，如图 6-56 所示。

Step14：在"全局确定性蒙特卡洛"卷展栏中设置最小采样、自适应数量、噪波阈值，如图 6-57 所示。

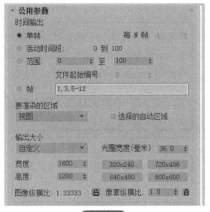

图 6-54

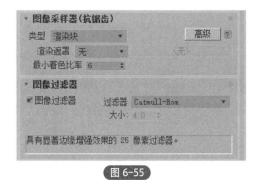

图 6-55

图 6-56

图 6-57

Step15：在"发光贴图"卷展栏中设置预设类型为"高"，并设置细分和插值采样，如图 6-58 所示。

Step16：在"灯光缓存"卷展栏中设置细分，如图 6-59 所示。

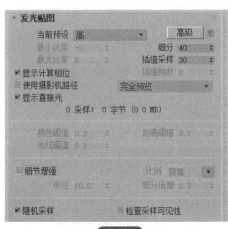

图 6-58

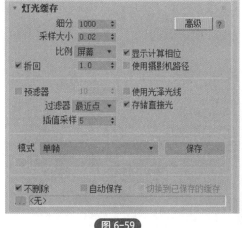

图 6-59

Step17：在"系统"卷展栏中设置序列类型为"上→下"，动态内存限制为 4000，如图 6-60 所示。

Step18：再次渲染摄影机视口，即可得到高品质的效果图，如图 6-61 所示。

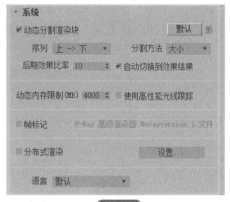

图 6-60

图 6-61

✏️ 课后作业

通过本章内容的学习，读者应该对所学知识有了一定的掌握，章末安排了课后作业，用于巩固和练习。

习题 1

设置渲染参数渲染书房场景，如图 6-62、图 6-63 所示。

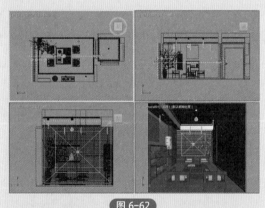

图 6-62

图 6-63

操作提示：

Step01：按 F10 键打开"渲染设置"面板，设置渲染参数。

Step02：激活摄影机视口，按 F9 键渲染场景。

习题 2

利用所学知识制作出光影变化动画，如图 6-64、图 6-65 所示。

操作提示：

Step01：按 F10 键打开"渲染设置"面板，设置渲染参数。

Step02：激活摄影机视口，按 F9 键渲染场景。

图 6-64　　　　　　　　　　　　　　　图 6-65

第 7 章
材质技术

📄 **内容导读：**

在 3ds Max 中创建一个模型，其本身不具备任何表面特征，但是通过设置材质自身的参数可以模拟现实世界中的各种视觉效果。本章主要介绍材质编辑器的基本知识、3ds Max 的内置材质类型和 VRay 插件提供的材质类型的设置及应用，通过本章的学习使读者掌握材质编辑器的使用、材质的制作流程等。

🎯 **学习目标：**

- 了解材质的基本概念
- 熟悉材质编辑器的界面及应用
- 熟悉 3ds Max 内置材质类型和 VRay 材质类型
- 掌握常用材质类型的使用

7.1 认识材质

3ds Max 中的材质是对现实世界中各种材质视觉效果的模拟，包括材质的颜色、光泽、反射、折射、透明度、粗糙度以及纹理等。在建立模型后，就需要为模型设置相应的材质，使模型展现出应有的质地，让画面的效果更真实、质感更准确，如图 7-1、图 7-2 所示。

图 7-1

图 7-2

制作新材质并应用于对象时应遵循以下步骤。

Step01：选择材质球并指定名称。

Step02：选择材质类型。

Step03：对于标准材质或光线追踪材质，应选择着色类型。

Step04：设置漫反射颜色、反射强度、光泽度及不透明度等参数。

Step05：为材质通道指定贴图并调整参数。

Step06：将材质指定给模型对象。

Step07：对于有贴图的材质，有必要调整 UV 贴图坐标或者添加 UVW 贴图修改器，以正确定位对象的贴图效果。

Step08：保存材质，以便于下次使用。

7.2 材质编辑器

材质编辑器是一个独立窗口，也是材质设置中的主要部分，为用户提供了创建和编辑材质及贴图的所有功能，还可以将材质赋予到 3ds Max 的场景对象。通过以下方式可以打开材质编辑器。

▶ 执行"渲染 > 材质编辑器"命令，在级联菜单中可以选择打开精简材质编辑器或者 Slate 材质编辑器，如图 7-3、图 7-4 所示。

▶ 在主工具栏中单击"材质编辑器"按钮 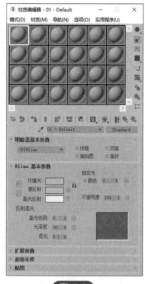 打开材质编辑器。

▶ 按快捷键 M 打开材质编辑器。

图 7-3

图 7-4

知识链接

Slate 材质编辑器是一个材质编辑器界面，它在设计和编辑材质时使用节点和关联以图形方式显示材质的结构。它是精简材质编辑器的替代项。Slate 材质编辑器较为突出的特点有以下几个：包含"材质／贴图浏览器"，可以在其中浏览材质、贴图和基础材质和贴图类型；包含当前活动视图，可以在其中组合材质和贴图；包含材质参数编辑器，可以在其中更改材质和贴图设置。

以精简材质编辑器为例，其窗口可分为菜单栏、材质示例窗、工具栏和参数控制区 4个部分。

（1）菜单栏

菜单栏位于材质编辑器顶端，包括"模式""材质""导航""选项"和"实用程序"4个菜单选项。

（2）材质示例窗

在材质示例窗中可以预览材质和贴图，每个窗口可以预览单个材质或贴图。将材质从示例窗拖动到视口中的对象，可以将材质赋予场景对象。

示例窗中样本材质的状态主要有 3 种。其中，实心三角形表示已应用于场景对象且该对象被选中，空心三角形则表示应用于场景对象但对象未被选中，无三角形表示未被应用的材质，如图 7-5 所示。

双击材质球会弹出一个独立的材质球显示窗口，可以将该材质球进行放大或缩小来观察当前设置的材质效果，如图 7-6 所示。

知识链接

示例窗中的样本材质球有 3*2、5*3 和 6*4 三种显示方式，用户可以根据需要进行设置。

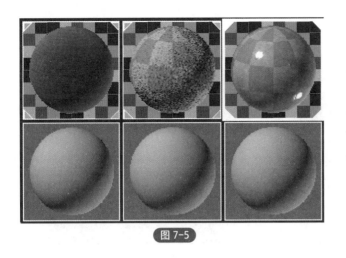

图 7-5

图 7-6

（3）工具栏

工具栏位于示例窗的下方和右侧，主要用于管理和更改贴图及材质，为了便于记忆，通常将示例窗下方的工具栏称为水平工具栏，右侧的工具栏则称为垂直工具栏。工具栏中各个按钮的含义介绍如下。

▶ 采样类型 ⬤：控制示例窗显示的对象类型，包括球体、圆柱体和立方体三种显示类型。

▶ 背光 ✦：用于切换是否启用背景灯光，开启后可以查看调整由掠射光创建的高光反射，此高光在金属上更亮。如图 7-7、图 7-8 所示为金属材质球开启背光前后。

图 7-7

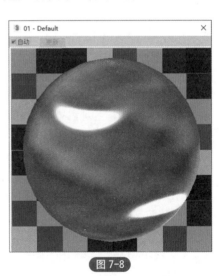

图 7-8

▶ 背景 ▦：用于将多颜色的方格背景添加到活动示例窗中，该功能常用于观察透明材质的反射和折射效果。如图 7-9、图 7-10 所示为透明材质显示背景前后。

▶ 采样 UV 平铺 ▣：可以在活动示例窗中调整采样对象上的贴图重复次数，使用该功能可以设置平铺贴图显示，对场景中几何体的平铺没有影响。

▶ 视频颜色检查 ▣：用于检查示例对象上的材质颜色是否超过安全 NTSC 和 PAL 阈值。

▶ 生成预览 ▣：可以使用动画贴图向场景添加运动。

▶ 选项 ✎：单击该按钮可以打开"材质编辑器选项"对话框。

▶ 按材质选择 ✎：选定使用当前材质的所有对象。

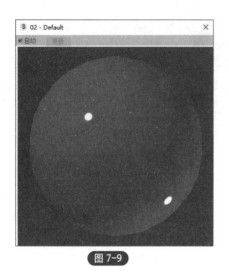

图 7-9

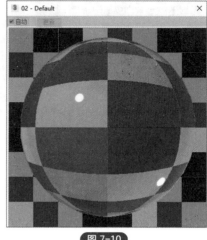

图 7-10

▶ 材质 / 贴图导航器 ：单击该按钮，即可打开"材质 / 贴图导航器"对话框。

▶ 获取材质 ：单击该按钮可以打开"材质 / 贴图浏览器"对话框，在该对话框中可以选择材质或贴图。

▶ 将材质放入场景 ：可以在编辑材质之后更新场景中的材质。

▶ 将材质指定给选择对象 ：将活动示例窗中的材质应用于场景中当前选定的对象。

▶ 重置贴图 / 材质为默认设置 ：清除当前活动示例窗中的材质，使其恢复默认参数。

▶ 生成材质副本 ：为选定的材质球创建材质副本。

▶ 使唯一 ：可以使贴图实例成为唯一的副本，还可以使一个实例化的材质成为唯一的独立子材质，可以为该子材质提供一个新的材质名。

▶ 放入库 ：可以将选定的材质添加到当前库中。

▶ 材质 ID 通道 ：按住该按钮可以打开材质 ID 通道工具栏。

▶ 在视口中显示明暗处理材质 ：可以使贴图在视图中的对象表面显示。

▶ 显示最终效果 ：可以查看所处级别的材质，而不查看所有其他贴图和设置的最终结果。

▶ 转到父对象 ：可以在当前材质中向上移动一个层级。

▶ 转到下一个同级项 ：将移动到当前材质中相同层级的下一个贴图或材质。

▶ 从对象拾取材质 ：可以在场景中的对象上拾取材质。

（4）参数控制区

材质编辑器下方都属于参数控制区，这里是 3ds Max 中使用最为频繁的区域。根据材质类型与贴图类型的不同，会出现不同的参数卷展栏。一般的参数控制包括多个项目，分别放置在各自的面板中，通过伸缩条展开或收起。如果超出了材质编辑器面板的长度，用户可以通过手形指针进行上下拖动。

7.3 3ds Max 内置材质

3ds Max 提供了多种内置材质类型，每一种材质都具有相应的功能，如 Ink'k Paint 材质可用于表现动画效果，"光线跟踪"材质适合表现金属和玻璃的反光效果等。

7.3.1 标准材质

"标准"材质是 3ds Max 的默认材质，也是最基本的材质类型，几乎可以模拟任何真实
材质类型，为表面建模提供非常直观的方式。使
用"标准"材质时可以选择各种明暗器，为各种
反射表面设置颜色以及使用贴图通道等，这些设
置都可以在参数面板中进行。下面为用户介绍
"标准"材质较为常用的参数面板。

"基本参数"卷展栏主要用于指定对象贴图，
设置材质的颜色、反光度、透明度等基本属性，
如图 7-11 所示。

图 7-11

- ▶ 环境光：环境光颜色是对象在阴影中的颜色。
- ▶ 漫反射：漫反射是对象在直接光照条件下的颜色。
- ▶ 高光反射：高光是发亮部分的颜色。
- ▶ 自发光：可以模拟制作自发光的效果。
- ▶ 不透明度：控制材质的不透明度。
- ▶ 高光级别：控制反射高光的强度。数值越大，反射强度越高。
- ▶ 光泽度：控制高亮区域的大小，即反光区域的尺寸。
- ▶ 柔化：影响反光区和不反光区衔接的柔和度。

> **注意事项**
>
> 在制作材质时，除了要符合真实世界的原理，还要通过灯光、环境等各种因素来
> 使材质达到更加真实的效果。

7.3.2 混合材质

"混合"材质可以将两种不同的材质以百分比的形式融合在一起，还可以通过"遮罩"
通道来设置混合发生的位置和效果，还可以制作成材质变形的动画，常被用于制作刻花镜、
织花布料和部分锈迹的金属等，如图 7-12、图 7-13 所示。

图 7-12

图 7-13

"混合"材质的参数面板由两个子材质和一个遮罩组成，如图 7-14 所示。

▶ 材质 1 和材质 2：可以设置各种类型的材质。默认材质为标准材质，单击后方的选项框，在弹出的材质面板中可以更换材质。

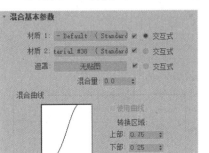

图 7-14

▶ 遮罩：使用各种程序贴图或位图设置遮罩。遮罩中较黑的区域对应材质 1，较亮较白的区域对应材质 2。

▶ 混合量：决定两种材质混合的百分比，当参数为 0 时，将完全显示第一种材质，当参数为 100 时，将完全显示第二种材质。

▶ 混合曲线：影响进行混合的两种颜色之间的变换的渐变或尖锐程度，只有设定遮罩贴图后，才会影响混合。

7.3.3 多维／子对象材质

使用"多维／子对象"材质可以采用几何体的子对象级别分配不同的材质，常被用于包含许多贴图的复杂物体上，如图 7-15、图 7-16 所示为不同颜色和材质的玩具和灯具。

图 7-15

图 7-16

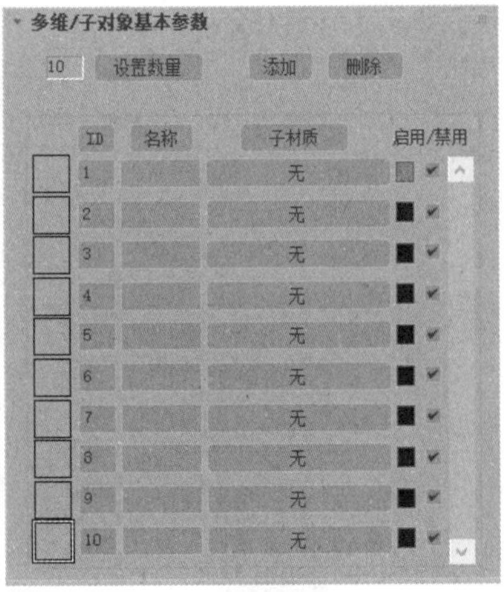

其参数面板如图 7-17 所示。参数面板中常用参数含义介绍如下。

▶ 数量：此字段显示包含在多维／子对象材质中的子材质的数量。

▶ 设置数量：用于设置子材质的参数，单击该按钮，即可打开"设置材质数量"对话框，在其中可以设置材质数量。

▶ 添加：单击该按钮，在子材质下方将默认添加一个标准材质。

▶ 删除：删除子材质。单击该按钮，将从下向上逐一删除子材质。

▶ ID／名称／子材质：单击按钮即可按类别将列表排序。

图 7-17

▶ 子材质列表：该列表中每个子材质都有一个单独的项，一次最多显示 10 个子材质。

7.3.4 Ink'k Paint 材质

Ink'n Paint 材质提供带有墨水边界的平面明暗处理，可以模拟卡通动画的材质效果，如图 7-18、图 7-19 所示。

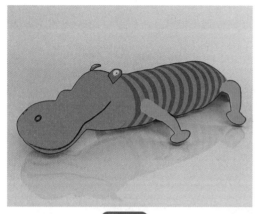
图 7-18

图 7-19

其参数面板包括"基本材质扩展"卷展栏、"绘制控制"卷展栏、"墨水控制"卷展栏和"超级采样 / 抗锯齿"卷展栏，如图 7-20 所示。卷展栏中常用参数的含义介绍如下。

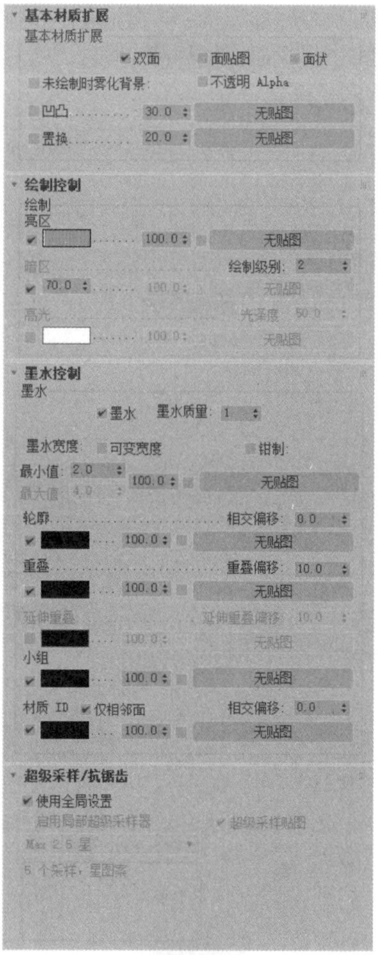

▶ 亮区：对象中亮区的填充颜色，默认为淡蓝色。

▶ 暗区：第一个数字设置是显示在对象不亮面上的亮区颜色的百分比。默认为 70.0。

▶ 高光：反射高光的颜色。默认为白色。

▶ "贴图"复选框：微调器和按钮之间的复选框可启用或禁用贴图。

▶ "墨水"复选框：启用时，会对渲染施墨。

▶ 墨水质量：影响笔刷的形状及其使用的示例数量。

▶ 墨水宽度：以像素为单位的墨水宽度。

▶ "可变宽度"复选框：启用后，墨水宽度可以在墨水宽度的最大值和最小值之间变化。

▶ "钳制"复选框：启用"可变宽度"后，有时场景照明使一些墨水线变得很细，几乎不可见。如果出现这种情况，可启用"钳制"，它会强制墨水宽度始终保持在最大值和最小值之间。

▶ 轮廓：对象外边缘处（相对于背景）或其他对象前面的墨水。

▶ 重叠：当对象的某部分自身重叠时所使用的

图 7-20

墨水。

- 延伸重叠：与重叠相似，但将墨水应用到较远的曲面而不是较近的曲面。
- 小组：边界间绘制的墨水。
- 材质 ID：不同材质 ID 值之间绘制的墨水。

7.3.5　双面材质

生活中有些物体的正反两面是不同的质感和纹理，比如名片、雨伞、双面胶带等，如图 7-21、图 7-22 所示。

图 7-21

图 7-22

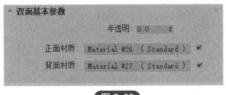

图 7-23

"双面"材质可以为对象的前面和后面指定两个不同的材质，其参数面板如图 7-23 所示。

- 半透明：设置一个材质通过其他材质显示的数量。设置为 100% 时，可以在内部面上显示外部材质，并在外部面上显示内部材质。设置为中间的值时，内部材质指定的百分比将下降，并显示在外部面上。

- 正面材质 / 背面材质：单击此选项可显示材质 / 贴图浏览器并且选择一面或另一面使用的材质。

7.3.6　顶 / 底材质

"顶 / 底"材质通常用来制作顶部和底部不同效果的材质。该材质包括顶材质和底材质两种，且两种材质可互换，参数面板如图 7-24 所示。

- 顶材质 / 底材质：设置顶部与底部材质。
- 交换：可以交换"顶材质"与"底材质"的位置。
- 世界 / 局部：按照场景的世界 / 局部坐标让各个面朝上或朝下。

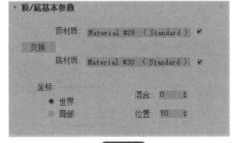

图 7-24

- 混合：混合顶部子材质和底部子材质之间的边缘。
- 位置：设置两种材质在对象上划分的位置。

7.3.7 壳材质

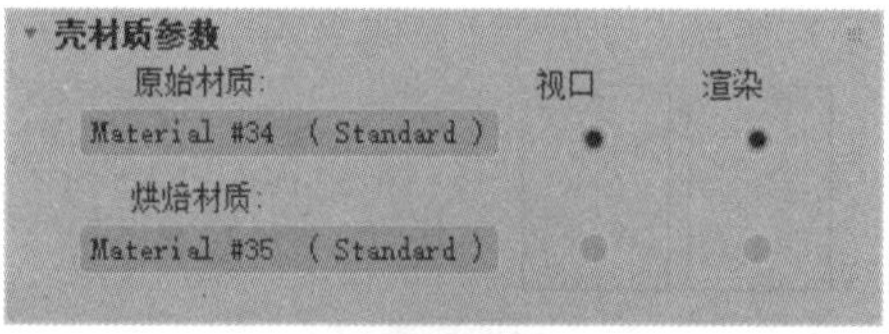

壳材质通常用于纹理烘焙，其参数面板如图 7-25 所示。

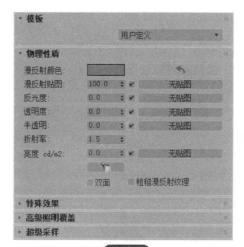

图 7-25

➤ 原始材质：显示原始材质的名称。单击按钮可查看该材质，并调整其设置。

➤ 烘焙材质：显示烘焙材质的名称。除了原始材质所使用的颜色和贴图之外，烘焙材质还包含照明阴影和其他信息。

➤ 视口：使用这些按钮可以选择在明暗处理视口中出现的材质。

➤ 渲染：使用这些按钮可以选择在渲染中出现的材质。

7.3.8 建筑材质

建筑材质的设置是物理属性，因此当与光度学灯光和光能传递一起使用时，其能够提供最逼真的效果，其参数面板如图 7-26 所示。

➤ "模板"卷展栏："模板"卷展栏提供了可从中选择材质类型的列表。对于"物理性质"卷展栏而言，模板只是一组预设的参数，不仅可以提供要创建材质的近似种类，而且可以提供入门指导。

➤ "物理性质"卷展栏：当创建新的或编辑现有的建筑材质时，最需要调整"物理性质"卷展栏中的设置。

图 7-26

➤ "特殊效果"卷展栏：创建新的建筑材质或编辑现有材质时，可使用"特殊效果"卷展栏上的设置来指定生成凹凸或位移的贴图，调整光线强度或控制透明度。

➤ "高级照明覆盖"卷展栏：使用"调整光能传递"卷展栏上的设置，可以调整光能传递解决方案中建筑材质的行为。

7.3.9 物理材质

"物理"材质的参数是基于现实世界中物体的自身物理属性设计的，提供了油漆、木材、玻璃、金属等多个材质的模板，可以非常便捷地模拟较为真实的材质质感，比如塑料、蜡烛、金属等。

其参数面板包括"预设"卷展栏、"图层参数"卷展栏、"基本参数"卷展栏、"高级反射比参数"卷展栏、"各向异性"卷展栏、"特殊贴图"卷展栏、"常规贴图"卷展栏。

➤ "预设"卷展栏：该卷展栏可以访问"物理材质"预设，预设列表中提供了各种饰面、非金属材质、透明材质、金属和特殊材质的模板，以便快速创建不同类型的材质，如图 7-27 所示。用户也可以使用预设作为起点来生成自定义材质。

➤ "涂层参数"卷展栏：用户可以通过该卷展栏为材质添加透明图层，并使透明图层位于所有其他明暗处理效果之上，如图 7-28 所示。

➤ "基本参数"卷展栏：该卷展栏中包含了物理材质的常规设置，如图 7-29 所示。

➤ "高级反射比参数"卷展栏：在"预设"卷展栏中设置材质模式为"高级"，即会出现该卷展栏，如图 7-30 所示。通过该卷展栏，用户可以选择是基于材质的 IOR 还是自定义曲线来驱动角度相关的反射比。

图 7-27

图 7-28

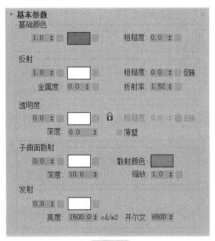

图 7-29

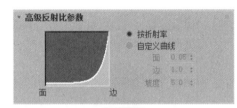

图 7-30

▶ "各向异性"卷展栏：该卷展栏可在指定的方向上拉伸高光和反射，以提供有颗粒的效果，如图 7-31 所示。

▶ "特殊贴图"卷展栏：通过该卷展栏，用户可以在创建物理材质时使用特殊贴图，如图 7-32 所示。

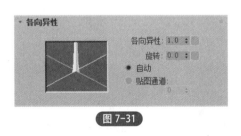

图 7-31

图 7-32

▶ "常规贴图"卷展栏：通过该卷展栏，用户可以在创建物理材质时使用贴图。

7.4 VRayMtl 材质

VRay 渲染器提供了一种特殊的材质——VRayMtl，VRayMtl 是 3ds Max 中应用最为广泛的材质类型，其功能非常强大，可以模拟超级真实的反射、折射及纹理效果，质感细腻真实，是其他材质难以达到的。

VRayMtl 的材质参数面板中包括"基本参数""双向反射分布函数""选项""贴图"4个卷展栏，本节将详细介绍主要卷展栏中参数的含义。

7.4.1 基本参数

"基本参数"卷展栏主要用于设置材质的基本属性，如漫反射、反射、折射、半透明、自发光等，如图 7-33 所示。

▶ 漫反射：物体的固有色，可以是某种颜色也可以是某张贴图，贴图优先。

▶ 粗糙度：数值越大，粗糙效果越明显，可以用来模拟绒布的效果。

▶ 反射：可以用颜色控制反射，也可以用贴图控制，但都基于黑灰白，黑色代表没有反射，白色代表完全反射，灰色代表不同程度的反射。如图 7-34 所示为不同反射程度的材质球。

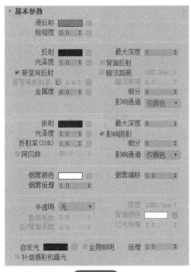
图 7-33

图 7-34

▶ 光泽度：物体高光和发射的亮度和模糊。值越高，高光越明显，反射越清晰。

▶ 菲涅耳反射：选择选项后可增强反射物体的细节变化。如图 7-35 所示为"菲涅耳反射"复选框勾选前后的材质效果。

▶ 菲涅耳反射率：当值为 0 时，菲涅耳效果失效；当值为 1 时，材质则完全失去反射属性。

▶ 金属度：控制材质的反射计算模型，从绝缘体到金属。

▶ 最大深度：就是反射次数，值为 1 时，反射 1 次；值为 2 时，反射 2 次，以此类推，反射次数越多，细节越丰富，但一般而言，5 次以内就足够了，大的物体需要丰富的细节，但小的物体细节再多也观察不到，只会增加计算量。

▶ 背面反射：勾选后可增加背面反射效果。

▶ 暗淡距离：该选项用来控制暗淡距离的数值。

▶ 细分：提高它的数值，能够有效降低反射时画面出现的噪点。

▶ 折射：可以由旁边的色条决定，黑色时不透明，白色时全透明；也可以由贴图决定，贴图优先。如图 7-36 所示为不同折射程度的材质球。

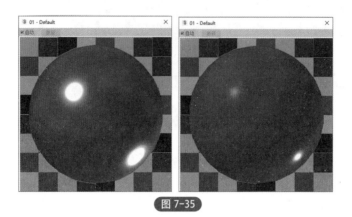

图 7-35

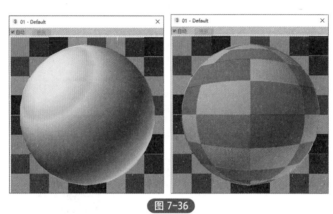

图 7-36

▶ 光泽度：控制折射表面光滑程度，值越高，表面越光滑；值越低，表面越粗糙。减低"光泽度"的值可以模拟磨砂玻璃效果。

▶ 折射率（IOR）：折射的程度。数值越大材质效果越色彩斑斓，常见的酒水折射率为 1.333，玻璃折射率为 1.5 ～ 1.77，钻石折射率为 2.417。如图 7-37 所示为不同折射率的材质球。

▶ 阿贝数：色散的程度。

▶ 最大深度：折射次数。

▶ 影响阴影：勾选后阴影会随着烟雾颜色而改变，使透明物体阴影更加真实。

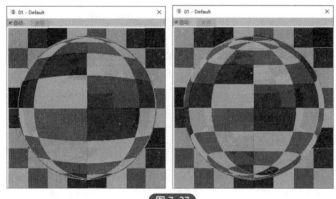

图 7-37

- 细分：控制折射的精细程度。
- 烟雾颜色：透明玻璃的颜色，非常敏感，改动一点就能产生很大变化。
- 烟雾倍增：控制"烟雾颜色"的强弱程度，值越低，颜色越浅。
- 烟雾偏移：用来控制雾化偏移程度，一般默认即可。
- 半透明：半透明效果的类型有 3 种，包括硬、软、混合模式。
- 散布系数：物体内部的散射总量。
- 正 / 背面系数：控制光线在物体内部的散射方向。
- 厚度：用于控制光线在物体内部被追踪的深度，也可以将其理解为光线的最大穿透能力。
- 背面颜色：用来控制半透明效果的颜色。
- 灯光倍增：设置光线穿透能力的倍增值。值越大，散射效果越强。
- 自发光：该选项控制自发光的颜色。
- 倍增：该选项控制自发光的强度。
- 补偿相机曝光：该选项用于增强相机曝光值。

7.4.2　双向反射分布函数

双向反射分布现象在物理世界中到处可见，比如我们看到不锈钢锅底的高光形状就是呈两个锥形的，这是因为不锈钢表面是一个有规律的均匀凹槽，也就是常见的拉丝效果，当光照射到这样的表面上就会产生双向反射分布现象，如图 7-38、图 7-39 所示。

图 7-38

图 7-39

"双向反射分布函数"卷展栏主要用于控制物体表面的反射特性。当反射里的颜色不为黑色和反射模糊不为 1 时，这个功能才有效果，其参数面板如图 7-40 所示。

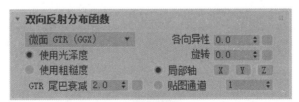

图 7-40

- 明暗器类型：提供了多面、反射、沃德和微面 GTR（GGX）4 种双向反射分布类型。

如图 7-41 ～图 7-44 所示为 4 种反射分布类型产生的材质效果。

图 7-41

图 7-42

图 7-43

▶ 各向异性：各向异性控制高光区域的形状。如图 7-45 所示为设置各向异性前后的材质效果。

▶ 旋转：控制高光形状的角度。

▶ UV 矢量源：控制高光形状的轴线，也可以通过贴图通道来设置。

图 7-44

图 7-45

7.4.3 选项

"选项"卷展栏如图 7-46 所示。

▶ 跟踪反射：控制光线是否最终反射。不勾选该项，VRay 将不渲染反射效果。

▶ 跟踪折射：控制光线是否追踪折射。不勾选该项，VRay 将不渲染折射效果。

▶ 双面：控制 VRay 渲染的面为双面。

▶ 背面反射：勾选该项时，强制 VRay 计算反射物体的背面反射效果。

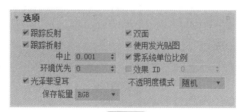
图 7-46

知识链接

由于其他部分的参数在做效果图的时候用得不多，这里就不多做介绍。如果读者有兴趣，可以参考官方的相关资料。

7.4.4 贴图

“贴图”卷展栏包含每个贴图类型的通道按钮，单击后会打开“材质 / 贴图浏览器”对话框，这里为用户提供了多种贴图类型，可以应用在不同的贴图方式，如图 7-47 所示。

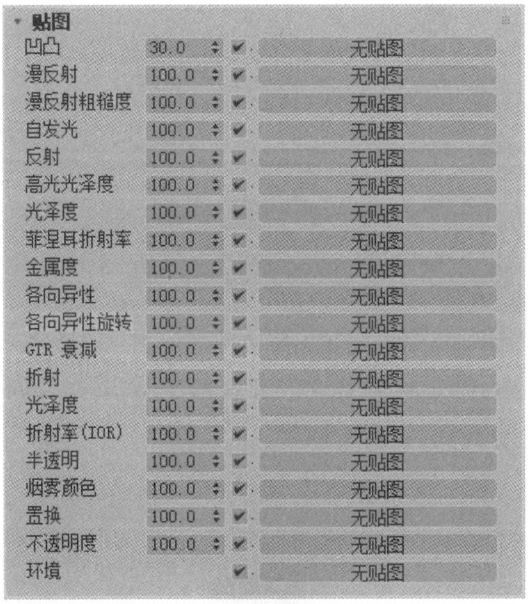

图 7-47

- 凹凸：主要用于制作物体的凹凸效果，在后面的通道中可以加载凹凸贴图。
- 置换：主要用于制作物体的置换效果，在后面的通道中可以加载置换贴图。

注意事项

凹凸贴图通道和置换贴图通道区别很大。

凹凸贴图通道是一种灰度图，用表面灰度的变化来描述目标表面的凹凸变化，这种贴图是黑白的。

置换贴图通道是根据贴图图案灰度分布情况对几何表面进行置换，较浅的颜色向内凹进，比较深的颜色向处突出，是一种真正改变物体表面的方式，细微的改变物体表面的细节。

- 不透明度：主要用于制作透明物体，如窗帘、灯罩等。
- 环境：主要针对上面的一些贴图而设定，如反射、折射等，只是在其贴图的效果上加入了环境贴图效果。

每个贴图通道后都有一个数值输入框，该数值有两个功能。

一是用于调整参数的强度，比如"凹凸"通道中加载了贴图，那么该参数值越大，产生的凹凸效果就越强烈。

另一个功能就是调整通道颜色和贴图的混合比例。比如"漫反射"通道中既调整了颜色又加载了贴图，如果此时数值为 100，就表示只有贴图产生作用；如果数值为 50，则两者各作用一半；如果数值为 0，则仅体现出颜色效果。

 上手实操：制作茶水材质

扫一扫 看视频

下面利用 VRayMtl 材质制作出玻璃材质和水材质，具体操作步骤介绍如下。

Step01：打开素材场景，如图 7-48 所示。

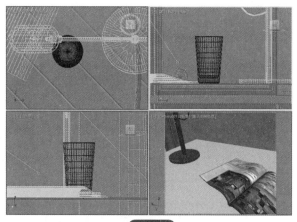

图 7-48

Step02：制作玻璃材质。按 M 键打开材质编辑器，选择一个空白材质球，设置材质类型为 VRayMtl，设置反射颜色、折射颜色以及烟雾颜色，再设置最大深度、细分、折射率、烟雾偏移及烟雾倍增值，如图 7-49 所示。

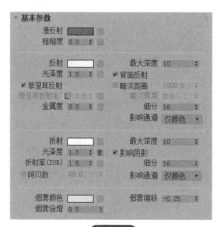

图 7-49

Step03：各个颜色的参数如图 7-50、图 7-51 所示。

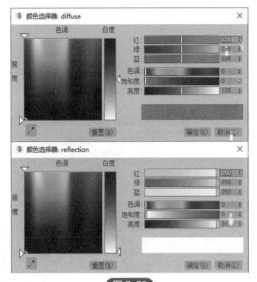

图 7-50

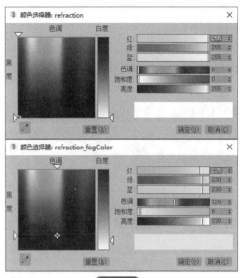

图 7-51

Step04：设置好的玻璃材质预览效果如图 7-52 所示。

Step05：制作水材质。再选择一个空白材质球，设置材质类型为 VRayMtl，设置漫反射颜色、反射颜色及折射颜色，折射颜色为白色，再设置最大深度、细分、折射率，勾选"影响阴影"复选框，如图 7-53 所示。

Step06：漫反射颜色和反射颜色的参数如图 7-54 所示。

Step07：设置好的材质预览效果如图 7-55 所示。

Step08：将创建好的材质分别指定给玻璃杯模型和水模型，渲染摄影机视口，最终效果如图 7-56 所示。

图 7-52

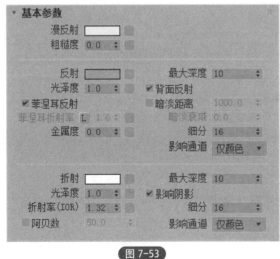

图 7-53

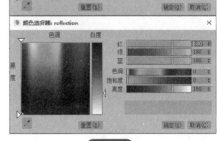

图 7-54

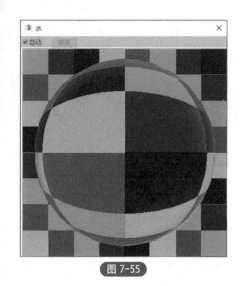

图 7-55

图 7-56

进阶案例：制作餐具材质

下面利用 VRayMtl 材质制作出白瓷及不锈钢材质，具体操作步骤介绍如下。

Step01：打开素材场景，如图 7-57 所示。

Step02：制作白瓷材质。按 M 键打开材质编辑器，选择一个空白材质球，设置材质类型为 VRayMtl，命名为"白瓷"，在"基本参数"卷展栏中设置漫反射颜色和反射颜色，反射颜色为白色，再设置反射光泽度和细分，如图 7-58 所示。

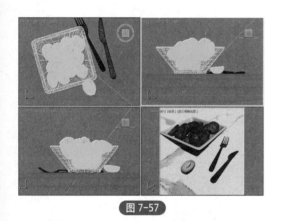

图 7-57

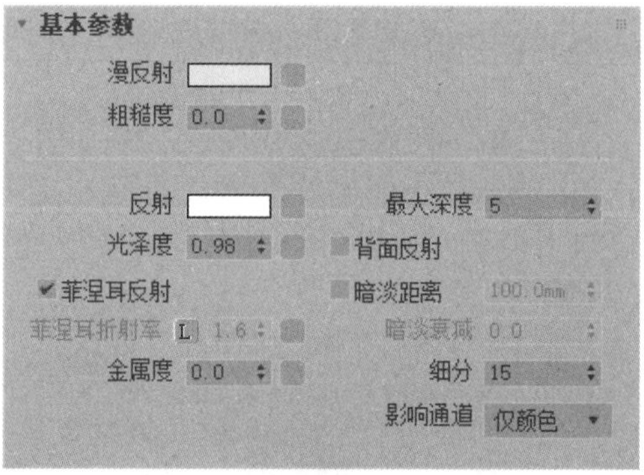

图 7-58

Step03：漫反射颜色的参数如图 7-59 所示。

Step04：材质球预览效果如图 7-60 所示。将该材质赋予碗碟模型。

Step05：制作不锈钢材质。选择一个空白材质球，设置材质类型为 VRayMtl，命名为"不锈钢"，在"基本参数"卷展栏中设置漫反射颜色和反射颜色，再设置反射光泽度、折射率等参数，如图 7-61 所示。

Step06：漫反射颜色和反射颜色的参数如图 7-62 所示。

Step07：材质球预览效果如图 7-63 所示。再将材质赋予刀叉模型。

Step08：渲染摄影机视口，最终效果如图 7-64 所示。

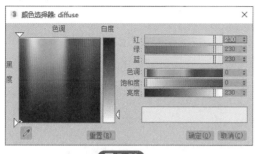

图 7-59

图 7-60

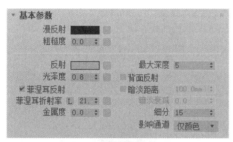

图 7-61

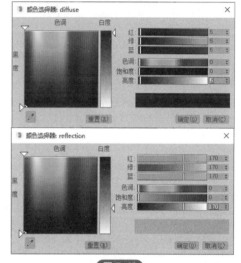

图 7-62

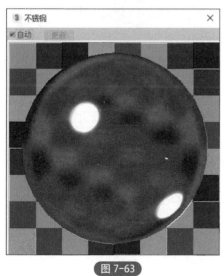

图 7-63

图 7-64

进阶案例：制作装饰品材质

扫一扫 看视频

下面利用"多维／子对象"材质结合 VRayMtl 材质为装饰品制作材质，具体操作步骤介绍如下。

Step01：打开素材场景，如图 7-65 所示。

Step02：选择装饰品模型，在修改面板中激活"元素"子层级，按住 Ctrl 键依次选择模型框架，如图 7-66 所示。

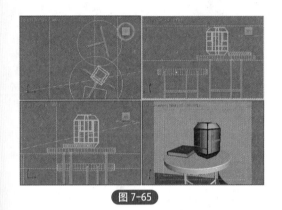

图 7-65

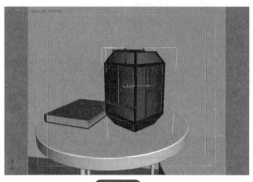

图 7-66

Step03：在"多边形：材质 ID"卷展栏中设置 ID 为 1，如图 7-67 所示。

Step04：再激活"多边形"子层级，分别选择多边形并设置 ID2 ～ 4，如图 7-68 所示。

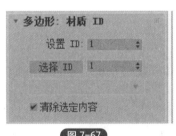

图 7-67

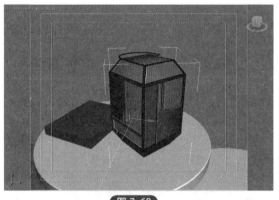

图 7-68

Step05：按 M 键打开材质编辑器，选择一个空白材质球，设置材质类型为"多维／子对象"，在弹出的"替换材质"对话框中选择"丢弃旧材质"，如图 7-69 所示。

Step06：进入该材质的基本参数面板，可以看到默认有 10 个子对象，如图 7-70 所示。

Step07：单击"设置数量"按钮，打开"设置材质数量"对话框，设置材质数量为 4，如图 7-71 所示。

Step08：单击"确定"按钮关闭对话框，即可重新设置子对象为 4 个，并设置 4 个子材质类型为 VRayMtl，如图 7-72 所示。

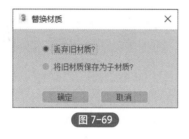

图 7-69

图 7-70

图 7-71

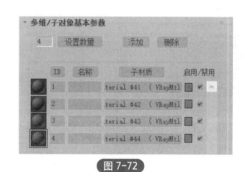

图 7-72

Step09：进入子材质 1 参数面板，设置漫反射颜色和反射颜色，再设置反射光泽度及细分值，如图 7-73 所示。

Step10：漫反射颜色和反射颜色参数如图 7-74 所示。

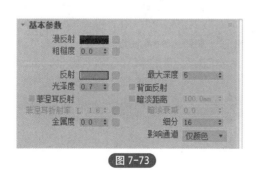

图 7-73

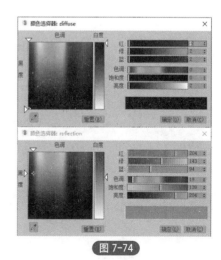

图 7-74

Step11：在"双向反射分布函数"卷展栏中设置"各向异性"值为 0.3，如图 7-75 所示。

Step12：设置好的材质球预览效果如图 7-76 所示。

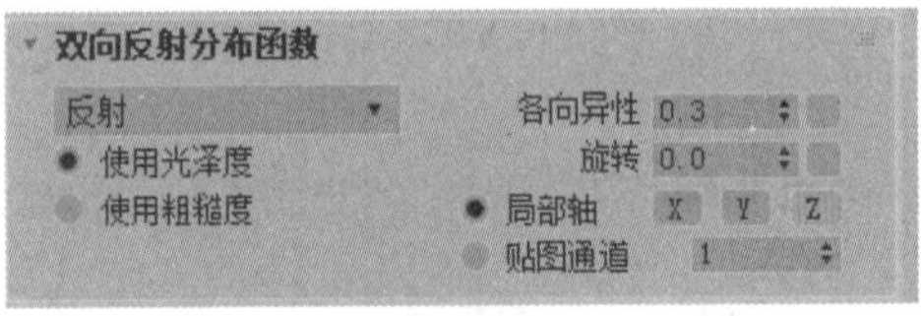

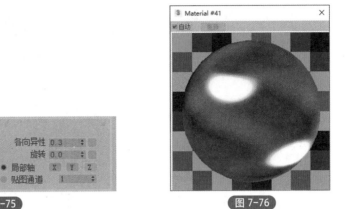

图 7-75

图 7-76

Step13：进入子材质 2 参数面板，仅设置漫反射颜色，如图 7-77 所示。

Step14：进入子材质 3 参数面板，同样设置漫反射颜色，如图 7-78 所示。

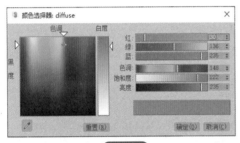

图 7-77

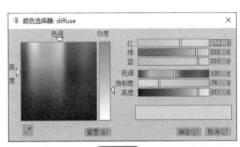

图 7-78

Step15：进入子材质 4 参数面板，设置漫反射颜色、反射颜色、折射颜色，其中漫反射颜色为白色，然后再设置光泽度、折射率及细分值，如图 7-79 所示。

Step16：反射颜色及折射颜色参数如图 7-80 所示。

图 7-79

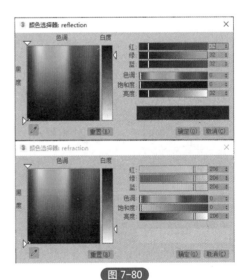

图 7-80

Step17：设置好的材质球预览效果如图 7-81 所示。

Step18：材质设置完毕后，直接将其赋予装饰品模型，如图 7-82 所示。

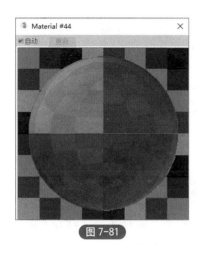

图 7-81

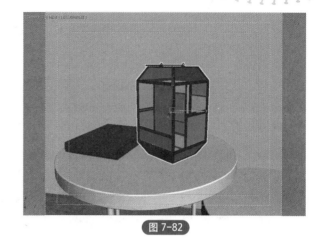

图 7-82

Step19：渲染摄影机视口，最终材质效果如图 7-83 所示。

图 7-83

7.5 其他 VRay 材质

除了 VRayMtl 材质外，还有几种比较常用的 VRay 材质类型，如 VRay 灯光材质、VRay 覆盖材质、VRay 材质包裹器材质、VRay 车漆材质等。

7.5.1 VRay 灯光材质

VRay 灯光材质是 VRay 渲染器提供的一种特殊材质，可以通过设置不同的倍增值在场景中产生不同的明暗效果，并且对场景中的物体也产生影响，常用来制作灯带、霓虹灯、屏幕等效果，如图 7-84、图 7-85 所示。

> **知识链接** ⊘
>
> 通常会使用 VRay 灯光材质来制作室内的灯带效果，这样可以避免场景中出现过多的 VRay 灯光，从而提高渲染的速度。

图 7-84

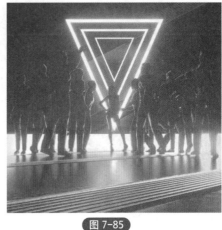

图 7-85

VRay 灯光材质在渲染的时候要比 3ds Max 默认的自发光材质快很多,其参数面板如图 7-86 所示。

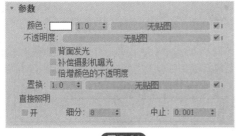

图 7-86

➤ 颜色:主要用于设置自发光材质的颜色,默认为白色。可单击色样打开颜色选择器,以选择所需的颜色。不同的灯光颜色对周围对象表面的颜色会有不同的影响。

➤ 倍增:控制自发光的强度。值越大,灯光越亮,反之则越暗。默认值为 1.0。

➤ 不透明度:可以给自发光的不透明度指定材质贴图,让材质产生自发光的光源。

➤ 背面发光:设置自发光材质是否两面都产生自发光。

➤ 补偿摄影机曝光:控制相机曝光补偿的数值。

➤ 倍增颜色的不透明度:勾选该选项后,将按照控制不透明度与颜色相乘。

7.5.2　VRay 覆盖材质

VRay 覆盖材质可以让用户更广泛地去控制场景的色彩融合、反射、折射等。VRay 覆盖材质主要包括 5 种材质通道,分别是"基本材质""全局照明材质""反射材质""折射材质"和"阴影材质",其参数面板如图 7-87 所示。

➤ 基本材质:物体的基础材质。

➤ 全局照明材质:物体的全局光材质,当使用这个参数的时候,灯光的反弹将依照这个材质的灰度来进行控制,而不是基础材质。

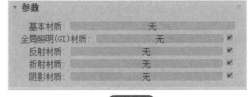

图 7-87

➤ 反射材质:物体的反射材质,即在反射里看到的物体的材质。

➤ 折射材质:物体的折射材质,即在折射里看到的物体的材质。

➤ 阴影材质:基本材质的阴影将用该参数中的材质来进行控制,而基本材质的阴影将无效。

7.5.3　VRay 材质包裹器材质

VRay 材质包裹器材质主要用于控制材质的全局光照、焦散和不可见,也就是说,通过

VRay 材质包裹器可以将标准材质转换为 VRay 渲染器支持的材质类型。当一个材质在场景中过亮或者色溢太多，就可以嵌套这个材质。其参数面板如 7-88 图所示。

▶ 基本材质：用来设置 VRay 材质包裹器中使用的基础材质，该材质必须是 VRay 渲染器支持的材质类型。

▶ 生成全局照明：控制使用此材质的物体产生的照明强度。

▶ 接收全局照明：控制使用此材质的物体接收的照明强度。

▶ 生成焦散：去掉该项材质才会产生焦散效果。

▶ 接收焦散：去掉该项材质将接收焦散的效果。

▶ 无光属性：勾选此选项后，在进行直接观察的时候，将显示背景而不会显示基本材质，这样材质看上去类似 3ds Max 标准的不光滑材质。

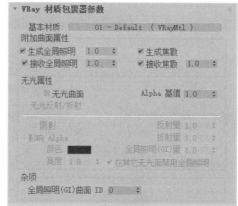

图 7-88

▶ 阴影：用于控制遮罩物体是否接收直接光照产生的阴影效果。

▶ 影响 Alpha：设置直接光照是否影响遮罩物体的 Alpha 通道。

▶ 颜色：用于控制被包裹材质的物体接收的阴影颜色。

▶ 亮度：用于控制遮罩物体接收阴影的强度。

▶ 反射量 / 折射量：用于控制遮罩物体的反射程度 / 折射程度。

▶ 全局照明量：用于控制遮罩物体接收间接照明的程度。

▶ 杂项：用来设置全局照明曲面 ID 的参数。

7.5.4　VRay 车漆材质

VRay 车漆材质通常用来模拟汽车漆的材质效果，其材质包括 3 层，分别为基础层、雪花层、镀膜层，可以模拟出真实的车漆层次效果，如图 7-89、图 7-90 所示。

图 7-89

图 7-90

其参数面板包括"基础层参数"卷展栏、"雪花层参数"卷展栏、"镀膜层参数"卷展栏、"选项"卷展栏和"贴图"卷展栏，如图 7-91 所示。

- 基础颜色：控制基础层的漫反射颜色。
- 基础反射：控制基础层的反射率。
- 基础光泽度：基础层的反射光泽度。
- 基础跟踪反射：当关闭时，基础层仅产生镜面高光，而没有反射光泽度。
- 雪花颜色：金属雪花的颜色。
- 雪花光泽度：金属雪花的光泽度。

图 7-91

- 雪花方向：控制雪花与建模表面法线的相对方向。
- 雪花密度：固定区域中的密度。
- 雪花比例：雪花结构的整体比例。
- 雪花大小：控制雪花的颗粒大小。
- 雪花种子：产生雪花的随机种子数量，使得雪花结构产生不同的随机分布。
- 雪花过滤：决定以何种方式对雪花进行过滤。
- 雪花贴图大小：指定雪花贴图的大小。
- 雪花贴图类型：指定雪花贴图的方式。
- 雪花贴图通道：当贴图类型是精确 UVW 通道时，薄片贴图所使用的贴图通道。
- 雪花跟踪反射：当关闭时，基础层仅产生镜面高光，而没有真实的反射。
- 镀膜颜色：镀膜层的颜色。
- 镀膜强度：直视建模表面时，镀膜层的反射率。
- 镀膜光泽度：镀膜层的光泽度。
- 镀膜跟踪反射：当关闭时，基础层仅产生镜面高光，而没有真实的反射。
- 跟踪反射：不选中时，来自各个不同层的漫反射将不进行光线跟踪。
- 双面：选中时，材质是双面的。
- 细分：决定各个不同层镜面反射的采样数。

▶ 中止阈值：各个不同层计算反射时的中止极限值。

▶ 环境优先级：指定该材质的环境覆盖贴图的优先权。

7.5.5 VRay 混合材质

VRay 混合材质可以将多种材质进行叠加，从而实现一种混合材质的效果，用法与虫漆材质、混合材质类似。其参数面板如图 7-92 所示。

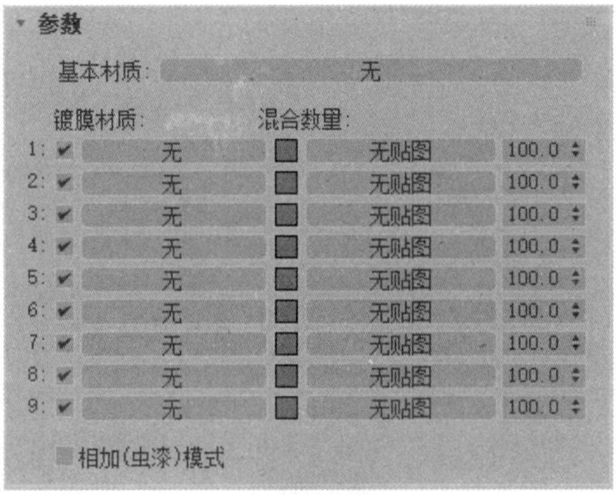

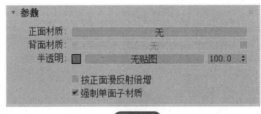

图 7-92

▶ 基本材质：最基层的材质。

▶ 镀膜材质：基层材质上面的材质。

▶ 混合数量：设置两种以上材质的混合度。当颜色为黑色，会完全显示挤出材质的漫反射颜色；当颜色为白色时，会完全显示镀膜材质的漫反射颜色。用户也可以利用贴图通道来控制。

▶ 相加（虫漆）模式：勾选后与虫漆材质类似。一般不勾选。

7.5.6 VRay2SidedMtl 材质

VRay2SidedMtl 材质是一种比较特殊的材质，能够使物体法线背面受到光照，可以用于模拟纸、窗帘、树叶等双面材质效果。该材质属于复合材质类型，不能单独使用，必须指定子材质，其参数面板如图 7-93 所示。

图 7-93

▶ 正面材质：可以在该通道上添加正面材质。

▶ 背面材质：可以在该通道上添加背景材质。

▶ 半透明：可以在该通道上添加半透明贴图。

▶ 强制单面子材质：勾选该选项可以控制强制单面的子材质效果。

上手实操：纠正场景溢色

下面利用 VRay 材质包裹器材质改善材质溢色的情况，具体操作步骤介绍如下。

Step01：打开素材场景，如图 7-94 所示。

Step02：渲染摄影机视口，从渲染效果中可以看到，绿植材质产生了溢色，影响到白墙，如图 7-95 所示。

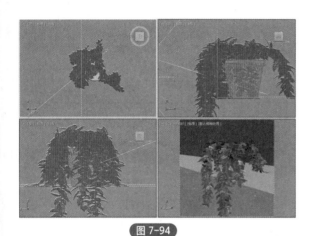

图 7-94

图 7-95

Step03：按 M 键打开材质编辑器，选择绿植材质球，然后单击打开"材质／贴图浏览器"对话框，从中选择"VRay 材质包裹器"材质，再单击"确定"按钮，如图 7-96 所示。

Step04：此时系统会弹出"替换材质"对话框，这里选择"将旧材质保存为子材质"选项，然后单击"确定"按钮，为原材质添加包裹器，如图 7-97 所示。

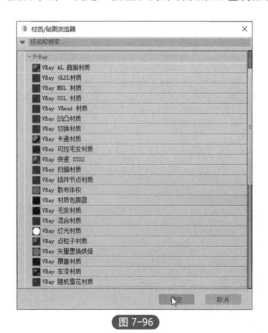

图 7-96

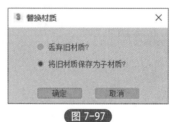

图 7-97

Step05：在新的参数面板中设置"生成全局照明"参数为 0.5，如图 7-98 所示。

Step06：再次渲染摄影机视口，最终效果如图 7-99 所示。

图 7-98

图 7-99

扫一扫 看视频

👑 进阶案例：制作戒指材质

下面利用 VRayMtl 材质和 VRay 混合材质制作戒指材质，包括铂金材质和钻石材质，具体操作步骤介绍如下。

Step01：打开素材场景，如图 7-100 所示。

Step02：按 M 键打开材质编辑器，选择一个空白材质球，设置材质类型为 VRayMtl，在 "基本参数" 卷展栏中设置漫反射颜色和反射颜色，再设置反射光泽度与细分，如图 7-101 所示。

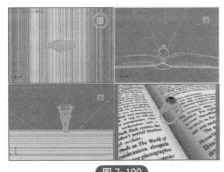

图 7-100

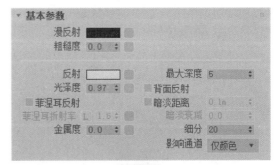

图 7-101

Step03：漫反射颜色和反射颜色的参数如图 7-102 所示。

Step04：制作好的材质预览效果如图 7-103 所示。

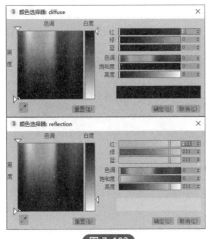

图 7-102

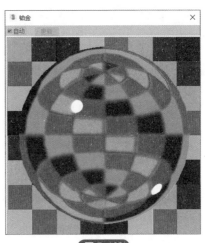

图 7-103

Step05：再选择一个空白材质球，设置材质类型为 VRay 混合材质，并在"替换材质"对话框中选择"丢弃旧材质"选项，如图 7-104 所示。

Step06：在"参数"卷展栏中设置镀膜材质1的材质类型为VRayMtl，进入"基本参数"卷展栏，设置漫反射颜色、反射颜色及折射颜色，再设置细分、折射率、最大深度等参数，如图 7-105 所示。

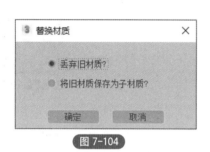

图 7-104

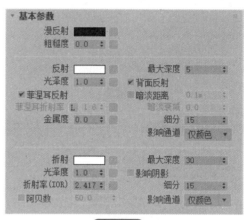

图 7-105

Step07：返回上一级，复制镀膜材质 1 到 2 和 3，并分别设置 3 个镀膜材质的混合颜色，如图 7-106、图 7-107 所示。

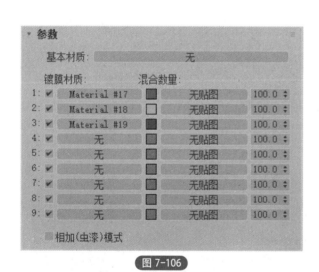

图 7-106

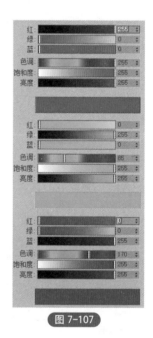

图 7-107

Step08：再分别设置镀膜材质 2 和镀膜材质 3 的折射率为 2.447 和 2.477，其余参数不变，如图 7-108、图 7-109 所示。

Step09：设置好的钻石材质预览效果如图 7-110 所示。

Step10：将制作好的材质分别指定给指环和钻石模型，渲染摄影机视口，效果如图 7-111 所示。

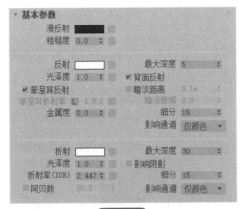

图 7-108

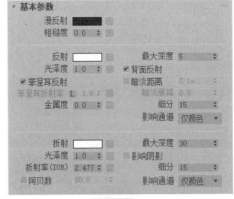

图 7-109

图 7-110

图 7-111

👑 进阶案例：制作浴室镜材质

下面利用 VRay 材质为场景中的浴室镜创建黑漆、镜子、自发光材质，具体操作步骤介绍如下。

Step01：打开素材场景，如图 7-112 所示。

Step02：制作黑漆材质。按 M 键打开材质编辑器，选择一个空白材质球，设置材质类型为 VRayMtl，命名为"黑漆"，在"基本参数"卷展栏中设置漫反射颜色、反射颜色，并设置反射光泽度及细分，如图 7-113 所示。

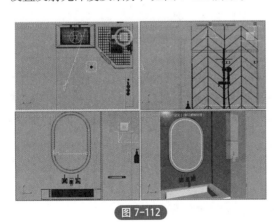

图 7-112

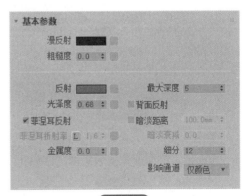

图 7-113

Step03：漫反射颜色和反射颜色的参数如图 7-114 所示。

Step04：材质球预览效果如图 7-115 所示。

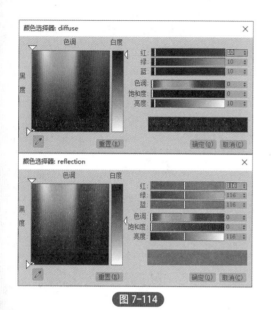

图 7-114

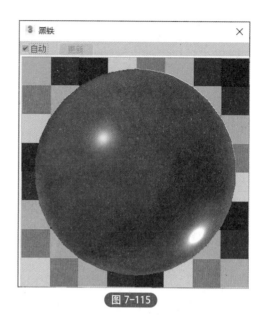

图 7-115

　　Step05：制作镜子材质。选择一个空白材质球，设置材质类型为 VRayMtl，命名为"镜子"，在"基本参数"卷展栏中设置漫反射颜色、反射颜色，并设置反射细分，如图 7-116 所示。

　　Step06：漫反射颜色和反射颜色的参数如图 7-117 所示。

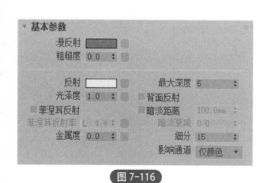

图 7-116

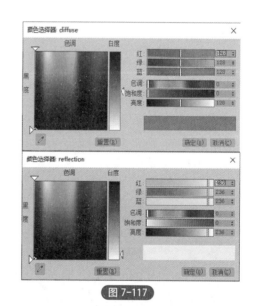

图 7-117

　　Step07：材质球预览效果如图 7-118 所示。

　　Step08：制作自发光材质。选择一个空白材质球，设置材质类型为 VRay 灯光材质，命名为"自发光"，在参数面板设置灯光颜色及强度，如图 7-119 所示。

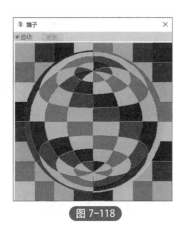

图 7-118

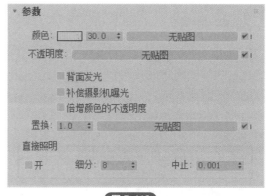

图 7-119

Step09：灯光颜色参数如图 7-120 所示。

Step10：材质球预览效果如图 7-121 所示。

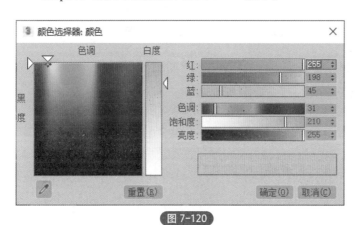

图 7-120

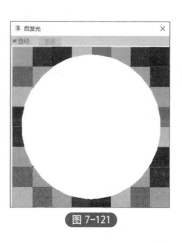

图 7-121

Step11：将制作好的材质分别指定给镜子的边框、镜面以及灯带处，然后渲染摄影机视口，最终效果如图 7-122 所示。

图 7-122

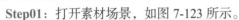 **综合实战：制作玻璃茶几材质**

扫一扫 看视频

下面利用本章所学的混合材质和 VRayMtl 材质知识制作玻璃、金属和水材质，具体操作步骤介绍如下。

Step01：打开素材场景，如图 7-123 所示。

Step02：制作茶几玻璃材质。按 M 键打开材质编辑器，选择一个空白材质球，设置为 VRayMtl 材质，在"基本参数"卷展栏设置漫反射颜色、反射颜色、折射颜色以及烟雾颜色，再设置最大深度、细分值等参数，如图 7-124 所示。

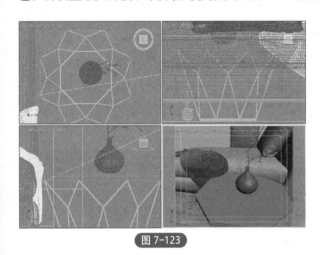

图 7-123

图 7-124

Step03：漫反射颜色、反射颜色、折射颜色以及烟雾颜色的参数如图 7-125、图 7-126 所示。

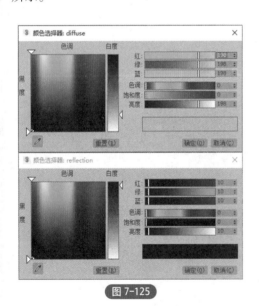

图 7-125

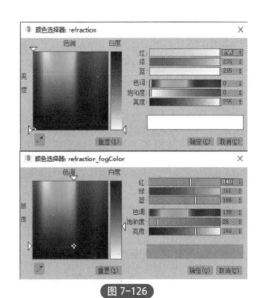

图 7-126

Step04：制作好的茶几玻璃材质预览效果如图 7-127 所示。

Step05：制作金属材质。选择一个空白材质球，设置为 VRayMtl 材质，在"基本参数"卷展栏中设置漫反射颜色和反射颜色，再设置反射光泽度与细分，如图 7-128 所示。

图 7-127

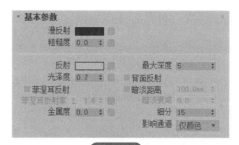

图 7-128

Step06：漫反射颜色与反射颜色的参数如图 7-129 所示。

Step07：在"双向反射分布函数"卷展栏设置"各向异性"为 0.5，如图 7-130 所示。

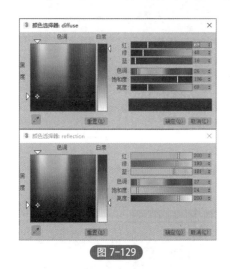

图 7-129

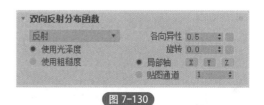

图 7-130

Step08：制作好的金属材质预览效果如图 7-131 所示。将材质分别指定给茶几玻璃和框架模型。

Step09：制作花瓶玻璃。再选择一个空白材质球，设置为 VRay 混合材质，设置基本材质类型和镀膜材质类型都为 VRayMtl，并勾选"相加（虫漆）模式"复选框，如图 7-132 所示。

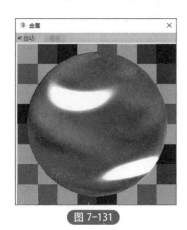

图 7-131

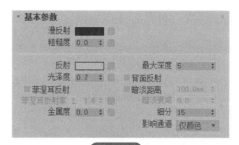

图 7-132

第 7 章　材质技术　　213

Step10：进入基本材质参数面板，设置漫反射颜色、反射颜色、折射颜色和烟雾颜色，其中反射颜色和折射颜色为白色，并设置反射参数、折射参数以及烟雾参数，如图 7-133 所示。

Step11：漫反射颜色和烟雾颜色的参数如图 7-134 所示。

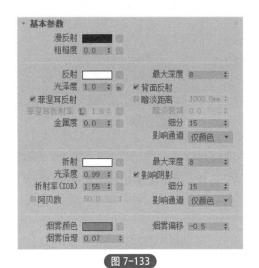

图 7-133

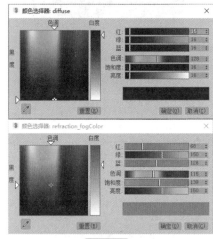

图 7-134

Step12：返回上一层级，打开镀膜材质参数面板，设置漫反射颜色和反射颜色，并设置反射光泽度及细分，如图 7-135 所示。

Step13：漫反射颜色和反射颜色参数如图 7-136 所示。

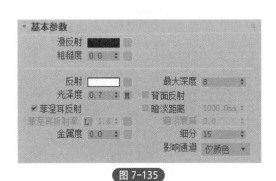

图 7-135

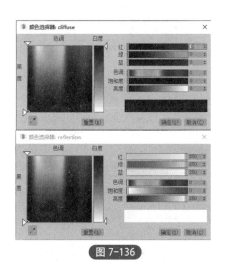

图 7-136

Step14：制作好的花瓶玻璃材质球预览效果如图 7-137 所示。

Step15：制作水材质。最后选择一个空白材质球，设置材质类型为 VRayMtl 材质，在"基本参数"卷展栏中设置漫反射颜色为黑色，反射颜色和折射颜色为白色，再设置反射细分和折射光泽度等参数，如图 7-138 所示。

Step16：制作好的水材质预览效果如图 7-139 所示。

Step17：将制作好的玻璃材质与水材质分别指定给模型对象，渲染摄影机视口，最终效果如图 7-140 所示。

图 7-137

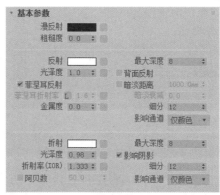

图 7-138

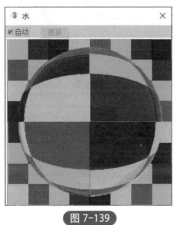

图 7-139

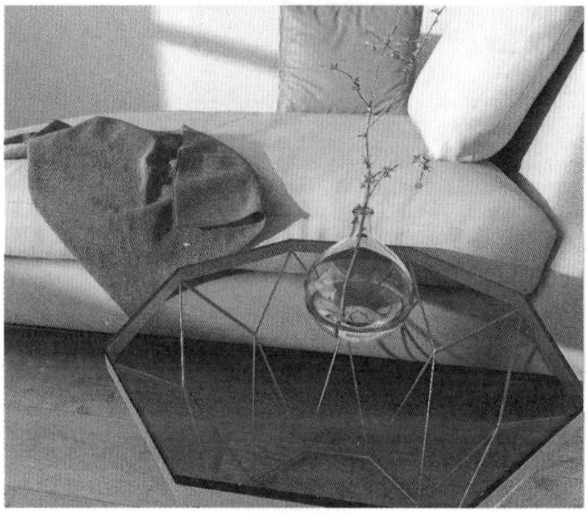

图 7-140

✏️ 课后作业

通过本章内容的学习，读者应该对所学知识有了一定的掌握，章末安排了课后作业，用于巩固和练习。

习题 1

利用 VRayMtl 材质制作果汁、玻璃、冰等材质，如图 7-141、图 7-142 所示。

图 7-141

图 7-142

操作提示：

Step01： 打开材质编辑器，选择一个空白材质球，设置材质类型为 VRayMtl。

Step02： 设置漫反射颜色、反射颜色、折射颜色和烟雾颜色，再设置其他参数，主要注意冰的折射率。制作玻璃和果汁材质时也要注意折射率。

习题 2

利用所学知识制作出光影变化动画，如图 7-143、图 7-144 所示。

图 7-143

图 7-144

操作提示：

Step01： 打开材质编辑器，选择一个空白材质球，设置材质类型为 VRayMtl。

Step02： 设置漫反射颜色和反射颜色，再设置反射光泽度和细分值。

第8章
贴图技术

内容导读：

　　贴图主要用于表现物体材质表面的纹理，可以不用增加模型的复杂程度就可以表现出对象的细节质感，并且可以创建出反射、折射、凹凸和镂空等多种效果。3ds Max 和 VRay 插件为用户提供了大量的贴图，通过这些贴图可以增强模型的质感，完善场景效果，使三维场景更加接近真实环境。

　　本章主要介绍贴图的含义、常用标准贴图以及常用 VRay 贴图的设置和应用，通过本章的学习，可以进一步掌握贴图材质的创建与设置。

学习目标：

- 了解贴图的含义
- 掌握常用标准贴图的设置和应用
- 掌握常用 VRay 贴图的设置和应用

8.1 认识贴图

贴图是一种将图片信息投影到曲面的方法，在 3ds Max 中是指在贴图通道中添加位图或程序贴图，从而使得材质产生更多细节变化，比如花纹、凹凸、衰减等效果，如图 8-1、图 8-2 所示。

图 8-1

图 8-2

贴图不是材质，这二者是有区别的。简单来说，先有了材质才能有贴图，也就是说贴图是依附于材质表面而存在的。例如带有花纹的玻璃，首先它是玻璃属性，其次它带有花纹，而玻璃属性才是最重要的。

8.2 常用标准贴图类型

使用 VRay 材质，可以应用不同的纹理贴图，控制其反射和折射，增加凹凸贴图和朱鹮贴图，强制直接进行全局照明计算，从而获得逼真的渲染效果。在材质编辑器中打开"贴图"卷展栏，就可以在任意通道中添加贴图来表现物体的属性，如图 8-3 所示。在打开的材质/贴图浏览器中用户可以看到有很多的贴图类型，如图 8-4 所示。

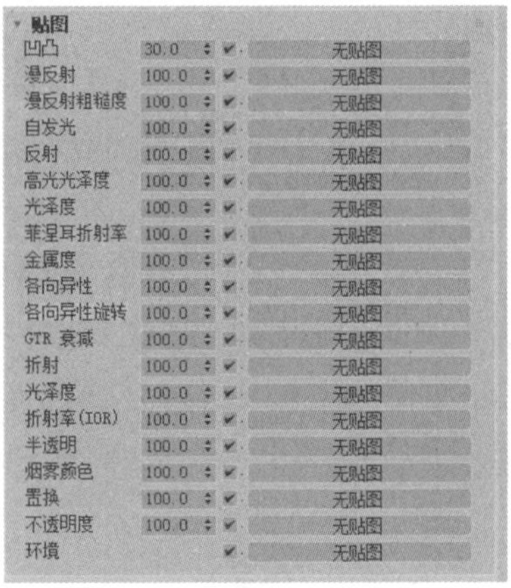

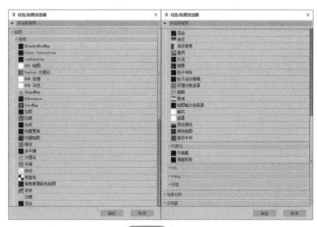

图 8-3

图 8-4

8.2.1　位图贴图

位图贴图会使用一张位图图像作为贴图，是所有贴图类型中最常用的贴图，可以用来创建多种材质。如图 8-5、图 8-6 所示为生活中常见的贴图效果。

位图贴图支持很多种格式，包括 FLC、AVI、BMP、IFL、JPEG、QuickTime、Movie、PNG、PSD、RLA、TGA、TIFF 等。

图 8-5

图 8-6

在位图贴图的参数面板中，用户可以直接设置纹理的显示方式以及输出效果，较为常用的参数面板如图 8-7 所示。

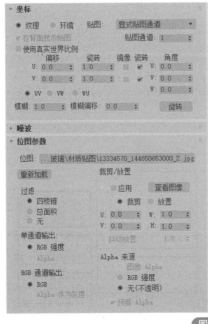
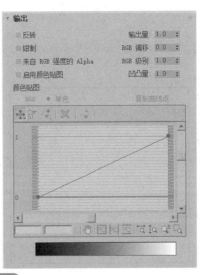

图 8-7

- 偏移：用来控制贴图的偏移效果。
- 大小：用来控制贴图平铺重复的程度。
- 角度：用来控制贴图的角度旋转效果。
- 模糊：用来控制贴图的模糊程度，数值越大贴图越模糊，渲染速度越快。

位图：用于选择位图贴图，通过标准文件浏览器选择位图，选中之后，该按钮上会显示位图的路径名称。

重新加载：对使用相同名称和路径的位图文件进行重新加载。在绘图程序中更新位图后，无须使用文件浏览器重新加载该位图。

四棱锥：四棱锥过滤方法，在计算的时候占用较少的内存，运用最为普遍。

总面积：总面积过滤方法，在计算的时候占用较多的内存，但能产生比四棱锥过滤方法更好的效果。

RGB 强度：使用贴图的红、绿、蓝通道强度。

Alpha：使用贴图 Alpha 通道的强度。

应用：启用该选项可以应用裁剪或减小尺寸的位图。

裁剪 / 放置：控制贴图的应用区域。

> **知识链接** ⊘
>
> "过滤"选项组用来选择抗锯齿位图中平均使用的像素方法。"Alpha 来源"选项组中的参数用于根据输入的位图确定输出 Alpha 通道的来源。

8.2.2 凹痕贴图

凹痕贴图可以模拟物体表面凹陷的划痕效果，一般模拟破旧的材质，如图 8-8、图 8-9 所示为使用凹痕贴图制作的效果。

图 8-8

图 8-9

用户可以通过参数面板设置凹痕大小、强度、颜色等，其参数面板如图 8-10 所示。

图 8-10

- 大小：设置凹痕的相对大小。
- 强度：决定两种颜色的相对覆盖范围。值越大，颜色 #2 的覆盖范围越大；而值越小，颜色 #1 的覆盖范围越大。
- 迭代次数：设置用来创建凹痕的计算次数。
- 交换：反转颜色或贴图的位置。
- 颜色：在相应的颜色组件中允许选择两种颜色。
- 贴图：在凹痕图案中用贴图替换颜色。使用复选框可启用或禁用相关贴图。

8.2.3　噪波贴图

噪波贴图可以通过两种颜色的随机混合，产生随机的噪波波纹纹理，是使用比较频繁的一种贴图，常用于无序贴图效果的制作，如水波纹、草地、墙面、毛巾等，如图 8-11 所示。用户可以通过参数面板设置波纹类型、强度、大小等效果，其参数面板如图 8-12 所示。

> **知识链接**
>
> "分形"类型使用分形算法来计算噪波效果。当选择了分形类型后，级别参数用来控制噪波的迭代次数。

图 8-11

图 8-12

- 噪波类型：共有三种类型，分别是规则、分形和湍流。
- 大小：以 3ds Max 为单位设置噪波函数的比例。
- 噪波阈值：控制噪波的效果。
- 级别：决定有多少分形能量用于分形和湍流噪波阈值。
- 相位：控制噪波函数的动画速度。
- 交换：交换两个颜色或贴图的位置。
- 颜色 #1/ 颜色 #2：从这两个主要噪波颜色中选择，通过所选的两种颜色来生成中间颜色值。

> **知识链接**
>
> 该贴图常与"凹凸"贴图配合使用，会产生对象表面的凹凸效果，还可以与复合材质一起制作出对象表面的灰尘。

8.2.4　平铺贴图

平铺贴图可以使用颜色或材质贴图创建瓷砖或其他平铺材质。制作时可以使用预置的建筑砖墙图案，也可以自定义图案，如图8-13所示，其参数面板如图8-14所示。

图 8-13

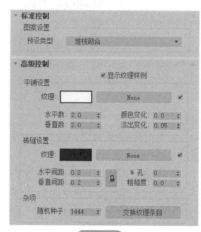

图 8-14

▶ 预设类型：列出定义的建筑瓷砖砌合、图案、自定义图案，这样可以通过选择"高级控制"和"堆垛布局"卷展栏中的选项来设计自定义的图案。

知识链接

只有在"标准控制"卷展栏 > 图案设置 > 预设类型中选择"自定义平铺"选项时，"堆垛布局"组才处于激活状态。

▶ 显示纹理样例：更新并显示贴图指定给瓷砖或砖缝的纹理。
▶ 纹理：控制用于瓷砖的当前纹理贴图的显示。
▶ 水平 / 垂直数：控制行 / 列的瓷砖数。
▶ 颜色变化：控制瓷砖的颜色变化。
▶ 淡出变化：控制瓷砖的淡出变化。
▶ 纹理：控制砖缝的当前纹理贴图的显示。
▶ 水平 / 垂直间距：控制瓷砖间的水平 / 垂直砖缝的大小。
▶ 粗糙度：控制砖缝边缘的粗糙度。

知识链接

默认状态下贴图的水平间距和垂直间距是锁定在一起的，用户可以根据需要解开锁定来单独对它们进行设置。

8.2.5 棋盘格贴图

棋盘格贴图类似国际象棋的棋盘，可以产生两色方格交错的图案，也可以自定义其他颜色或贴图。通过棋盘格贴图间的嵌套，可以产生多彩的方格图案效果，常用于制作一些格状纹理或者砖墙、地板砖和瓷砖等有序的纹理，如图8-15所示。通过棋盘格贴图的噪波参数，可以在原有的棋盘图案上创建不规则的干扰效果，其参数面板如图8-16所示。

▶ 柔化：模糊方格之间的边缘，很小的柔化值就能生成很明显的模糊效果。

- 交换：单击该按钮可交换方格的颜色。
- 颜色：用于设置方格的颜色，允许使用贴图代替颜色。
- 贴图：选择要在棋盘格颜色区内使用的贴图。

图 8-15

图 8-16

8.2.6　渐变贴图

渐变贴图可以产生 3 色或 3 个贴图的渐变过渡效果，可扩展性非常强，有线性渐变和放射渐变两种类型，3 个色彩可以随意调节，相互区域比例的大小也可调节，通过贴图可以产生无限级别的渐变和图像嵌套效果，如图 8-17 所示。贴图自身还有噪波参数可调，用于控制相互区域之间融合时产生的杂乱效果，其参数面板如图 8-18 所示。

图 8-17

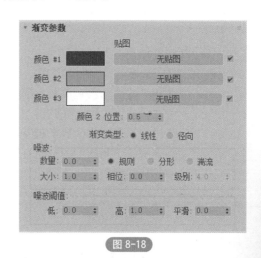

图 8-18

- 颜色 #1 ~ 3：设置渐变在中间进行插值的三个颜色。显示颜色选择器，可以将颜色从一个色样拖放到另一个色样中。
- 贴图：显示贴图而不是颜色。贴图采用混合渐变颜色相同的方式来混合到渐变中。可以在每个窗口中添加嵌套程序以生成 5 色、7 色、9 色渐变或更多的渐变。
- 颜色 2 位置：控制中间颜色的中心点。
- 渐变类型：线性基于垂直位置插补颜色。

知识链接 ⊘

将一个色样拖动到另一个色样上可以交换颜色，单击"复制或交换颜色"对话框
中的"交换"按钮完成操作。若需要反转渐变的总体方向，则可交换第一种和第三种
颜色。

8.2.7　渐变坡度贴图

这是一种与渐变贴图相似的贴图，二者都可以产生颜色间的渐变效果，但渐变色坡度贴
图可以指定任意数量的颜色或贴图，制作出更为多样化的渐变效果，如图 8-19 所示。其参数
面板如图 8-20 所示。

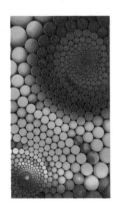 

图 8-19

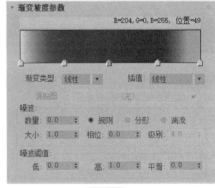

图 8-20

- ▶ 渐变栏：展示正被创建的渐变的可编辑表示。
- ▶ 渐变类型：选择渐变的类型。
- ▶ 插值：选择插值的类型。
- ▶ 数量：基于渐变坡度颜色的交互，将随机噪波应用于渐变。
- ▶ 规则：生成普通噪波。基本上与禁用级别的分形噪波相同。
- ▶ 分形：使用分形算法生成噪波。
- ▶ 湍流：生成应用绝对值函数来制作故障线条的分形噪波。
- ▶ 大小：设置噪波功能的比例。此值越小，噪波碎片也就越小。
- ▶ 相位：控制噪波函数的动画速度。
- ▶ 级别：设置湍流的分形迭代次数。
- ▶ 高 / 低：设置高 / 低阈值。
- ▶ 平滑：用以生成从阈值到噪波值较为平滑的变换。

8.2.8　烟雾贴图

烟雾贴图可以创建随机的、形状不规则的图案，类似于烟雾的效果，常用于制作光线中
的烟雾或其他云状流动的效果，如图 8-21、图 8-22 所示。

该贴图可以使用两种不同的颜色来控制材质效果，也可以加载贴图，其参数面板如
图 8-23 所示。

图 8-21

图 8-22

图 8-23

> 大小：更改烟雾团的比例。

> 迭代次数：用于控制烟雾的质量，参数越高烟雾效果就越精细。

> 相位：转移烟雾图案中的湍流。

> 指数：使代表烟雾的颜色 #2 更加清晰、缭绕。

> 交换：交换颜色。

> 颜色 #1：表示效果的无烟雾部分。

> 颜色 #2：表示烟雾。

─── 知识链接 ⊘

　　烟雾贴图一般用于设置动画的不透明贴图，以模拟一束光线中的烟雾效果或其他云状流动贴图效果。

8.2.9　细胞贴图

　　细胞贴图可以模拟类似细胞形状的贴图，如皮革纹理、鹅卵石、细胞壁等，还可以模拟出海洋的效果，如图 8-24、图 8-25 所示。

图 8-24

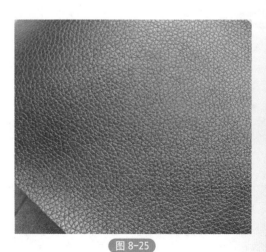

图 8-25

在调节时要注意示例窗中的效果不很清晰，最好指定给物体后再进行渲染调节，其参数面板如图 8-26 所示。

▸ 细胞颜色：该选项组中的参数主要用来设置细胞的颜色。

▸ 颜色：为细胞选择一种颜色。

▸ 变化：通过随机改变红、绿、蓝颜色值来更改细胞的颜色。

▸ 分界颜色：设置细胞的分界颜色。

▸ 细胞特征：该选项组中的参数主要用来设置细胞的一些特征属性。

▸ 圆形 / 碎片：用于选择细胞边缘的外观轮廓。

▸ 大小：更改贴图的总体尺寸。

▸ 扩散：更改单个细胞的大小。

▸ 凹凸平滑：将细胞贴图用作凹凸贴图时，在细胞边界处可能会出现锯齿效果。如果发生这种情况，可以适当增大该值。

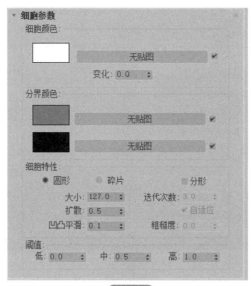

图 8-26

▸ 分形：将细胞图案定义为不规则的碎片图案。

▸ 迭代次数：设置应用分形函数的次数。

▸ 自适应：启用该选项后，分形迭代次数将自适应地进行设置。

▸ 粗糙度：将细胞贴图用作凹凸贴图时，该参数用来控制凹凸的粗糙程度。

▸ 阈值：该选项组中的参数用来限制细胞和分解颜色的大小。

▸ 低：调整细胞最低大小。

▸ 中：相对于第 2 分界颜色，调整最初分界颜色的大小。

▸ 高：调整分界的总体大小。

8.2.10　衰减贴图

衰减贴图可以通过两个不同的颜色或贴图来模拟对象表面由深到浅或者由浅到深的过渡效果。

如果作用于不透明贴图、自发光贴图和过滤色贴图，会产生一种透明衰减效果，强的地方透明，弱的地方不透明；如果作用于不透明贴图，可以产生透明衰减影响；如果作用于发光贴图，则可以产生光晕效果。如图 8-27、图 8-28 所示为生活中常见的带有衰减特性的物体。

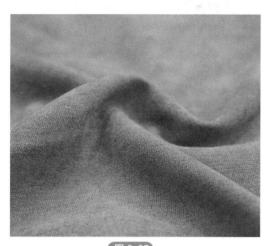

 图 8-27

图 8-28

在创建不透明的衰减效果时，衰减贴图提供了更大的灵活性，参数面板如图 8-29 所示。

图 8-29

▶ 前：侧：用来设置衰减贴图的前通道和侧通道参数。

▶ 衰减类型：设置衰减的方式，共有垂直 / 平行、朝向 / 背离、Fresnel、阴影 / 灯光、距离混合 5 种选项。

▶ 衰减方向：设置衰减的方向。

▶ 对象：从场景中拾取对象并将其名称放到按钮上。

▶ 覆盖材质 IOR：允许更改为材质所设置的折射率。

▶ 折射率：设置一个新的折射率。

▶ 近端距离：设置混合效果开始的距离。

▶ 远端距离：设置混合效果结束的距离。

▶ 外推：启用此选项之后，效果继续超出"近端"和"远端"距离。

—— 知识链接 ⌖

将衰减贴图指定为不透明度贴图，可以制作出类似于 X 光射线的虚幻效果。

Fresnel 类型是基于折射率来调整贴图的衰减效果的，在面向视图的曲面上产生暗淡反射，在有角的面上产生较为明亮的反射，创建就像在玻璃面上一样的高光。

8.2.11　Color Correction（颜色校正）贴图

利用颜色修正贴图可以对贴图进行颜色处理，使其达到预期效果。如图 8-30、图 8-31 所示为使用位图贴图和使用颜色校正贴图设置后的材质效果对比。

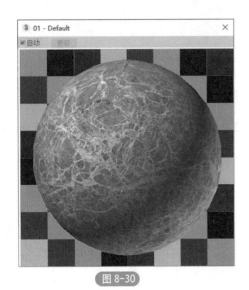

图 8-30

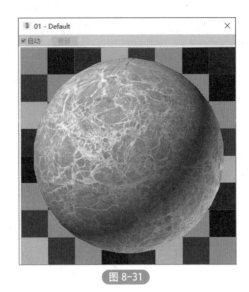

图 8-31

图 8-32

用户可以通过参数面板对图像进行色调、饱和度、亮度、对比度等调整操作，其参数面板如图 8-32 所示。

➥ 法线：将未经改变的颜色通道传递到"颜色"卷展栏控件。

➥ 单色：将所有的颜色通道转换为灰度明暗处理。

➥ 反转：红、绿和蓝颜色通道的反向通道分别替换各通道。

➥ 自定义：允许使用卷展栏上其余控件将不同的设置应用到每一个通道。

➥ 色调切换：使用标准色调谱更改颜色。

➥ 饱和度：贴图颜色的强度或纯度。

➥ 色调染色：根据色样值色化所有非白色的贴图像素。

➥ 强度："色调染色"设置的程度影响贴图像素。

➥ 亮度：贴图图像的总体亮度。

➥ 对比度：贴图图像深、浅两部分的区别。

上手实操：制作装饰画材质

扫一扫 看视频

下面利用位图贴图为场景制作装饰画材质，具体操作步骤介绍如下。

Step01：打开素材场景，如图 8-33 所示。

Step02：渲染摄影机视口，效果如图 8-34 所示。

Step03：按 M 键打开材质编辑器，选择一个空白材质球，设置材质类型为 VRayMtl，在"基本参数"卷展栏单击"漫反射"贴图通道按钮，打开"材质 / 贴图浏览器"对话框，从"通用"列表中选择"位图"选项，如图 8-35 所示。

Step04：单击"确定"按钮打开"选择位图图像文件"对话框，从中选择合适的装饰画贴图，再单击"打开"按钮，如图 8-36 所示。

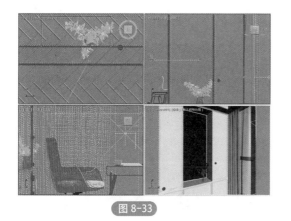

图 8-33

图 8-34

图 8-35

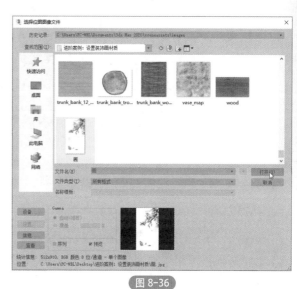

图 8-36

Step05：在参数面板打开"贴图"卷展栏，选择漫反射通道贴图，按住并拖动至凹凸通道上，在弹出的"复制（实例）贴图"对话框中选择"复制"选项，如图 8-37 所示。

Step06：单击"确定"按钮完成装饰画材质的制作，制作好的装饰画材质预览效果如图 8-38 所示。

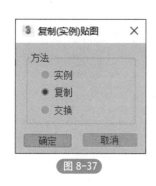

图 8-37

图 8-38

Step07：将材质指定给装饰画模型，渲染摄影机视口，最终效果如图 8-39 所示。

图 8-39

 上手实操：制作水波材质

下面利用噪波贴图制作水波材质，具体操作步骤介绍如下。

Step01：打开素材场景，如图 8-40 所示。

Step02：按 M 键打开材质编辑器，选择一个空白材质球，设置材质类型为 VRayMtl，在参数面板中设置漫反射颜色、反射颜色、折射颜色、烟雾颜色，再设置光泽度、最大深度、细分、折射率、烟雾偏移等参数，如图 8-41 所示。

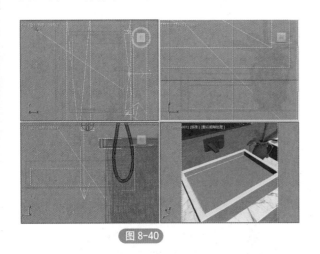

图 8-40

图 8-41

Step03：各个颜色的参数如图 8-42、图 8-43 所示。

Step04：接着在"贴图"卷展栏中为凹凸通道添加噪波贴图，进入"噪波参数"卷展栏，设置噪波类型为"分形"，再设置噪波阈值和大小，如图 8-44 所示。

Step05：制作好的水波材质预览效果如图 8-45 所示。

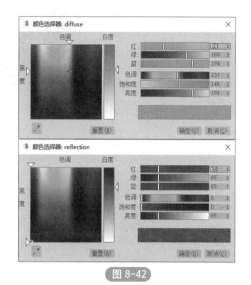

图 8-42

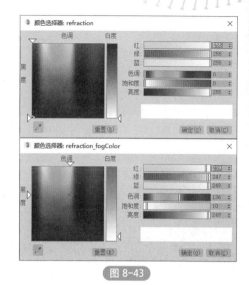

图 8-43

图 8-44

图 8-45

Step06： 将材质指定给水体模型，渲染摄影视口，效果如图 8-46 所示。

图 8-46

上手实操：制作木纹理材质

下面利用位图贴图制作木纹理材质，具体操作步骤介绍如下。

Step01：打开素材场景，如图8-47所示。

Step02：按M键打开材质编辑器，选择一个空白材质球，设置材质类型为VRay覆盖材质，在打开的参数面板中设置基本材质和全局照明材质的材质类型都为VRayMtl，如图8-48所示。

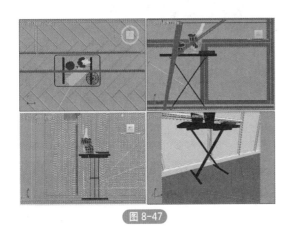

图 8-47

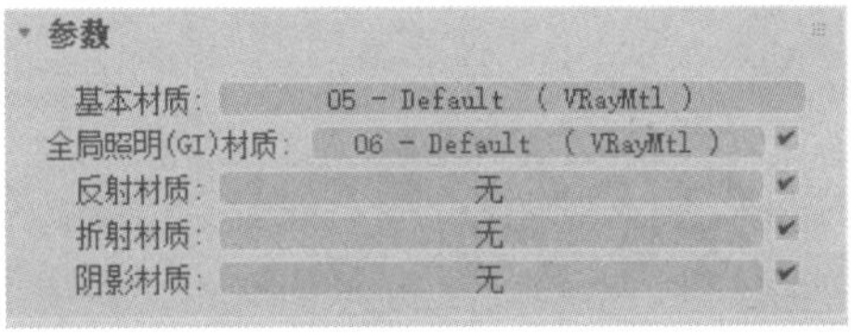

图 8-48

Step03：打开基本材质参数面板，在"贴图"卷展栏中为漫反射通道、凹凸通道和光泽度通道添加相同的位图贴图，并设置参数值，如图8-49所示。

Step04：返回"基本参数"卷展栏，设置反射颜色，再设置反射光泽度和细分值，如图8-50所示。

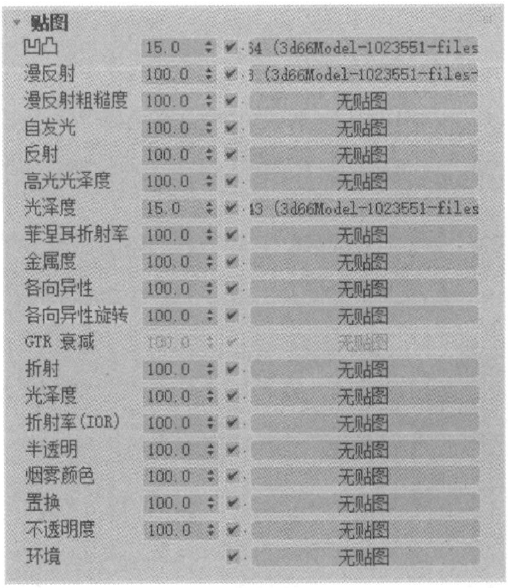

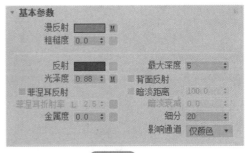

图 8-49

图 8-50

Step05：反射颜色的参数如图8-51所示。全局照明材质的参数保持默认。

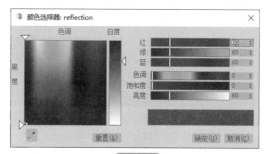

图 8-51

Step06：制作好的木纹理材质预览效果如图 8-52 所示。

Step07：将材质指定给地板模型，渲染摄影机视口，效果如图 8-53 所示。

图 8-52

图 8-53

👑 进阶案例：制作珍珠材质

下面利用衰减贴图制作珍珠材质，具体操作步骤介绍如下。

Step01：打开素材场景，如图 8-54 所示。

扫一扫 看视频

Step02：按 M 键打开材质编辑器，选择一个空白材质球，设置材质类型为 VRayMtl，在"贴图"卷展栏中为漫反射通道添加衰减贴图，为反射通道添加混合贴图，如图 8-55 所示。

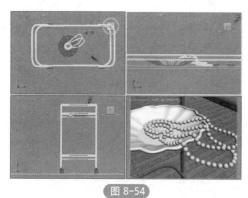

图 8-54

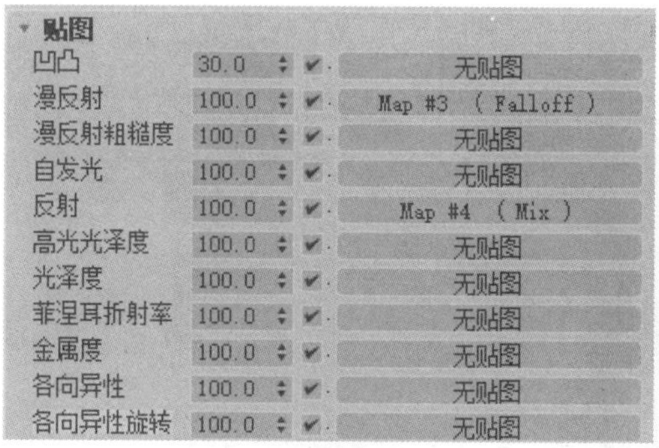

图 8-55

Step03：进入衰减贴图参数面板，设置颜色 1 和颜色 2，如图 8-56 所示。

Step04：衰减颜色的参数如图 8-57 所示。

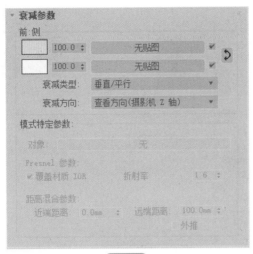

图 8-56

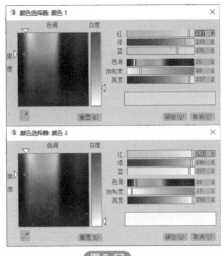

图 8-57

Step05：复制漫反射通道的衰减贴图，再打开混合贴图参数面板，在颜色 1 贴图通道粘贴，如图 8-58 所示。

Step06：返回父层级，打开"基本参数"卷展栏，设置反射光泽度及细分，如图 8-59 所示。

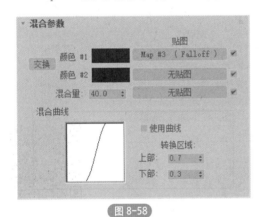

图 8-58

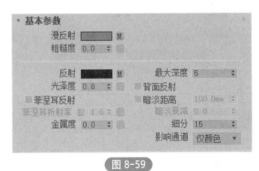

图 8-59

Step07：制作好的珍珠材质预览效果如图 8-60 所示。

Step08：将材质指定给场景中的项链模型，渲染摄影机视口，效果如图 8-61 所示。

图 8-60

图 8-61

👑 进阶案例：制作布艺材质

下面利用位图贴图、衰减贴图以及合成贴图制作各种布艺材质，具体操作步骤介绍如下。

Step01：打开素材场景，如图 8-62 所示。

Step02：制作纱帘材质。按 M 键打开材质编辑器，选择一个空白材质球，设置材质类型为 VRayMtl，在"贴图"卷展栏为漫反射通道和折射通道添加位图贴图，如图 8-63 所示。

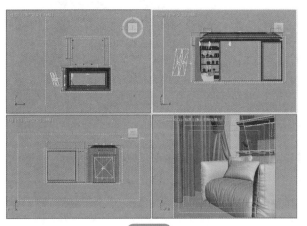

图 8-62

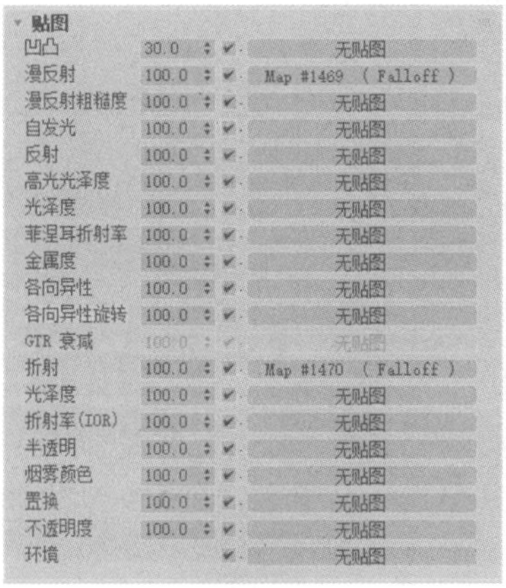

图 8-63

Step03：进入漫反射通道的衰减贴图参数面板，设置颜色 1 和颜色 2，如图 8-64、图 8-65 所示。

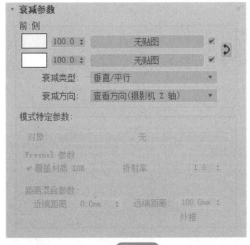

图 8-64

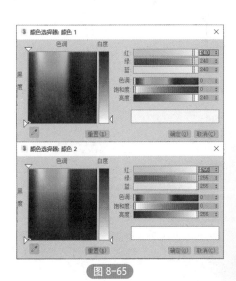

图 8-65

Step04：再进入折射通道的衰减贴图参数面板，设置颜色 1 和颜色 2，再设置衰减类型为 Fresnel，如图 8-66、图 8-67 所示。

Step05：返回"基本参数"卷展栏，设置反射细分、折射光泽度、折射率及细分，如图 8-68 所示。

Step06：制作好的纱帘材质预览效果如图 8-69 所示。

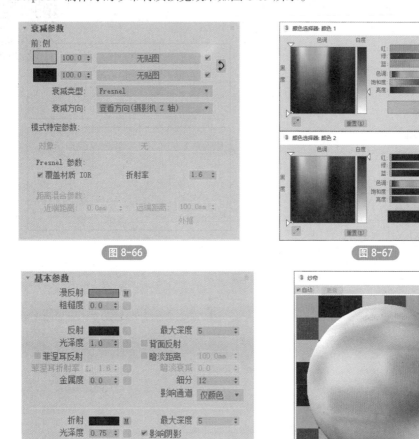

图 8-66

图 8-67

图 8-68

图 8-69

Step07：制作窗帘材质。选择一个空白材质球，设置材质类型为 VRayMtl，为漫反射通道添加衰减贴图，进入衰减贴图参数面板，为衰减通道添加相同的位图贴图，如图 8-70 所示。

Step08：所添加的位图贴图如图 8-71 所示。

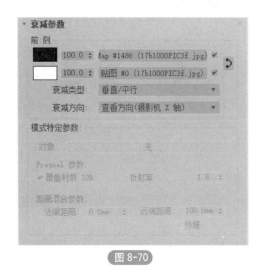

图 8-70

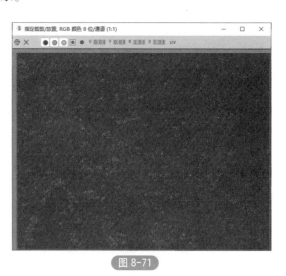

图 8-71

Step09：制作好的窗帘材质预览效果如图 8-72 所示。

Step10：制作沙发布材质。选择一个空白材质球，设置材质类型为 VRayMtl，在"贴图"卷展栏中为漫反射通道添加衰减贴图，为凹凸通道添加合成贴图，如图 8-73 所示。

图 8-72

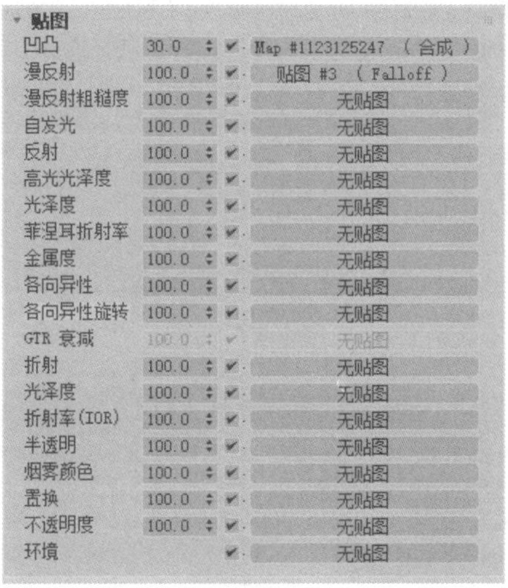

图 8-73

Step11：进入漫反射通道的衰减贴图参数面板，为衰减通道分别添加位图贴图，如图 8-74 所示。

Step12：在"混合曲线"卷展栏中调整曲线，如图 8-75 所示。

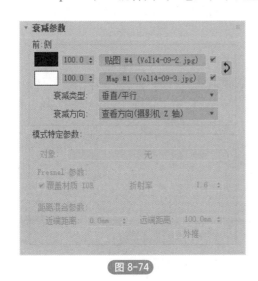

图 8-74

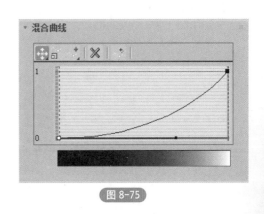

图 8-75

Step13：衰减通道的两个位图贴图如图 8-76、图 8-77 所示。

Step14：返回上一级，再进入合成贴图参数面板，为层 1 添加位图贴图，设置"不透明度"为 50，如图 8-78 所示。

Step15：再单击"添加新层"按钮 添加合成层 2，为层 2 添加位图贴图，设置混合模式为"平均"，不透明度为 90，如图 8-79 所示。

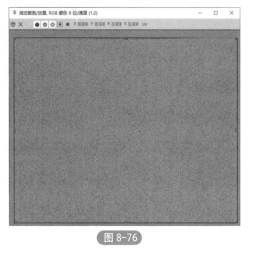

图 8-76

图 8-77

图 8-78

图 8-79

Step16：两个合成层中添加的位图贴图如图 8-80、图 8-81 所示。

图 8-80

图 8-81

Step17：制作好的沙发布材质预览效果如图 8-82 所示。

Step18：制作抱枕 1 材质。选择一个空白材质球，设置材质类型为 VRayMtl，在"贴图"卷展栏中为漫反射通道添加衰减贴图，为凹凸通道添加位图贴图，如图 8-83 所示。

Step19：凹凸通道的位图贴图如图 8-84 所示。

Step20：进入衰减贴图参数面板，为衰减通道添加相同的位图贴图，并设置衰减颜色 2 衰减强度，如图 8-85 所示。

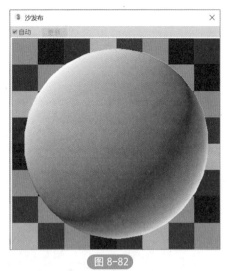

图 8-82

图 8-83

图 8-84

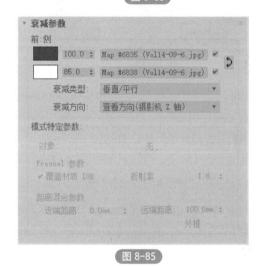

图 8-85

Step21： 位图贴图如图 8-86 所示。

Step22： 制作好的抱枕材质预览效果如图 8-87 所示。

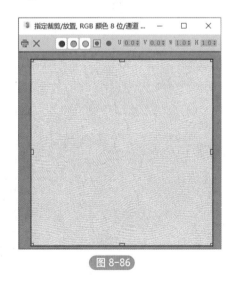

图 8-86

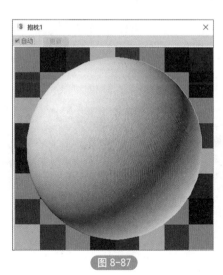

图 8-87

Step23： 按照同样的操作方法再创建抱枕 2 材质，如图 8-88 所示。

Step24： 将制作好的材质依次指定给场景中的模型，然后渲染摄影机视口，效果如图 8-89 所示。

图 8-88

图 8-89

8.3 常用 VRay 贴图类型

VRay 渲染器为用户提供了 29 种贴图类型，每个贴图的功能都比较单一，参数也较为简单，比较常用的有 VRayHDRI 贴图、VRay 边纹理贴图、VRay 天空贴图。

8.3.1 VRayHDRI 贴图

VRayHDRI 贴图是比较特殊的一种贴图，可以利用高动态范围图像模拟真实的 HDR 环境，常用于反射或折射较为明显的场景，如图 8-90、图 8-91 所示。其主要参数面板如图 8-92 所示。

图 8-90

图 8-91

位图：单击后面的按钮可以指定一张 HDRI 贴图。

贴图类型：控制 HDRI 的贴图方式，包括角度、立方、球形、球状镜像以及 3ds Max 标准共 5 种。

水平旋转：控制 HDRI 在水平方向的旋转角度。

水平翻转：让 HDRI 在水平方向上翻转。

垂直旋转：控制 HDRI 在垂直方向的旋转角度。

垂直翻转：让 HDRI 在垂直方向上翻转。

全局倍增：用来控制 HDRI 的亮度。

插值：选择插值方式，包括双线性、双三次、双二次、默认。

渲染倍增：设置渲染时的光强度倍增。

裁剪 / 放置：可以选择对贴图进行裁剪及尺寸的调整。

类型：选择控制环境和环境光照对比类型，包括无、反向伽玛、Srgb、从 3ds Max 4 种。默认使用反向伽玛。

反向伽玛：设置贴图的伽玛值。数值越小，HDRI 的光照对比度就越强，数值大于 1 则对比越弱。一般使用默认值。

图 8-92

8.3.2 VRay 边纹理贴图

VRay 边纹理贴图类似 3ds Max 的线框材质效果，可以模拟制作物体表面的网格颜色效果，如图 8-93 所示。用户可以设置边纹理的颜色、宽度等参数，其参数面板如图 8-94 所示。

图 8-93

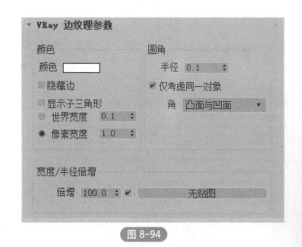

图 8-94

颜色：设置边线的颜色。

隐藏边：当勾选该选项时，物体背面的边线也将被渲染出来。

世界宽度：使用世界单位决定边线的厚度

像素宽度：使用像素单位决定边线的厚度。

8.3.3　VRay 天空贴图

VRay 天空贴图可以模拟浅蓝色渐变的天空效果，并且可以控制亮度。其参数面板如图 8-95 所示。

图 8-95

指定太阳节点：当不勾选该选项时，VR 天空的参数将从场景中 VRay 太阳的参数里自动匹配；当勾选该选项时，用户就可以从场景中选择不同的光源，在这种情况下，VRay 太阳将不再控制 VRay 天空的效果，VRay 天空将用自身的参数来改变天光的效果。

太阳光：单击后面的按钮可以选择太阳光源。

太阳浊度：控制太阳的浑浊度。

太阳臭氧：控制太阳臭氧层的厚度。

太阳强度倍增：控制太阳的亮点。

太阳大小倍增：控制太阳的阴影柔和度。

太阳过滤颜色：控制太阳的颜色。

太阳不可见：控制太阳本身是否可见。

天空模型：可以选择天空的模型类型。

间接水平照明：控制间接水平照明的强度。

 上手实操：制作逼真的玻璃反射效果

扫一扫 看视频

下面利用 VRayHDRI 贴图制作玻璃反射效果，具体操作步骤介绍如下。

Step01：打开素材场景，如图 8-96 所示。

Step02：渲染摄影机视口，当前效果如图 8-97 所示。

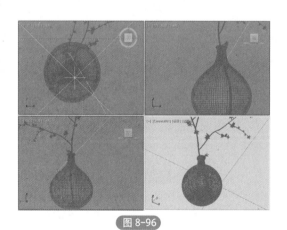

图 8-96

图 8-97

Step03：删除场景中全部的灯光，如图 8-98 所示。

Step04：按 8 键打开"环境和效果"面板，在"环境"选项卡的"公用参数"卷展栏中添加 VRayHDRI 贴图作为环境贴图，如图 8-99 所示。

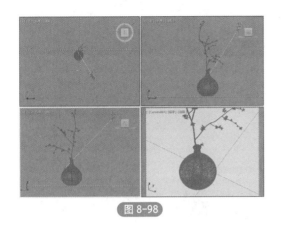

图 8-98

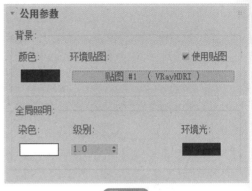

图 8-99

Step05：然后按 M 键打开材质编辑器，按住环境贴图将其拖动到材质编辑器的一个空白材质球上，选择"实例"复制对象，进入 VRayHDRI 贴图参数面板，添加一张环境贴图，设置贴图类型为"球形"，再设置全局倍增，如图 8-100 所示。

Step06：再次渲染摄影机视口，最终效果如图 8-101 所示。

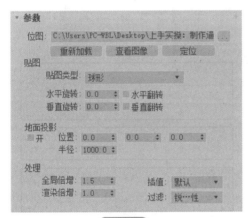

图 8-100

图 8-101

👑 进阶案例：制作白模效果

扫一扫 看视频

下面利用 VRay 边纹理贴图制作白模材质，具体操作步骤介绍如下。

Step01：打开素材场景，如图 8-102 所示。

Step02：渲染摄影机视口，观察当前场景效果，如图 8-103 所示。

Step03：按 M 键打开材质编辑器，选择一个空白材质球，设置材质类型为 VRayMtl，设置漫反射颜色，并为漫反射通道添加 VRay 边纹理贴图，如图 8-104 所示。

Step04：漫反射颜色的参数如图 8-105 所示。

Step05：进入 VRay 边纹理贴图参数面板，设置纹理颜色，如图 8-106 所示。

Step06：纹理颜色的参数如图 8-107 所示。

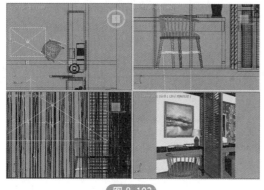

图 8-102

图 8-103

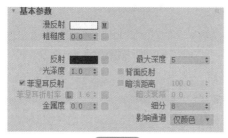

图 8-104

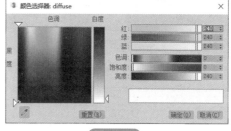

图 8-105

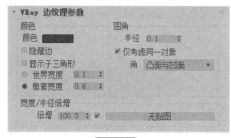

图 8-106

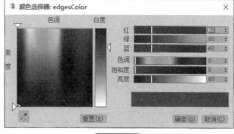

图 8-107

Step07：设置好的材质预览效果如图 8-108 所示。

Step08：打开"渲染设置"面板，在 VRay 选项板设置"全局开关"卷展栏为"高级"模式，勾选"覆盖材质"复选框，再从材质编辑器中选择刚创建的纹理材质，按住并拖动到"覆盖材质"复选框后的按钮上，选择实例复制材质，如图 8-109 所示。

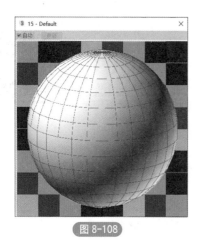

图 8-108

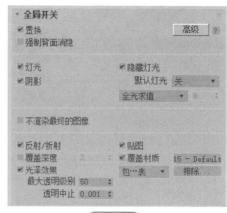

图 8-109

Step09：再渲染摄影机视口，白模效果如图 8-110 所示。

图 8-110

扫一扫 看视频

综合实战：制作卫生间场景材质效果

下面利用位图贴图、衰减贴图和棋盘格贴图为卫生间小场景制作瓷砖、白瓷、金属等材质，具体操作步骤介绍如下。

Step01：打开素材场景，如图 8-111 所示。

Step02：制作墙砖材质。按 M 键打开材质编辑器，选择一个空白材质球，设置材质类型为 VRayMtl，在"基本参数"卷展栏中设置漫反射颜色和反射颜色，再设置反射光泽度及细分，如图 8-112 所示。

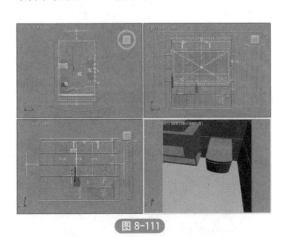

图 8-111

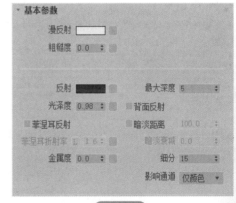

图 8-112

Step03：漫反射颜色和反射颜色的参数如图 8-113 所示。

Step04：设置好的材质预览效果如图 8-114 所示。将材质指定给墙体模型。

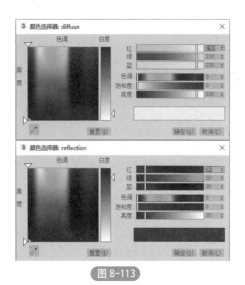

图 8-113

图 8-114

Step05：制作白瓷材质。选择一个空白材质球，设置材质类型为 VRayMtl，在"基本参数"卷展栏中在反射通道添加衰减贴图，再设置漫反射颜色、反射光泽度和细分，如图 8-115 所示。

Step06：漫反射颜色的参数如图 8-116 所示。

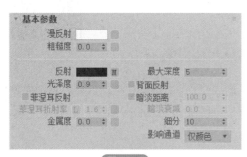

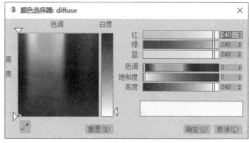

图 8-115

图 8-116

Step07：进入衰减贴图参数面板，设置衰减类型为 Fresnel，其余参数保持默认，如图 8-117 所示。

Step08：设置好的材质预览效果如图 8-118 所示。将材质指定给坐便器和洗手盆模型。

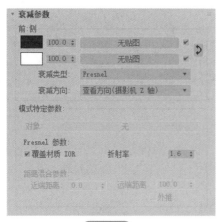

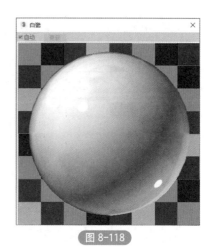

图 8-117

图 8-118

Step09：制作大理石材质。选择一个空白材质球，设置材质类型为 VRayMtl，为漫反射通道添加大理石位图贴图，再设置反射颜色、光泽度及细分，如图 8-119 所示。

Step10：反射颜色的参数如图 8-120 所示。

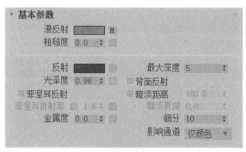

图 8-119   图 8-120

Step11：漫反射通道的贴图如图 8-121 所示。

Step12：设置好的材质预览效果如图 8-122 所示。

图 8-121

图 8-122

Step13：将材质指定给洗手台模型，并为其添加 UVW 贴图修改器，设置贴图类型及尺寸，如图 8-123 所示。

Step14：制作木饰面材质。选择一个空白材质球，设置材质类型为 VRayMtl，在"贴图"卷展栏为漫反射通道添加位图贴图，再为反射通道添加衰减贴图，如图 8-124 所示。

图 8-123

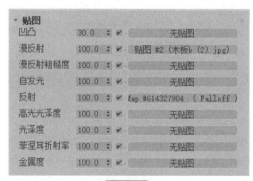

图 8-124

Step15：漫反射通道的位图贴图如图 8-125 所示。

Step16：进入反射通道的衰减贴图参数面板，设置颜色 1 和颜色 2，并设置衰减类型，如图 8-126 所示。

图 8-125

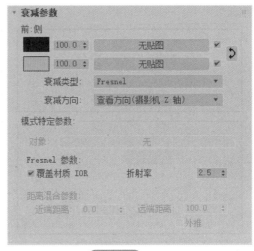

图 8-126

Step17：两个衰减颜色的参数如图 8-127 所示。

Step18：返回"基本参数"卷展栏，设置反射光泽度及细分，如图 8-128 所示。

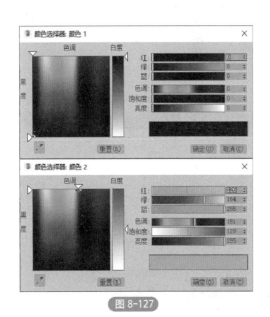

图 8-127

图 8-128

Step19：设置好的材质预览效果如图 8-129 所示。

Step20：将材质指定给洗手台柜体模型，并添加 UVW 贴图修改器，设置贴图类型为"长方体"，再设置贴图尺寸，如图 8-130 所示。

Step21：制作不锈钢材质。选择一个空白材质球，设置材质类型为 VRayMtl，在参数面板中设置漫反射颜色和反射颜色，再设置反射光泽度和细分，如图 8-131 所示。

Step22：漫反射颜色与反射颜色的参数如图 8-132 所示。

图 8-129

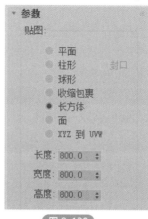

图 8-130

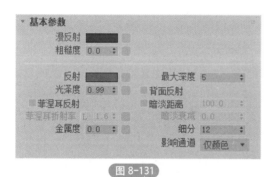

图 8-131

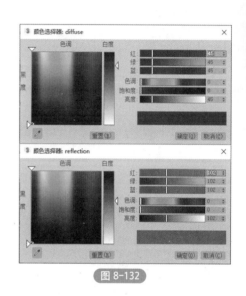

图 8-132

Step23：在"双向反射分布函数"卷展栏中设置反射分布类型为"沃德"，再设置"各向异性""旋转"参数，如图 8-133 所示。

Step24：设置好的材质预览效果如图 8-134 所示。

图 8-133

图 8-134

Step25：制作地砖材质。选择一个空白材质球，设置材质类型为 VRayMtl，为漫反射通道添加棋盘格贴图，再设置反射颜色、光泽度以及细分，如图 8-135 所示。

Step26：棋盘格贴图参数保持默认，设置好的地砖材质预览效果如图 8-136 所示。

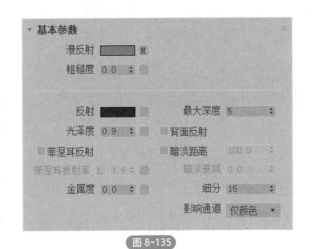

图 8-135

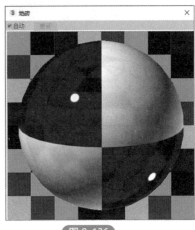

图 8-136

Step27：将材质指定给地砖模型，选择地砖模型，在修改面板中为其添加 UVW 贴图修改器，选择"长方体"贴图类型并设置尺寸，如图 8-137 所示。

Step28：场景材质制作完毕后，渲染摄影机视口，最终效果如图 8-138 所示。

图 8-137

图 8-138

课后作业

通过本章内容的学习，读者应该对所学知识有了一定的掌握，章末安排了课后作业，用于巩固和练习。

习题 1

利用衰减贴图制作不锈钢材质，如图 8-139、图 8-140 所示。

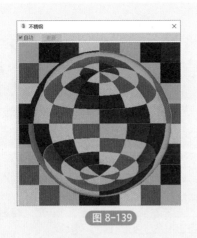

图 8-139

图 8-140

操作提示：

Step01：选择一个空白材质球，设置 VRayMtl 材质类型。

Step02：设置漫反射颜色，为反射通道添加衰减贴图，再设置衰减颜色和衰减类型。

习题 2

通过为凹凸通道添加位图贴图制作皮革材质，如图 8-141、图 8-142 所示。

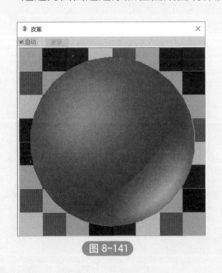

图 8-141

图 8-142

操作提示：

Step01：选择一个空白材质球，设置 VRayMtl 材质类型，设置漫反射颜色和反射颜色等参数。

Step02：为凹凸通道添加位图贴图，设置凹凸强度。

第9章
灯光技术

📄 **内容导读:**

在 3ds Max 中，灯光是模拟自然光照最重要的手段，可以直接影响到场景物体的光泽度、色彩度和饱和度，并且对物体的材质也能产生必要的烘托效果。可以说灯光是画面视觉信息与视觉造型的基础，是 3ds Max 场景的灵魂。

本章将对 3ds Max 中的灯光知识进行全面讲解，以使广大用户轻松创造出更真实的场景。

🎯 **学习目标:**

- 了解灯光知识
- 熟悉阴影类型及应用
- 熟悉灯光类型
- 掌握目标平行光的应用
- 掌握目标灯光和自由灯光的应用
- 掌握 VR 灯光、VRIES 和 VR 太阳的应用

9.1 室内光源构成

在灯光中表达某种基调，对于整个场景的效果是至关重要的。3ds Max 中的灯光有很多属性，包括颜色、形状、方向、衰减等，通过选择合适的灯光类型，设置准确的灯光参数，就可以模拟出真实的照明效果。按照光线层次，可以将场景中的光源分为关键光、补充光和背景光三种。

（1）关键光

在一个场景中，其主要光源被称为关键光。关键光不一定是指一个光源，但一定是照明的主要光源，它是场景中最主要、最亮的光，是光照质量的决定性因素，是角色感情的重要表现因素。

（2）补充光

补充光也被称为环境光，主要来自环境漫反射，因此也被称为环境光。一些作品看起来不真实，很大原因也是因为光线没有主次和层次，不能表现出场景细节，也不能深化整体气氛。

补充光可以填充场景的黑暗区域和阴影区域，使关键光的负担变轻，常被放置在关键光相对的位置，用来柔化阴影，可以为场景提供景深和真实的效果。

（3）背景光

背景光通常作为边缘光，通过照亮对象的边缘将目标对象从背景中分离出来。背景光常被放置在四分之三关键光的正对面，主要对物体的边缘起作用，产生非常小的反射高光区。如果场景中的模型有很多小的圆角边缘，合理使用背景光会增加场景的真实效果。

9.2 3ds Max 光源系统

灯光可以模拟现实生活中的光线效果。3ds Max 中提供了两种类型的灯光：标准灯光和光度学灯光，每个灯光的使用方法不同，模拟光源的效果也不同。所有的灯光类型在视图中都为灯光对象，它们使用相同的参数，包括阴影生成器。

9.2.1 光度学灯光

光度学灯光就像真实世界中的灯光一样，可以利用光度学值进行更精确的定义，如设置分布情况、灯光强度、色温和其他真实世界灯光的属性。3ds Max 提供了目标灯光、自由灯光和太阳定位器三种光度学灯光类型，如图 9-1 所示。用户可以创建具有各种分布和颜色特性灯光，或导入照明制造商提供的特定光度学文件。

图 9-1

（1）目标灯光

目标灯光是效果图制作中常用的一种灯光类型，常用来模拟制作射灯、筒灯等，可以增强画面的灯光层次，如图 9-2 所示。在视口中单击确认目标灯光的光源位置，移动鼠标后再次单击确认目标点即可创建一盏目标灯光。

3ds Max 将光度学灯光进行整合，将所有的目标光度学灯光合为一个对象，用户可以在"模板"卷展栏中选择不同的模板和类型，如图 9-3 所示为所有类型的模板。

图 9-2

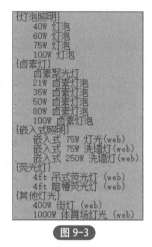

图 9-3

（2）自由灯光

自由灯光与目标灯光相似，唯一的区别就在于自由灯光没有目标点，它的参数和目标灯光相同，创建方法也非常简单，在任意视图单击鼠标左键，即可创建自由灯光。

（3）太阳定位器

太阳定位器可以通过设置太阳的距离、日期和时间、气候等参数来模拟现实生活中真实的太阳光照。

── 知识拓展 ⊘

光线与对象表面越垂直，对象的表面越明亮。

9.2.2　标准灯光

图 9-4

标准灯光是基于计算机的模拟灯光对象，如家用或办公室灯、舞台和电影工作时使用的灯光设备和太阳光本身。不同类型的灯光对象可用不同的方法投影灯光，模拟不同种类的光源。3ds Max 中的标准灯光主要包括聚光灯、平行光、泛光及天光等共 6 种类型，如图 9-4 所示。

（1）目标聚光灯

目标聚光灯有一个起始点和一个目标点，起始点标明灯光所在位置，而目标点则指向被照射的物体，常用于模拟手电筒、灯罩为锥形的台灯、探照灯等，如图 9-5 所示。

── 知识链接 ⊘

目标聚光灯会根据指定的目标点和光源点创建灯光，在创建灯光后会产生光束，照射物体并产生隐影效果，当有物体遮挡住光束时，光束将被折断。

自由聚光灯没有目标点，选择该按钮后，在任意视图单击鼠标左键即可创建灯光，该灯光常在制作动画时使用。

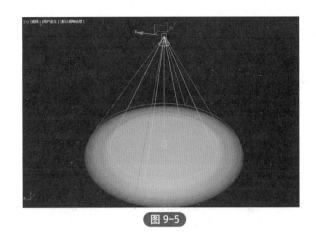

图 9-5

（2）自由聚光灯

目标聚光灯和自由聚光灯的照明效果相似，都是形成光束照射在物体上，只是使用方式上不同。自由聚光灯没有目标物体，它依靠自身的旋转来照亮空间或物体。如果要使灯光沿着路径运动或者在运动中倾斜，甚至依靠其他物体带动光线运动，就可以使用自由聚光灯。

（3）平行光

当太阳在地球表面投影时，所有平行光以一个方向投影平行光线。平行光主要用于模拟太阳在地球表面投射的光线，即以一个方向投射的平行光，如图 9-6 所示。目标平行光是具体方向性的灯光，常用来模拟太阳光的照射效果，可以调整灯光的颜色和位置，并在 3D 空间旋转灯光，当然也可以模拟美丽的夜色。

平行光包括目标平行光和自由平行光 2 种，光束分为圆柱体和方形光束。它的发光点和照射点大小相同，该灯光主要用于模拟太阳光的照射、激光光束等。自由平行光和目标平行光的用处相同，常在制作动画时使用。

（4）泛光

泛光属于点状光源，从单个光源向各个方向均匀地发散光线，可以照亮整个场景，常用来制作灯泡灯光、蜡烛光等，是比较实用的灯光，如图 9-7 所示。在场景中创建多个泛光，调整色调和位置，可以使场景具有明暗层次。泛光不善于凸显主题，所以通常作为补光来模拟环境光的漫反射效果。

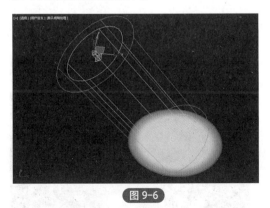

图 9-6

图 9-7

操作提示 ✑

用户可以使用变换工具或者灯光视口定位灯光对象和调整其方向。也可以使用"放置高光"命令来调整灯光的位置。

（5）天光

天光是一种用于模拟日光照射效果的灯光，可以从四面八方同时对物体投射光线，得到类似穹顶灯光一样的柔和阴影。天光比较适用于模拟室外照明或者表现模型，也可以设置天空的颜色或将其指定为贴图，对天空建模作为场景上方的圆屋顶。

9.3 3ds Max 光源参数

在创建灯光后，环境中的部分物体会随着灯光不同而显示不同效果，在参数面板中调整灯光的各项参数，即可达到理想效果。

9.3.1 光度学灯光参数

光度学灯光中的目标灯光是光度学灯光中非常常用的一种灯光类型，这里就以目标灯光为例对比较常用的参数进行介绍。

（1）"常规参数"卷展栏

该卷展栏中的参数用于启用和禁用灯光及阴影，并排除或包含场景中的对象，用户还可以设置灯光分布的类型，如图 9-8 所示。卷展栏中各选项的含义介绍如下。

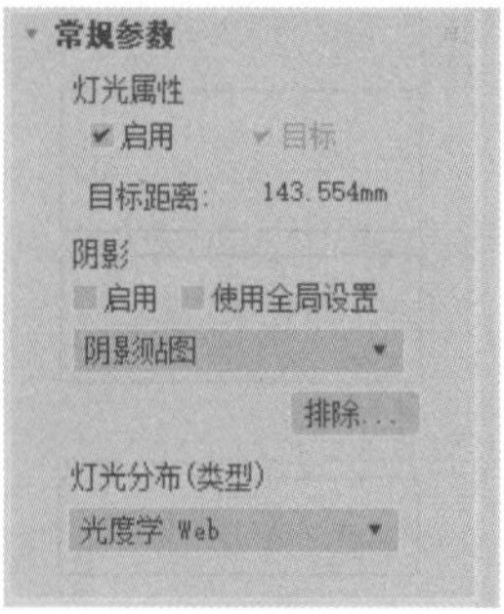

▶ 启用：启用或禁用灯光。

▶ 目标：启用该选项后，目标灯光才有目标点。

▶ 目标距离：用来显示目标的距离。

▶（阴影）启用：控制是否开启灯光的阴影效果。

▶ 使用全局设置：启用该选项后，该灯光投射的阴影将影响整个场景的阴影效果。

▶ 阴影类型：设置渲染场景时使用的阴影类型，包括"高级光线跟踪""区域阴影""阴影贴图""光线跟踪阴影""VR- 阴影"。

▶ "排除"按钮：将选定的对象排除于灯光效果之外。

▶ 灯光分布（类型）：设置灯光分布类型，包括光度学 Web、聚光灯、统一漫反射、统一球形 4 种，用于描述光源发射光线的方向，如图 9-9 ～图 9-12 所示。

图 9-8

图 9-9

图 9-10

图 9-11

图 9-12

（2）"分布（光度学 Web）"卷展栏

当使用光域网分布创建或选择光度学灯光时，"修改"面板上将显示"分布（光度学文件）"卷展栏，使用这些参数选择光域网文件并调整 Web 的方向，如图 9-13 所示。卷展栏中各选项的含义介绍如下。

图 9-13

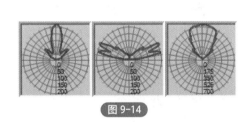

图 9-14

▶ Web 图：在选择光度学文件之后，该缩略图将显示灯光分布图案的示意图，如图 9-14 所示。

▶ 选择光度学文件：单击此按钮，可选择用作光度学 Web 的文件，该文件可采用 IES、LTLI 或 CIBSE 格式。一旦选择某一个文件后，该按钮上会显示文件名。

▶ X 轴旋转：沿着 X 轴旋转光域网。

▶ Y 轴旋转：沿着 Y 轴旋转光域网。

▶ Z 轴旋转：沿着 Z 轴旋转光域网。

（3）"强度 / 颜色 / 衰减"卷展栏

通过强度 / 颜色 / 衰减卷展栏，可以设置灯光的颜色和强度。此外，用户还可以选择设置衰减极限，如图 9-15 所示。卷展栏中各选项的含义介绍如下。

▶ 灯光选项：拾取常见灯规范，使之近似于灯光的光谱特征。默认为 D65 Illuminant 基准白色。

▶ 开尔文：通过调整色温微调器设置灯光的颜色。

▶ 过滤颜色：使用颜色过滤器模拟置于光源上的过滤色的

图 9-15

效果。

▶ 强度：在物理数量的基础上指定光度学灯光的强度或亮度。

▶ 结果强度：用于显示暗淡所产生的强度，并使用与强度组相同的单位。

▶ 暗淡百分比：启用该切换后，该值会指定用于降低灯光强度的倍增。如果值为 100%，则灯光具有最大强度；百分比较低时，灯光较暗。

▶ 远距衰减：用户可以设置光度学灯光的衰减范围。

▶ 使用：启用灯光的远距衰减。

▶ 开始：设置灯光开始淡出的距离。

▶ 显示：在视口中显示远距衰减范围设置。

▶ 结束：设置灯光减为 0 的距离。

图 9-16

（4）"图形 / 区域阴影"卷展栏

通过"图形 / 区域阴影"卷展栏，用户可以选择用于生成阴影的灯光图形，参数面板如图 9-16 所示。下面对卷展栏中的参数进行详细介绍。

▶ 从（图形）发射光线：选择阴影生成的图形类型，包括"点光源""线""矩形""圆形""球体""圆柱体"6 种类型。选择除"点光源"类型外的任意类型，都会有相应的参数设置，如长度、宽度、半径等。

▶ 灯光图形在渲染中可见：启用该选项后，如果灯光对象位于视野之内，那么灯光图形在渲染中会显示为自供照明（发光）的图形。

9.3.2　标准灯光参数

标准灯光的参数面板大致相同，主要包括"常规参数"卷展栏、"强度 / 颜色 / 衰减"卷展栏、"聚光灯参数"卷展栏和"平行光参数"卷展栏。下面对常用卷展栏中的一些参数进行详细介绍。

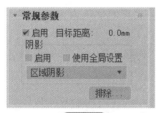

图 9-17

图 9-18

（1）"常规参数"卷展栏

该卷展栏主要控制标准灯光的开启与关闭以及阴影的控制，如图 9-17 所示为参数卷展栏，其中各选项的含义介绍如下。

▶ 灯光类型：共有 3 种类型可供选择，分别是聚光灯、平行光和泛光灯。

▶ 启用：控制是否开启灯光。

▶ 目标：如果启用该选项，灯光将成为目标。

▶ 阴影：控制是否开启灯光阴影。

▶ 使用全局设置：如果启用该选项后，该灯光投射的阴影将影响整个场景的阴影效果。如果关闭选项，则必须选择渲染器使用哪种方式来生成特定的灯光阴影。

▶ 阴影类型：切换阴影类型以得到不同的阴影效果。

▶ "排除"按钮：将选定的对象排除于灯光效果之外。

（2）"强度 / 颜色 / 衰减"卷展栏

在标准灯光的"强度 / 颜色 / 衰减"卷展栏中，可以对灯光最基本的属性进行设置，如图 9-18 所示，其中各选项的含义介绍如下。

- ▶ 倍增：该参数可以将灯光功率放大一个正或负的量。
- ▶ 颜色：单击色块，可以设置灯光发射光线的颜色。
- ▶ 衰退：用来设置灯光衰退的类型和起始距离。
- ▶ 类型：指定灯光的衰退方式。
- ▶ 开始：设置灯光开始衰退的距离。
- ▶ 显示：在视口中显示灯光衰退的效果。
- ▶ 近距衰减：该选择项组中提供了控制灯光强度淡入的参数。
- ▶ 远距衰减：该选择项组中提供了控制灯光强度淡出的参数。

注意事项

　　灯光衰减时，距离灯光较近的对象可能过亮，距离灯光较远的对象表面可能过暗。这种情况可通过不同的曝光方式解决。

（3）"聚光灯参数"卷展栏 / "平行光参数"卷展栏

　　聚光灯和平行光比泛光灯多出一个专有的参数面板，除了名称不同，面板内的参数是一致的，如图 9-19、图 9-20 所示。

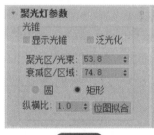

图 9-19

图 9-20

　　该参数卷展栏主要控制灯光的聚光区及衰减区，其中各选项的含义介绍如下。

- ▶ 显示光锥：启用或禁用圆锥体的显示。
- ▶ 泛光化：启用该选项后，灯光在所有方向上投影灯光，但是投影和阴影只发生在其衰减圆锥体内。
- ▶ 聚光区 / 光束：调整灯光圆锥体的角度。
- ▶ 衰减区 / 区域：调整灯光衰减区的角度。
- ▶ 圆 / 矩形：确定聚光区和衰减区的形状。如果想要一个标准圆形的灯光，应选择圆；如果想要一个矩形的光束（如灯光通过窗户或门投影），应选择矩形。
- ▶ 纵横比：设置矩形光束的纵横比。
- ▶ 位图拟合：如果灯光的投影纵横比为矩形，应该设置纵横比以匹配特定的位图。当灯光用作投影灯时，该选项非常有用。

9.3.3　光域网

　　光域网是灯光的一种物理性质，确定光在空气中发散的方式。不同的灯光在空气中的发散方式是不一样的，比如手电筒，它会发出一个光束；还有壁灯、台灯等，它们发散出的光又是另外一种形状。

在 3ds Max 中，也可以将光域网理解为灯光贴图。如果给灯光指定一个光域网文件，就可以产生与现实生活相同的发散效果，使场景渲染出的灯光效果更为真实，层次更明显，效果更好，如图 9-21 所示。

使用光域网的前提是灯光分布（类型）为"光度学 Web"，在"分布（光度学 Web）"卷展栏中单击"选择光度学文件"按钮，会打开"打开光域 Web 文件"对话框，从中选择合适的光域网文件即可，如图 9-22 所示。

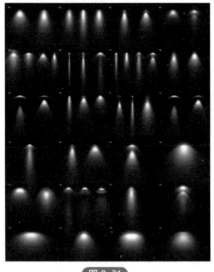

图 9-21

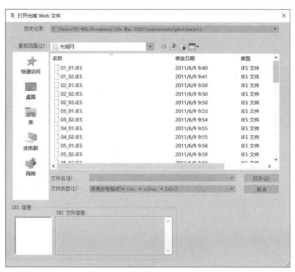

图 9-22

9.3.4　阴影设置

3ds Max 自带的灯光类型基本上都具有相同的阴影参数，通过设置阴影参数，可以使对象投影产生密度不同或颜色不同的阴影效果，如图 9-23 所示。各参数选项的含义介绍如下。

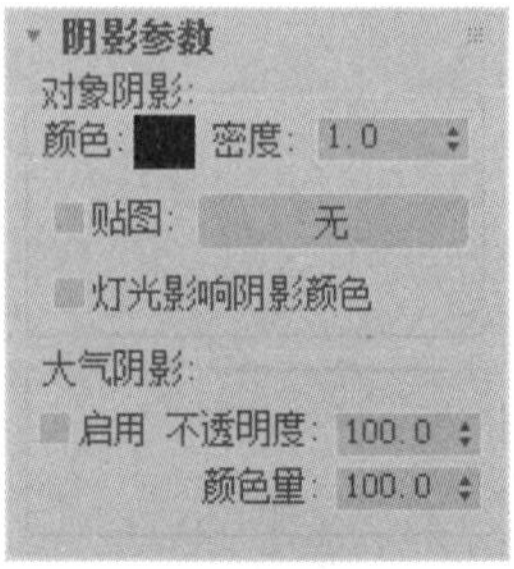

▶ 颜色：单击色块，可以设置灯光投射的阴影颜色，默认为黑色。

▶ 密度：用于控制阴影的密度，值越小阴影越淡。

▶ 贴图：使用贴图可以应用各种程序贴图与阴影颜色进行混合，产生更复杂的阴影效果。

▶ 灯光影响阴影颜色：灯光颜色将与阴影颜色混合在一起。

▶ 大气阴影：应用该选项组中的参数，可以使场景中的大气效果也产生投影，并能控制投影的不透明度和颜色数量。

图 9-23

┌─ 知识链接 ⊘

当泛光灯应用光线跟踪阴影时，渲染速度比聚光灯要慢，但渲染效果一致，在场景中应尽量避免这种情况。

对于标准灯光和光度学灯光中的所有类型的灯光，除了可以设置灯光颜色、强度等参数外，还可以选择不同的阴影类型。下面介绍较为常用的几种。

（1）阴影贴图

阴影贴图是最常用的阴影生成方式，它能产生柔和的阴影，且渲染速度快，其阴影效果如图 9-24 所示。阴影贴图的不足之处是会占用大量的内存，并且不支持使用透明度或不透明度贴图的对象。使用阴影贴图，灯光参数面板中会出现如图 9-25 所示的参数面板。

图 9-24

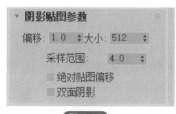

图 9-25

卷展栏中各选项的含义介绍如下。

▶ 偏移：位图偏移面向或背离阴影投射对象移动阴影。

▶ 大小：设置用于计算灯光的阴影贴图大小。

▶ 采样范围：采样范围决定阴影内平均有多少区域，影响柔和阴影边缘的程度。范围为 0.01 ～ 50.0。

▶ 绝对贴图偏移：勾选该复选框，阴影贴图的偏移未标准化，以绝对方式计算阴影贴图偏移量。

▶ 双面阴影：勾选该复选框，计算阴影时背面将不被忽略。

（2）区域阴影

现实中的阴影随着距离的增加边缘会越来越模糊，区域阴影就可以得到这种效果，如图 9-26 所示。该阴影类型的缺点是渲染速度慢，动画中的每一帧都需要重新处理。使用"区域阴影"后，会出现相应的参数卷展栏，在卷展栏中可以选择产生阴影的灯光类型并设置阴影参数，如图 9-27 所示。

图 9-26

图 9-27

卷展栏中各选项的含义介绍如下。

▶ 基本选项：在该选项组中可以选择生成区域阴影的方式，包括简单、矩形灯、圆形灯、长方体形灯、球形灯等多种方式。

▶ 阴影完整性：用于设置在初始光束投射中的光线数。

▶ 阴影质量：用于设置在半影（柔化区域）区域中投射的光线总数。

▶ 采样扩散：用于设置模糊抗锯齿边缘的半径。

▶ 阴影偏移：用于控制阴影和物体之间的偏移距离。

▶ 抖动量：用于向光线位置添加随机性。

▶ 区域灯光尺寸：该选项组提供尺寸参数来计算区域阴影，该组参数并不影响实际的灯光对象。

（3）VRay 阴影

在室内外场景的渲染过程中，通常是将 3ds Max 的灯光设置为主光源，配合 VRay 阴影进行画面的制作，因为 VRay 阴影产生的模糊阴影的计算速度要比其他类型的阴影速度更快更逼真，如图 9-28 所示。

选择"VRay 阴影"选项后，参数面板中会出现相应的卷展栏，如图 9-29 所示。

▶ 透明阴影：当物体的阴影是由一个透明物体产生的时，该选项十分有用。

▶ 偏移：给顶点的光线追踪阴影偏移。

▶ 区域阴影：打开或关闭面阴影。

▶ 长方体：假定光线是由一个长方体发出的。

▶ 球体：假定光线是由一个球体发出的。

▶ 细分：较高的细分值会使阴影更加光滑无噪点。

图 9-28

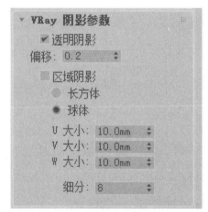

图 9-29

👑 进阶案例：模拟射灯光源效果

扫一扫 看视频

下面利用目标灯光结合光域网来模拟射灯光源效果，具体操作步骤介绍如下。

Step01：打开素材场景，如图 9-30 所示。

Step02：渲染摄影机视口，当前效果如图 9-31 所示。

Step03：在"光度学"创建面板单击"目标灯光"按钮，在前视图创建一盏目标灯光，调整光源位置和目标点位置，如图 9-32 所示。

Step04：渲染摄影机视口，当前的灯光出现了曝光，如图 9-33 所示。

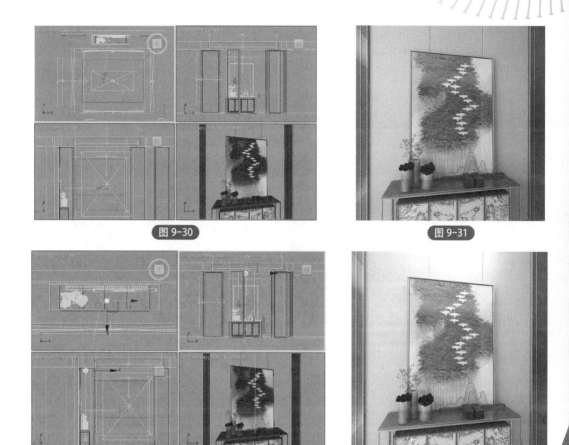

图 9-30   图 9-31

图 9-32   图 9-33

Step05：在"常规参数"卷展栏中开启阴影，设置阴影类型为 VRay 阴影，再设置灯光分布类型为"光度学 Web"，如图 9-34 所示。

Step06：在"分布（光度学文件）"卷展栏中单击"选择光度学文件"按钮，打开"打开光域 Web 文件"对话框，从中选择合适的光域网文件，如图 9-35 所示。单击"打开"按钮即可添加光域网文件。

图 9-34

图 9-35

Step07：渲染摄影机视口，效果如图 9-36 所示。

Step08：在"强度 / 颜色 / 衰减"卷展栏中适当加强灯光强度，如图 9-37 所示。

图 9-36

图 9-37

Step09：在视口中调整光源位置和目标点位置，如图 9-38 所示。

Step10：再渲染摄影机视口，最终光源效果如图 9-39 所示。

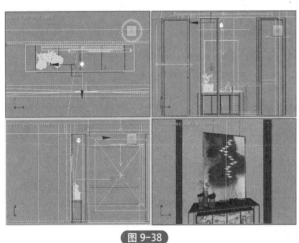

图 9-38

图 9-39

👑 进阶案例：模拟清晨太阳光光源效果

下面利用目标平行光来模拟清晨的太阳光光源效果，具体操作步骤介绍如下。

扫一扫 看视频

Step01：打开素材场景，如图 9-40 所示。

Step02：渲染摄影机视口，当前场景效果如图 9-41 所示。

Step03：在"标准"灯光创建面板中单击"目标平行光"命令，在视口中创建一盏目标平行光，并调整光源和目标点位置，如图 9-42 所示。

Step04：进入修改面板，在"常规参数"卷展栏中开启阴影，设置阴影类型为 VRay 阴影，然后在"平行光参数"卷展栏中设置聚光区和衰减区参数，如图 9-43 所示。

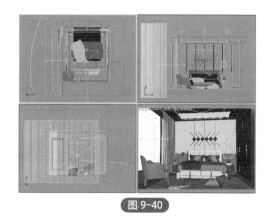

图 9-40

图 9-41

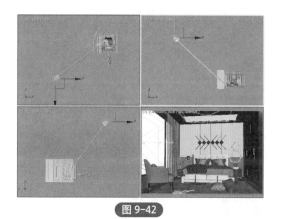

图 9-42

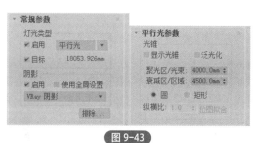

图 9-43

Step05：渲染摄影机视口，会发现目标平行光投到室内的光线被室外模型遮挡住，如图 9-44 所示。

图 9-44

Step06：在"常规参数"卷展栏中单击"排除"按钮，打开"排除 / 包含"对话框，在左侧列表中选择室外模型，然后单击"添加"按钮 `>>`，如图 9-45 所示。然后单击"确定"按钮关闭对话框。

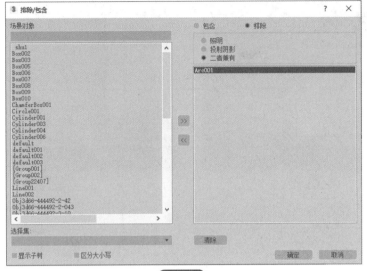

图 9-45

Step07：在"强度/颜色/衰减"卷展栏中设置灯光强度和颜色，如图 9-46、图 9-47 所示。

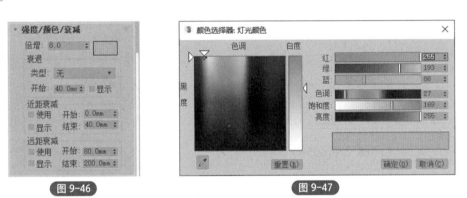

图 9-46　　　　　　　　　　　　　　　　　图 9-47

Step08：渲染摄影机视口，光源效果如图 9-48 所示。

图 9-48

Step09：在"VRay 阴影参数"卷展栏中勾选"区域阴影"复选框，再设置 U/V/W 大小以及细分，如图 9-49 所示。

Step10：再次渲染摄影机视口，最终效果如图 9-50 所示。

图 9-49

图 9-50

9.4 VRay 光源系统

VRay 渲染器除了支持 3ds Max 默认灯光类型之外，还提供了一种 VRay 渲染器专属的灯光类型：VRay 灯光、VRayIES 和 VRay 太阳，如图 9-51 所示。VR 灯光可以模拟出任何灯光环境，使用起来比 3ds Max 默认灯光更为简便，达到的效果也更加逼真。

9.4.1 VRayLight（VRay 灯光）

VRay 灯光是 VRay 渲染器自带的灯光之一，使用频率非常高。默认的光源形状为具有光源指向的矩形光源，其灯光参数控制面板如图 9-52 所示。

图 9-51

图 9-52

上述参数面板中，各卷展栏的常用选项含义介绍如下。

（1）"常规"卷展栏

▶ 开：灯光的开关。勾选此复选框，灯光才被开启。

▶ 类型：有 5 种灯光类型可以选择，分别是平面、穹顶、球体、网格以及圆盘，如图 9-53 所示。

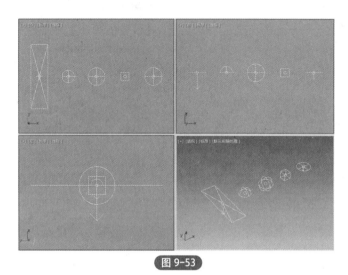

图 9-53

▶ 长度 / 宽度：面光源的长度和宽度。

▶ 单位：VRay 的默认单位，以灯光的亮度和颜色来控制灯光的光照强度。

▶ 倍增：用于控制光照的强弱。如图 9-54、图 9-55 所示分别为不同倍增值的效果。

图 9-54

图 9-55

▶ 颜色：光源发光的颜色。

▶ 纹理：控制是否使用纹理贴图作为半球光源。

（2）"选项"卷展栏

▶ "排除"按钮：用来排除灯光对物体的影响。

▶ 投射阴影：控制是否对物体的光照产生阴影。

▶ 双面：控制是否在面光源的两面都产生灯光效果。

▶ 不可见：用于控制是否在渲染的时候显示 VRay 灯光的形状。如图 9-56、图 9-57 所示分别为灯光可见和不可见的效果。

图 9-56

图 9-57

▶ 不衰减：勾选此复选框，灯光强度将不随距离而减弱。

▶ 天光入口：勾选此复选框，将把 VRay 灯光转化为天光。

▶ 存储发光贴图：勾选此复选框，同时为发光贴图命名并指定路径，这样 VR 灯光的光照信息将保存。在渲染光子时会很慢，但最后可直接调用发光贴图，减少渲染时间。

▶ 影响漫反射：控制灯光是否影响材质属性的漫反射。

▶ 影响高光：控制灯光是否影响材质属性的高光。

▶ 影响反射：控制灯光是否影响材质属性的反射。

（3）"采样"卷展栏

▶ 细分：控制 VRay 灯光的采样细分。

▶ 阴影偏移：控制物体与阴影偏移距离。

▶ 中止：控制灯光中止的数值，一般情况下不用修改该参数。

> 知识链接 ⚲

　　其他部分的选项，读者可以自己做测试，通过测试就会更深刻地理解它们的用途。测试是学习 VRay 最有效的方法，只有不断地测试，才能真正理解每个参数的含义，这样才能做出逼真的效果。所以读者在学习 VRay 的时候，应避免死记硬背，要从原理层次去理解参数，这才是学习 VRay 的方法。

9.4.2　VRayIES（VRay 光域网）

　　VrayIES 是 VRay 渲染器提供用于添加 IES 光域网的文件的光源。选择了光域网文件（*.IES），那么在渲染过程中光源的照明就会按照选择的光域网文件中的信息来表现，就可以做出普通照明无法做到的散射、多层反射、日光灯等效果。

　　"VRay 光域网参数"卷展栏如图 9-58、图 9-59 所示，其中参数含义与 VRay 灯光和 VRay 阳光类似。

　　参数卷展栏中常用选项的含义介绍如下。

▶ 启用：此选项用于控制是否开启灯光。

▶ IES 文件：载入光域网文件的通道。

▶ 图形细分：控制阴影的质量。

▶ 颜色：控制灯光产生的颜色。

◤ 强度值：控制灯光的照射强度。

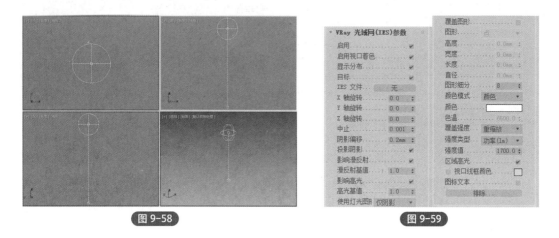

图 9-58   图 9-59

9.4.3 VRaySun（VRay 太阳）

VR 太阳光是 VRay 渲染器用于模拟太阳光的，它通常和 VR 天空配合使用，如图 9-60 所示。其卷展栏如图 9-61 所示。

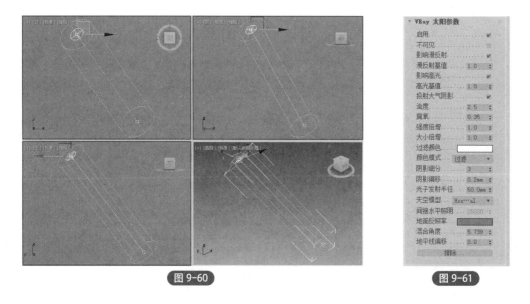

图 9-60   图 9-61

参数卷展栏中常用选项的含义介绍如下。

◤ 启用：此选项用于控制阳光的开关。

◤ 不可见：用于控制在渲染时是否显示 VRay 阳光的形状。

◤ 浊度：控制空气中的清洁度，影响太阳和天空的颜色倾向。当数值较小时，空气晴朗干净，颜色倾向为蓝色；当数值较大时，空气浑浊，颜色倾向为黄色甚至橘黄色。

◤ 臭氧：表示空气中的氧气含量。较小的值阳光会发黄，较大的值阳光会发蓝。

◤ 强度倍增：用于控制阳光的强度。数值越大灯光越亮，数值越小灯光越暗。

◤ 大小倍增：控制太阳的大小，主要表现在控制投影的模糊程度。数值越大，太阳越大，产生的阴影越虚。

▶ 过滤颜色：用于自定义太阳光的颜色。

▶ 阴影细分：用于控制阴影的品质。较大的值模糊区域的阴影将会比较光滑，没有杂点。

▶ 阴影偏移：用来控制物体与阴影偏移距离，较高的值会使阴影向灯光的方向偏移。如果该值为 1.0，阴影无偏移；如果该值大于 1.0，阴影远离投影对象；如果该值小于 1.0，阴影靠近投影对象。

▶ 排除：将物体排除于阳光照射范围之外。

> **操作提示** ⑤
>
> 在创建 VRay 太阳光时，将强度倍增值控制在 0.01 ～ 0.1 可以得到比较好的光照效果。

👑 进阶案例：模拟台灯光源效果

扫一扫 看视频

下面利用 VRay 球体灯光来模拟台灯光源效果，具体操作步骤介绍如下。

Step01：打开素材场景，如图 9-62 所示。

Step02：渲染摄影机视口，当前的场景中没有台灯光源，如图 9-63 所示。

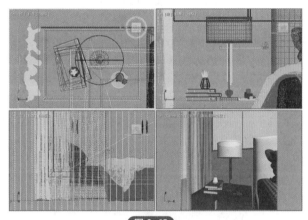

图 9-62

图 9-63

Step03：在"VRay"灯光创建面板中单击 VRayLight 按钮，然后在视口中创建一盏 VRay 灯光，在"常规"卷展栏中设置灯光类型为"球体"，光源半径为 30mm，在"选项"卷展栏中勾选"不可见"复选框，取消勾选"影响反射"复选框，再将灯光对象移动至台灯灯罩位置，如图 9-64、图 9-65 所示。

图 9-64

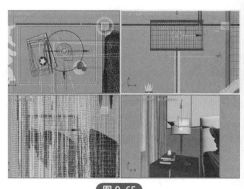

图 9-65

Step04：渲染场景，可以看到台灯发出浅浅的光线，如图 9-66 所示。

Step05：在"常规"卷展栏中设置光源倍增为 200，光源模式为"温度"，再设置温度值，如图 9-67 所示。

图 9-66

图 9-67

Step06：最后在"采样"卷展栏设置灯光采样细分，如图 9-68 所示。

Step07：渲染场景，最终的台灯光源效果如图 9-69 所示。

图 9-68

图 9-69

👑 进阶案例：模拟灯带光源效果

扫一扫 看视频

下面利用 VRay 平面光源来模拟灯带光源效果，具体操作步骤介绍如下。

Step01：打开素材场景，如图 9-70 所示。

Step02：渲染摄影机视口，当前场景光源效果如图 9-71 所示。

Step03：在 VRay 光源创建面板单击"VRayLight"命令，在顶视图中洗手池位置创建一盏 VRay 平面光源，并调整位置，如图 9-72 所示。

Step04：在"常规"卷展栏中设置灯光尺寸及倍增，在"选项"卷展栏中勾选"不可见"复选框，再取消勾选"影响反射"复选框，如图 9-73 所示。

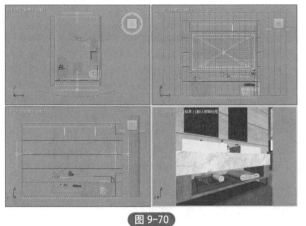

图 9-70

图 9-71

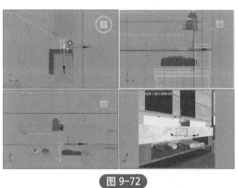

图 9-72

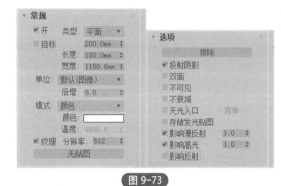

图 9-73

Step05：渲染摄影机视口，光源效果如图 9-74 所示。

Step06：在"常规"卷展栏设置灯光颜色，然后在"采样"卷展栏中设置灯光采样细分值为 15，如图 9-75 所示。

图 9-74

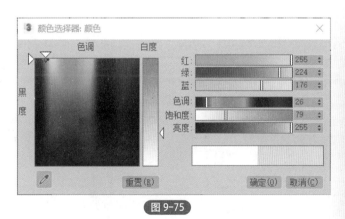

图 9-75

Step07：渲染摄影机视口，光源效果如图 9-76 所示。

Step08：在左视图中按住 Shift 键向下复制灯光对象，调整灯光长度，如图 9-77 所示。

Step09：在左视图中继续复制灯光对象，调整长度、宽度和倍增，并移动至镜子后面，如图 9-78、图 9-79 所示。

图 9-76

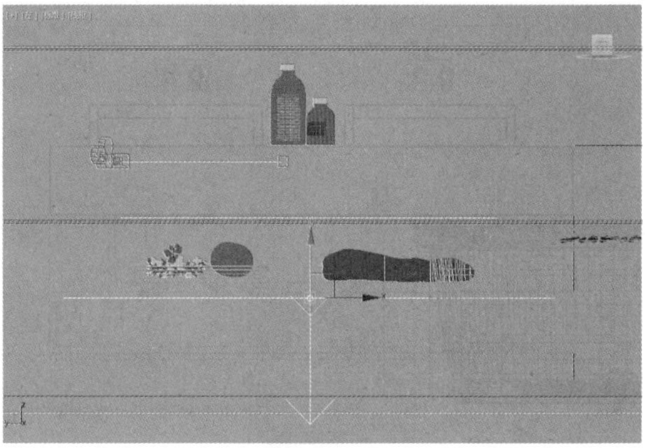

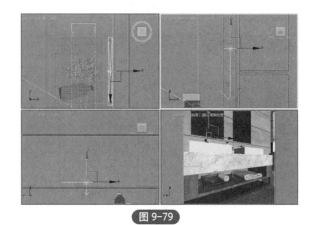

图 9-77

图 9-78

图 9-79

Step10：旋转并复制灯光对象，调整灯光尺寸及位置，如图 9-80、图 9-81 所示。

图 9-80

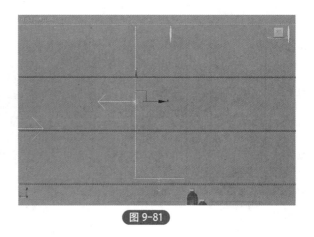

图 9-81

Step11：继续在左视图中复制灯光对象，如图 9-82 所示。

Step12：渲染摄影机视口，最终效果如图9-83所示。

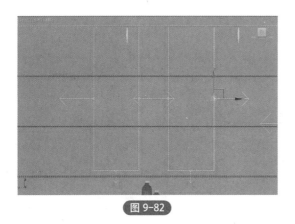

图9-82

图9-83

综合实战：为客厅场景创建光源

下面将利用本章所学的灯光知识，为客厅场景创建合适的光源对象，具体操作步骤介绍如下。

Step01：打开素材场景文件，如图9-84所示。

Step02：渲染摄影机视口，当前光源效果如图9-85所示。

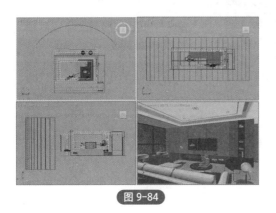

图9-84

图9-85

Step03：在VRay光源面板单击VRayLight按钮，在前视图创建一盏平面光源，设置灯光尺寸、倍增、颜色等参数，再移动光源至窗外位置用于模拟天光，如图9-86、图9-87所示。

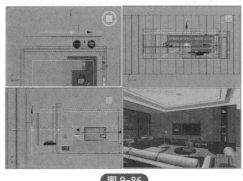

图9-86

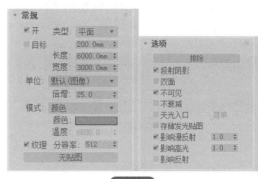

图9-87

第9章

Step04：灯光颜色参数如图 9-88 所示。

Step05：渲染摄影机视口，效果如图 9-89 所示。

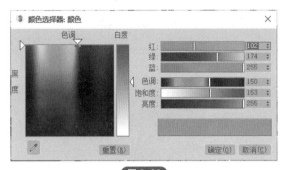

图 9-88

图 9-89

Step06：在前视图中按住 Shift 键复制天光光源，并重新调整对象倍增值和颜色，如图 9-90、图 9-91 所示。

图 9-90

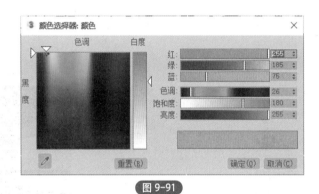

图 9-91

Step07：再渲染摄影机视口，天光效果如图 9-92 所示。

Step08：单击 VRayLight 按钮，在顶视图创建平面光源，并调整位置至置物架处，如图 9-93 所示。

图 9-92

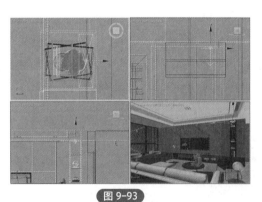

图 9-93

Step09：设置光源尺寸、倍增和颜色，如图 9-94、图 9-95 所示。

图 9-94

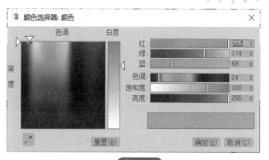
图 9-95

Step10：在左视图中向下实例复制光源对象，并调整位置，如图 9-96 所示。

Step11：渲染摄影机视口，效果如图 9-97 所示。

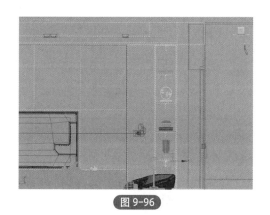
图 9-96

图 9-97

Step12：复制光源，并调整尺寸及位置，其余参数不变，如图 9-98 所示。

Step13：渲染摄影机视口，如图 9-99 所示。

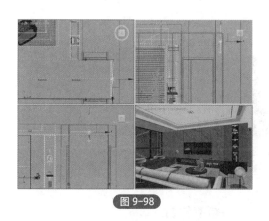
图 9-98

图 9-99

Step14：继续复制灯带光源，重新设置光源尺寸、倍增值，并调整位置，旋转角度，如图 9-100、图 9-101 所示。

Step15：渲染摄影机视口，效果如图 9-102 所示。

Step16：继续单击 VRayLight 按钮，创建一盏 VRay 球体光源，移动至吊灯灯罩内，如图 9-103 所示。

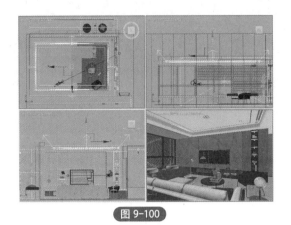

图 9-100

图 9-101

图 9-102

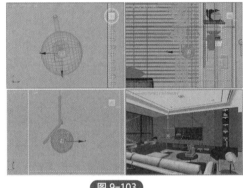

图 9-103

Step17：在参数面板中设置球体光源半径、倍增及颜色，如图 9-104、图 9-105 所示。

图 9-104

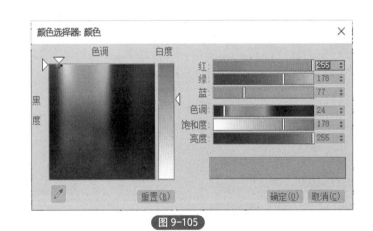

图 9-105

Step18：再复制光源对象至台灯灯罩内，渲染摄影机视口，效果如图 9-106 所示。

Step19：在创建面板单击 VRayIES，在前视图创建光源，在参数面板中取消勾选"目标"复选框，并调整至筒灯下方，如图 9-107 所示。

Step20：为光源添加 IES 文件，再设置图形类型及强度值，如图 9-108 所示。

Step21：实例复制光源对象，如图 9-109 所示。

图 9-106

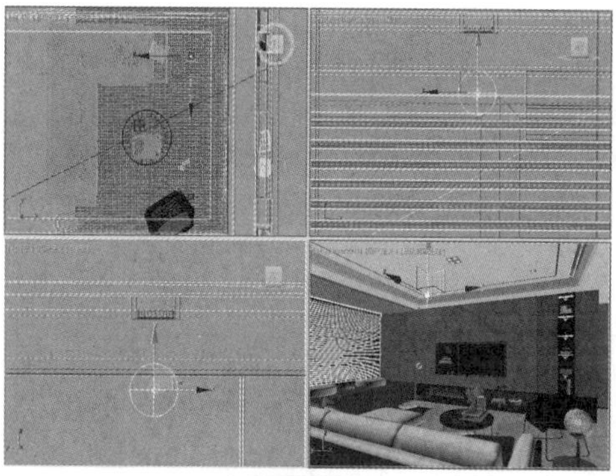

图 9-107

图 9-108

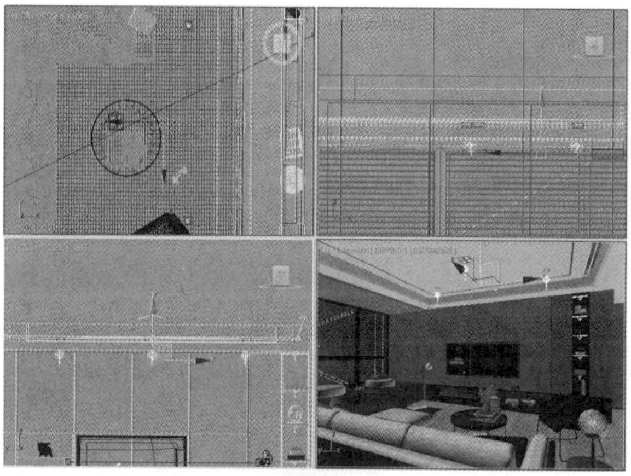

图 9-109

Step22：渲染摄影机视口，效果如图 9-110 所示。

Step23：最后在顶视图中沙发区域创建一盏 VRay 平面光源作为补光，调整其位置，如图 9-111 所示。

图 9-110

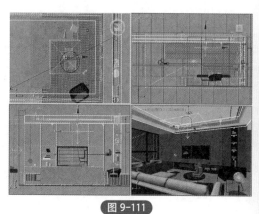

图 9-111

Step24：在参数面板设置光源尺寸及倍增值等参数，如图 9-112 所示。

Step25：再次渲染摄影机视口，最终光源效果如图 9-113 所示。

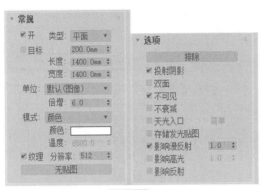

图 9-112

图 9-113

✎ 课后作业

通过本章内容的学习，读者应该对所学知识有了一定的掌握，章末安排了课后作业，用于巩固和练习。

习题 1

为卫生间场景创建光源环境，如图 9-114、图 9-115 所示。

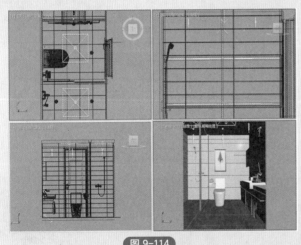

图 9-114

图 9-115

操作提示：

Step01：利用 VRay 平面光模拟灯带光源和补光。

Step02：利用目标灯光模拟射灯光源。

习题 2

利用目标平行光模拟傍晚太阳光效果，如图 9-116、图 9-117 所示。

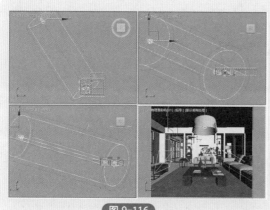

图 9-116

图 9-117

操作提示：

Step01：创建目标平行光，调整至夕阳西下的角度。

Step02：设置光源强度、颜色、阴影类型以及 VRay 阴影参数。

第 10 章
摄影机技术

内容导读:

摄影机的应用是效果图制作过程中非常重要的环节，通过为场景创建摄影机可以调整作品画面的角度、景深等各种效果。3ds Max 中的摄影机与现实世界中的摄影机十分相似，其位置、摄影角度、焦距等都可以随意调整，不仅方便观看场景中各部分的细节，还可以利用摄影机的移动创建浏览动画。

本章主要向读者介绍标准摄影机和 VRay 摄影机的基础知识及应用，通过本章学习可以掌握摄影机在效果图制作中的操作技巧。

学习目标:

- 了解摄影机基础知识
- 了解 VRay 穹顶摄影机的参数及应用
- 掌握 3ds Max 标准摄影机的设置与应用

10.1 摄影机简介

在学习摄影机的参数设置与应用之前，首先需要了解一下摄影机的相关知识。

10.1.1 摄影机与构图

无论是摄影还是设计作品的效果图创作，构图都是非常重要的，构图的合理与否直接会影响整个作品的冲击力和情感，如图 10-1、图 10-2 所示为构图表现较为优秀的作品。

图 10-1

图 10-2

在输出静态图像时，需要注意摄影机的透视校正问题；输出动态视频动画时，则要注意推、拉、摇、移等摄影机的表现手段。除此之外，构图还会受到"图像纵横比"的影响，该参数会影响图像输出的长宽比例。

10.1.2 摄影机参数

真实世界中的摄影机是使用镜头将环境反射的灯光聚焦到具有灯光敏感性曲面的焦点平面，3ds Max 中摄影机相关的参数主要是焦距和视野。

（1）焦距

焦距是指镜头和灯光敏感性曲面的焦点平面间的距离。焦距影响成像对象在图片上的清晰度。焦距越小，图片中包含的场景越多；焦距越大，图片中包含的场景越少，但会显示远距离成像对象的更多细节。

（2）视野

视野控制摄影机可见场景的数量，以水平线度数进行测量。视野与镜头的焦距直接相关，例如 35mm 的镜头显示水平线约为 54°，焦距越大则视野越窄，焦距越小则视野越宽。

10.2 3ds Max 标准摄影机

摄影机可以从特定的观察点来表现场景，模拟真实世界中的静止图像、运动图像或视频，并能够制作某些特殊的效果，如景深和运动模糊等。3ds Max 共提供了物理、目标和自由 3 种摄影机类型。

10.2.1　物理摄影机

物理摄影机可模拟用户可能熟悉的真实摄影机设置，例如快门速度、光圈、景深和曝光。借助增强的控件和额外的视口内反馈，让创建逼真的图像和动画变得更加容易。其参数面板包括"基本""物理摄影机""曝光""散景（景深）""透视控制""镜头扭曲"等 7 个卷展栏，如图 10-3 所示。下面介绍常用的几个参数卷展栏。

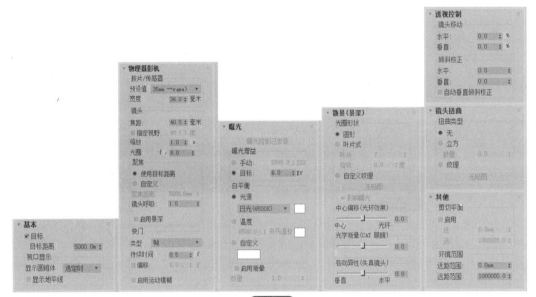

图 10-3

（1）"基本"卷展栏

▶ 目标：启用该选项后，摄影机包括目标对象，并与目标摄影机的行为相似。

▶ 目标距离：设置目标与焦平面之间的距离，会影响聚焦、景深等。

▶ 显示圆锥体：在显示摄影机圆锥体时选择"选定时""始终"或"从不"。

▶ 显示地平线：启用该选项后，地平线在摄影机视口中显示为水平线。

（2）"物理摄影机"卷展栏

▶ 预设值：选择胶片模型或电荷耦合传感器。每个设置都有其默认宽度值，"自定义"选项用于选择任意宽度。

▶ 宽度：可以手动调整帧的宽度。

▶ 焦距：设置镜头的焦距，默认值为 40mm。

▶ 指定视野：启用该选项时，可以设置新的视野值。默认的视野值取决于所选的胶片 / 传感器预设值。

▶ 缩放：在不更改摄影机位置的情况下缩放镜头。

▶ 光圈：将光圈设置为光圈数或"F 制光圈"。此值将影响曝光和景深。光圈值越低，光圈越大并且景深越窄。

▶ 使用目标距离：使用"目标距离"作为焦距。

▶ 自定义：使用不同于"目标距离"的焦距。

▶ 镜头呼吸：通过将镜头向焦距方向移动或远离焦距方向来调整视野。镜头呼吸值为0.0表示禁用此效果。默认值为10。

　　▶ 启用景深：启用该选项时，摄影机在不等于焦距的距离上生成模糊效果。景深效果的强度基于光圈设置。

　　▶ 快门类型：选择测量快门速度使用的单位。帧（默认设置），通常用于计算机图形；分或分秒，通常用于静态摄影；度，通常用于电影摄影。

　　▶ 持续时间：根据所选的单位类型设置快门速度。该值可能影响曝光、景深和运动模糊。

　　▶ 偏移：启用该选项时，指定相对于每帧的开始时间的快门打开时间，更改此值会影响运动模糊。

　　▶ 启用运动模糊：启用该选项后，摄影机可以生成运动模糊效果。

　　（3）"曝光"卷展栏

　　▶ 曝光控制已安装：单击以使物理摄影机曝光控制处于活动状态。

　　▶ 手动：通过 ISO 值设置曝光增益。当此选项处于活动状态时，通过此值、快门速度和光圈设置计算曝光。该数值越高，曝光时间越长。

　　▶ 目标：设置与 3 个摄影曝光值的组合相对应的单个曝光值设置。每次增加或降低 EV值，相应地也会分别减少或增加有效的曝光，如快门速度值中所做的更改表示的一样。因此，值越高，生成的图像越暗；值越低，生成的图像越亮。默认设置为6.0。

　　▶ 光源：按照标准光源设置色彩平衡。

　　▶ 温度：以色温形式设置色彩平衡，以开尔文度表示。

　　▶ 自定义：用于设置任意色彩平衡。单击色样以打开"颜色选择器"，可以从中设置希望使用的颜色。

　　▶ 启用渐晕：启用时，渲染模拟出现在胶片平面边缘的变暗效果。

　　▶ 数量：增加此数量以增加渐晕效果。

　　（4）"散景（景深）"卷展栏

　　▶ 圆形：散景效果基于圆形光圈。

　　▶ 叶片式：散景效果使用带有边的光圈。使用"叶片"值设置每个模糊圈的边数，使用"旋转"值设置每个模糊圈旋转的角度。

　　▶ 自定义纹理：使用贴图来替换每种模糊圈。如果贴图为填充黑色背景的白色圈，则等效于标准模糊圈。将纹理映射到与镜头纵横比相匹配的矩形：会忽略纹理的初始纵横比。

　　▶ 影响曝光：启用时，自定义纹理将影响场景的曝光。

　　▶ 中心偏移（光环效果）：使光圈透明度向中心（负值）或边（正值）偏移。正值会增加焦区域的模糊量，而负值会减小模糊量。

　　▶ 光学渐晕（CAT 眼睛）：通过模拟猫眼效果使帧呈现渐晕效果。

　　▶ 各向异性（失真镜头）：通过垂直（负值）或水平（正值）拉伸光圈模拟失真镜头。

10.2.2　目标摄影机

　　目标摄影机用于观察目标点附近的场景内容，它有摄影机、目标两部分，可以很容易地单独进行控制调整，并分别设置动画。其参数面板包括"参数"卷展栏、"景深参数"和"运动模糊参数"卷展栏 3 种，"景深参数"卷展栏和"运动模糊参数"卷展栏参数类似，这里仅对"参数"卷展栏和"景深参数"卷展栏进行介绍，如图 10-4 所示。

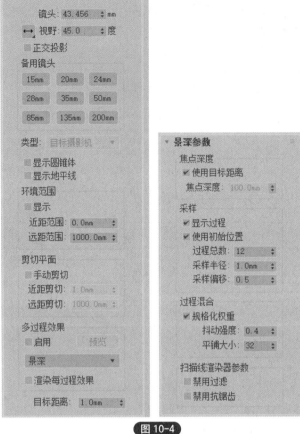

图 10-4

（1）"参数"卷展栏

▶ 镜头：以毫米为单位设置摄影机的焦距。

▶ 视野：用于决定摄影机查看区域的宽度，可以通过水平、垂直或对角线这 3 种方式测量应用。该参数与"镜头"参数是关联的。

▶ 正交投影：启用该选项后，摄影机视图为用户视图；关闭该选项后，摄影机视图为标准的透视图。

▶ 备用镜头：该选项组用于选择各种常用预置镜头。

▶ 类型：切换摄影机的类型，包含目标摄影机和自由摄影机两种。

▶ 显示圆锥体：显示摄影机视野定义的锥形光线。

▶ 显示地平线：在摄影机中的地平线上显示一条深灰色的线条。

▶ 近距 / 远距范围：设置大气效果的近距范围和远距范围。

▶ 手动剪切：启用该选项可以定义剪切的平面。

▶ 近距 / 远距剪切：设置近距和远距平面。

▶ 多过程效果：该选项组中的参数主要用来设置摄影机的景深和运动模糊效果。默认选择"景深"，当选择"运动模糊"时，下方会切换成"运动模糊参数"卷展栏。

▶ 目标距离：当使用目标摄影机时，设置摄影机与其目标之间的距离。

（2）景深参数

▶ 使用目标距离：启用该选项后，系统会将摄影机的目标距离用作每个过程偏移摄影机的点。

▶ 焦点深度：当关闭"使用目标距离"选项，该选项可以用来设置摄影机的偏移深度。

▶ 显示过程：启用该选项后，"渲染帧窗口"对话框中将显示多个渲染通道。

▶ 使用初始位置：启用该选项后，第一个渲染过程将位于摄影机的初始位置。

▶ 过程总数：设置生成景深效果的过程数。增大该值可以提高效果的真实度，但是会增加渲染时间。

▶ 采样半径：设置生成的模糊半径。数值越大，模糊越明显。

▶ 采样偏移：设置模糊靠近或远离"采样半径"的权重。增加该值将增加景深模糊的数量级，从而得到更加均匀的景深效果。

▶ 规格化权重：启用该选项后可以产生平滑的效果。

▶ 抖动强度：设置应用于渲染通道的抖动程度。

▶ 平铺大小：设置图案的大小。

▶ 禁用过滤：启用该选项后，系统将禁用过滤的整个过程。

▶ 禁用抗锯齿：启用该选项后，可以禁用抗锯齿功能。

10.2.3 自由摄影机

自由摄影机在摄影机指向的方向查看区域，与目标摄影机非常相似。不同的是自由摄影机比目标摄影机少了一个目标点，自由摄影机由单个图标表示，可以更轻松地设置摄影机动画。自由摄影机的参数面板与目标摄影机的参数面板相同，这里就不再赘述。

 上手实操：利用剪切平面渲染场景

扫一扫 看视频

下面利用目标摄影机的"剪切平面"功能来渲染场景，具体操作步骤介绍如下。

Step01：打开素材场景，如图 10-5 所示。

Step02：在"标准"摄影机面板中单击"目标"按钮，在顶视图中创建一架摄影机，然后调整摄影机角度及高度，设置镜头为 28mm，如图 10-6 所示。

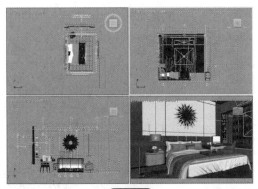

图 10-5

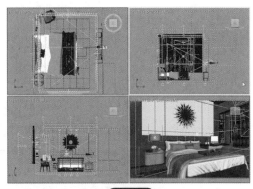

图 10-6

Step03：激活透视视图，按 C 键切换到摄影机视口，并显示安全框，如图 10-7 所示。

Step04：渲染摄影机视口，可以看到当前摄影机镜头太近，如图 10-8 所示。

Step05：在顶视图适当调整摄影机位置，此时会发现摄影机移动至墙外后，摄影机视口中全黑，选择摄影机，切换到修改面板，在"参数"卷展栏"剪切平面"选项组勾选"手动剪切"复选框，并设置"近距剪切"和"远距剪切"参数，如图 10-9 所示。

Step06：设置后的视口如图 10-10 所示。

图 10-7

图 10-8

图 10-9

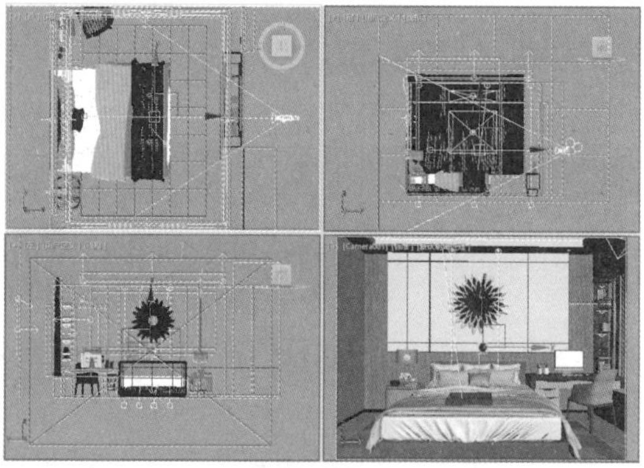

图 10-10

Step07：渲染摄影机视口，最终效果如图 10-11 所示。

图 10-11

扫一扫 看视频

👑 进阶案例：创建多个摄影机进行批量渲染

具体操作步骤介绍如下。

Step01：打开素材场景，可以看到当前场景中已经创建好了一架摄影机，如图 10-12

所示。

Step02：在"标准"摄影机面板单击"目标"按钮，创建一架摄影机，设置镜头为35mm，并调整角度及位置，如图10-13所示。

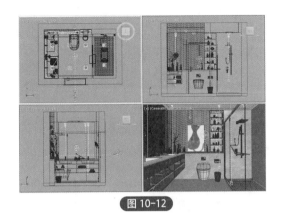

图10-12

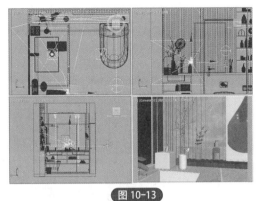

图10-13

Step03：继续创建一架摄影机，调整摄影机位置及角度，如图10-14所示。

Step04：最大化摄影机视口，会看到玻璃隔断以及把手都在视野中，如图10-15所示。

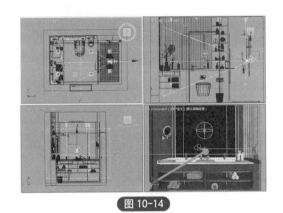

图10-14

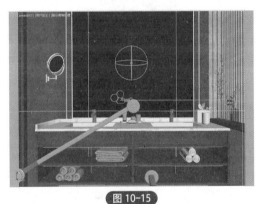

图10-15

Step05：在"参数"面板勾选"手动剪切"复选框，并设置近距剪切和远距剪切，如图10-16所示。

Step06：设置后的视口场景如图10-17所示。

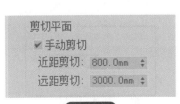

图10-16

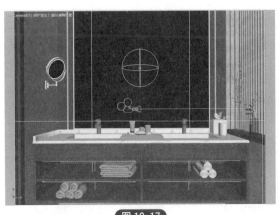

图10-17

Step07：执行"渲染＞批处理渲染"命令，打开"批处理渲染"对话框，如图 10-18 所示。

Step08：单击"添加"按钮添加摄影机，然后选择 Camera001，如图 10-19 所示。

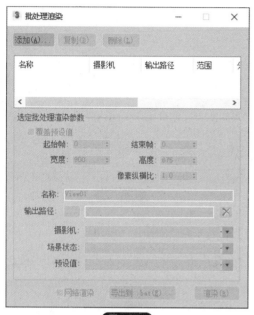

图 10-18

图 10-19

Step09：单击"输出路径"选择按钮，打开"渲染输出文件"对话框，输入文件名并指定存储类型和存储路径，如图 10-20 所示。

Step10：单击"保存"按钮会弹出"PNG 配置"对话框，保持默认设置，如图 10-21 所示。单击"确定"按钮即可完成设置。

图 10-20

图 10-21

Step11：照此方法再添加另外两个摄影机并设置渲染输出路径，如图 10-22 所示。

Step12：单击"渲染"按钮，系统即开始进行批量渲染，渲染效果如图 10-23 ～图 10-25 所示。

图 10-22

图 10-23

图 10-24

图 10-25

👑 进阶案例：制作景深效果

下面利用摄影机制作景深效果，具体操作步骤介绍如下。

Step01：打开素材场景，如图 10-26 所示。

Step02：调整摄影机目标点位置到目标物体上，再调整角度，如图 10-27 所示。

扫一扫 看视频

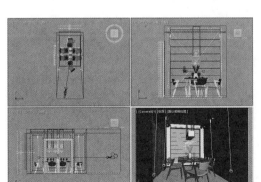

图 10-26

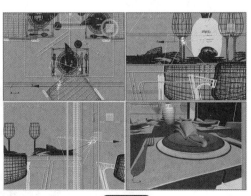

图 10-27

Step03：渲染摄影机视口，最初的效果如图 10-28 所示。

Step04：按 F10 打开"渲染设置"面板，在 VRay 选项板的"摄影机"卷展栏中勾选"景深"复选框，如图 10-29 所示。

图 10-28

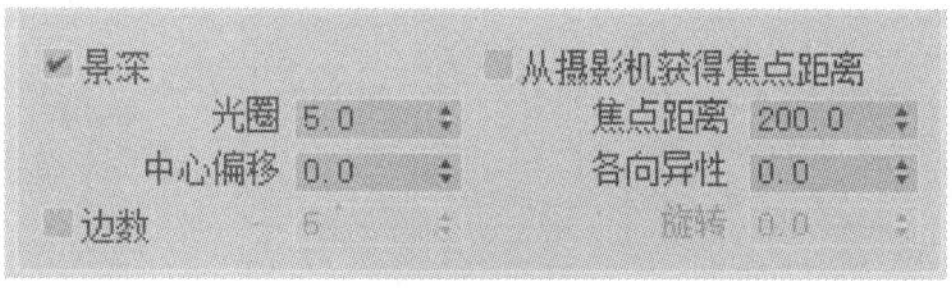

图 10-29

Step05：渲染摄影机视口，可以看到效果中出现了景深模糊，如图 10-30 所示。

Step06：在"摄影机"卷展栏中勾选"从摄影机获得焦点距离"复选框，设置"光圈"和"中心偏移"，如图 10-31 所示。

图 10-30

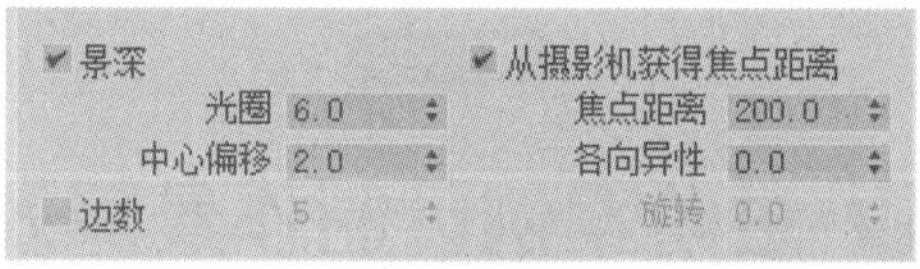

图 10-31

Step07：再次渲染场景，最终的景深效果如图 10-32 所示。

图 10-32

10.3　VRay 摄影机

VRay 摄影机是安装了 VRay 渲染器后新增加的一种摄影机类型，包括 VRay 穹顶摄影机和 VRay 物理摄影机两种。

10.3.1　VRayDomeCamera（穹顶摄影机）

VRay 穹顶摄影机主要用于渲染半球圆顶的效果，通过"翻转 X""翻转 Y"和"FOV"选项来设置摄影机参数，其参数面板如图 10-33 所示。

- ▶ 翻转 X：使渲染图像在 X 坐标轴上翻转。
- ▶ 翻转 Y：使渲染图像在 Y 坐标轴上翻转。
- ▶ FOV：设置摄影机的视觉大小。

图 10-33

知识链接 ◎

　　VRay 穹顶摄影机是垂直角度的摄影机，摄影机和目标点永远呈直线形式，不能移动，比较适合渲染平面图，在效果图制作中很少用到。

10.3.2　VRayPhysicalCamera（物理摄影机）

与 3ds Max 自带的摄影机相比，VRay 物理摄影机可以模拟真实成像，更轻松地调节透视关系，单靠摄影机就能很好地控制曝光。简单地讲，如果发现灯光不够亮，直接修改 VRay 摄影机的部分参数就能提高画面质量，而不用重新修改灯光的亮度。其参数面板如图 10-34 所示。

图 10-34

下面具体介绍主要卷展栏中各选项的含义。

（1）"基本和显示"卷展栏

▶ 类型：VRay 物理摄影机内置静止相机、电影相机、视频相机 3 种类型，用户可以在这里进行选择。

▶ 目标点：勾选此项，摄影机的目标点将放在焦平面上。

▶ 目标距离：摄影机到目标点的距离，默认情况下不启用此选项。

▶ 焦距：控制摄影机的焦长。

（2）"传感器和镜头"卷展栏

▶ 视野：镜头所能覆盖的范围。一个摄影机镜头能涵盖多大范围的景物，通常以角度来表示，这个角度就是视角 FOV。

▶ 胶片规格：也叫薄膜口，控制相机看到的景色范围，值越大，看到的景越多，一般默认即可。

▶ 焦距：指镜头长度，控制摄影机的焦距，焦距越小，摄影机的可视范围就越大，一般设为 35。

▶ 缩放因子：控制相机视图的缩放。值越大，相机视图拉得越近，看到的内容越少。

（3）"光圈"卷展栏

▶ 胶片速度：不同的胶片感光系数对光的敏感度是不一样的，数值越高胶片感光度就越高，颗粒越粗，最后的图像就会越亮，反之图像就会越暗。

▶ 光圈数：控制渲染图最终亮度，值越小越亮，同时与景深有关系，大光圈景深小，小光圈景深大。数值一般控制在 5 ~ 8。

▶ 快门速度：控制进光时间，数值越小，进光时间越长，渲染图片越亮。

▶ 快门角度：只有选择电影摄影机类型此项才激活，用于控制图片的明暗。

▶ 快门偏移：只有选择电影摄影机类型此项才激活，用于控制快门角度的偏移。

▶ 延迟：只有选择视频摄影机类型此项才激活，用于控制图片的明暗。

（4）"景深和运动模糊"卷展栏

▶ 景深：选择该项就可以开启物理摄影机的景深效果。

▶ 运动模糊：选择该项就可以开启物理摄影机的运动模糊效果。快门速度可以控制运动模糊的强度。

（5）"颜色和曝光"卷展栏

▶ 曝光：选择该项后自动控制相机曝光。

▶ 晕影：模拟真实摄影机的渐晕效果。

▶ 白平衡：控制渲染图片的色偏。

▶ 自定义白平衡：自定义图像颜色色偏。

▶ 色温：衡量发光物体的颜色。

（6）"散景特效"卷展栏

▶ 刀片：控制散景产生的小圆圈的边，默认为 5。

▶ 旋转：散景小圆圈的旋转角度。

▶ 中心偏差：散景偏移原物体的距离。

▶ 各向异性：控制散景的各向异性，值越大散景的小圆圈拉得越长，变成椭圆。

🖥 综合实战：利用物理摄影机渲染场景

下面在蜡烛上创建一簇火苗效果，具体操作步骤介绍如下。

Step01：打开素材场景，该场景中已经创建一架目标摄影机，如图 10-35 所示。

Step02：渲染摄影机视口，效果如图 10-36 所示。

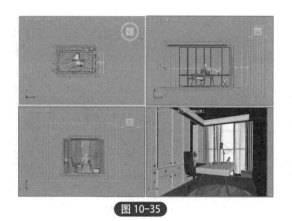

图 10-35

图 10-36

Step03：在原位置创建一架 VRay 物理摄影机，并调整位置及角度，如图 10-37 所示。

Step04：激活摄影机视口，按 C 键会弹出"选择摄影机"对话框，这里选择 VRayCam001，如图 10-38 所示。

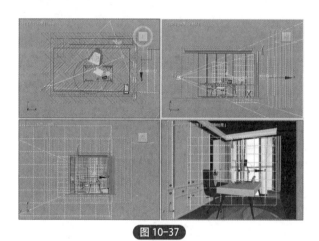

图 10-37

图 10-38

Step05：切换后的摄影机视口如图 10-39 所示。

Step06：在参数面板的"传感器和镜头"卷展栏中设置"胶片规格"为 50mm，如图 10-40 所示。

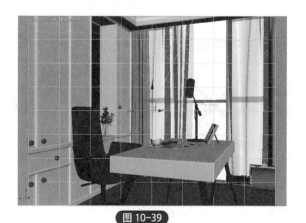

图 10-39

图 10-40

Step07： 设置后的摄影机视口如图 10-41 所示。

Step08： 渲染摄影机视口，效果如图 10-42 所示。更换摄影机后的场景效果中一片黑。

图 10-41

图 10-42

Step09： 在"光圈"卷展栏中重新设置"胶片速度"和"快门速度"参数，如图 10-43 所示。

Step10： 再次渲染摄影机视口，效果如图 10-44 所示。

图 10-43

图 10-44

Step11： 在"光圈"卷展栏中设置"光圈数"为 5，如图 10-45 所示。

Step12： 再渲染摄影机视口，最终效果如图 10-46 所示。

图 10-45

图 10-46

✏ 课后作业

通过本章内容的学习，读者应该对所学知识有了一定的掌握，章末安排了课后作业，用于巩固和练习。

习题 1

利用摄影机制作镜头景深效果，如图 10-47、图 10-48 所示。

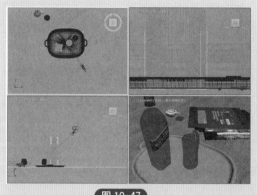

图 10-47

图 10-48

操作提示：

Step01：创建目标摄影机，调整目标点的位置及角度。

Step02：在"渲染设置"面板中的"摄影机"卷展栏设置景深参数。

习题 2

利用 VRay 物理摄影机渲染场景，如图 10-49、图 10-50 所示。

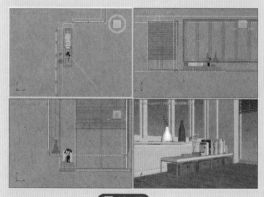

图 10-49

图 10-50

操作提示：

Step01：创建 VRay 物理摄影机，调整位置及角度。

Step02：设置胶片规格、胶片速度、光圈数、快门速度。

Step03：渲染摄影机视口，根据渲染效果再适当调整光圈数、快门速度。

第11章
毛发技术

📄 **内容导读:**

　　毛发在室内场景和角色动画制作中非常重要，也是较难模拟的，是 3ds Max 中非常重要的一个部分。其默认的毛发工具是 Hair 和 Fur（WSM）修改器，当然在安装 VRay 渲染器后，也可以找到 VRay 毛发工具。现实生活中存在很多带有毛发的物体，比如草皮、毛绒玩具、毛毯等。这些看似精细的物体，在 3ds Max 中都可以模拟出来，难点在于要模拟出真实的毛发效果，需要在日常生活中多多观察。

　　本章将详细介绍这两种毛发工具的创建方法与参数设置技巧。

🎯 **学习目标:**

- 掌握 Hair 和 Fur 的使用方法
- 掌握 VRay 毛发对象的使用方法

11.1 Hair 和 Fur（WSM）修改器

Hair 和 Fur（WSM）修改器是毛发系统的核心，其功能非常强大，不仅可以制作静态的毛发，还可以模拟真实的毛发运动。Hair 和 Fur（WSM）修改器的参数包括"选择""工具""设计""常规参数""材质参数""自定义明暗器""海市蜃楼参数""成束参数""卷发参数""纽结参数""多股参数"十多个卷展栏。

11.1.1 选择

"选择"卷展栏提供了各种工具，用于访问不同的子对象层级和显示设置以及创建与修改选定内容，此外还显示了与选定实体有关的信息，如图 11-1 所示。

图 11-1

- 导向：单击该按钮后，将启用"设计"卷展栏中的"设计发型"按钮。
- 面、多边形、元素：选择三角形面、多边形、元素对象。
- 按顶点：启用该选项，只需要选择子对象的顶点就可以选中子对象。
- 忽略背面：启用该选项，选择子对象时只影响面对着用户的面。
- 命令选择集：可用来复制粘贴选择集。

11.1.2 工具

该卷展栏提供了使用"毛发"完成各种任务所需的工具，包括从现有的样条线对象创建发型、重置毛发以及为修改器和特定发型加载并保存一般预设，如图 11-2 所示。

图 11-2

- 从样条线重梳：使用样条线来设计毛发样式。
- 样条线变形：可以允许用线来控制发型与动态效果。
- 重置其余：在曲面上重新分布头发的数量，以得到较为均匀的效果。
- 重生毛发：忽略全部样式信息，将毛发复位到默认状态。
- 加载、保存：加载、保存预设的毛发样式。
- 无：如果要指定毛发对象，可以单击该按钮，然后选择要使用的对象。
- X：如果要停止使用实例节点，可以单击该按钮。
- 混合材质：启用该选项后，应用于生长对象的材质以及应用于毛发对象的材质将合并为单一的多子对象材质，并应用于生长对象。
- 导向 - 样条线：将所有导向复制为新的单一样条线对象。
- 毛发 - 样条线：将所有毛发复制为新的单一样条线对象。
- 毛发 - 网格：将所有毛发复制为新的单一网格对象。

11.1.3 设计

使用 Hair 和 Fur 修改器的"导向"子对象层级，可以在视口中交互地设计发型。交互式发型控件位于"设计"卷展栏中。该卷展栏提供了"设计发型"按钮，如图 11-3 所示。

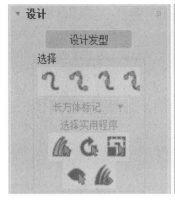 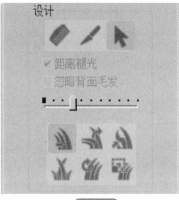 

图 11-3

- ▶ 设计发型：单击该按钮可以设计毛发的发型。
- ▶ 由头梢选择头发：可以只选择每根导向头发末端的顶点。
- ▶ 选择全部顶点：选择导向头发中的任意顶点时，会选择该导向头发中的所有顶点。
- ▶ 选择导向顶点：选择导向头发上的任意顶点。
- ▶ 由根选择导向：只选择每根导向头发根处的顶点，该操作将选择相应导向头发上的所有顶点。
- ▶ 选择工具：标有"选择工具"的按钮用于处理选择内容。
- ▶ 发梳：在该模式下，可以通过拖拽光标来梳理毛发。
- ▶ 剪毛发：在该模式下可以修剪导向毛发。
- ▶ 选择：单击该模式可以进入选择模式。
- ▶ 距离褪光：启用该选项时，边缘产生褪光现象，产生柔和的边缘效果。只适用于"头发笔刷"。
- ▶ 忽略背面毛发：启用该项后背面的头发将不受画刷影响。
- ▶ 笔刷大小滑块：通过拖动滑块来改变画刷的大小。
- ▶ 平移：按照鼠标的拖动方向移动选定的顶点。
- ▶ 站立：向曲面的垂直方向推选定的导向。
- ▶ 蓬松发根：向曲面的垂直方向推选定的导向头发。
- ▶ 丛：强制选定的导向之间相互更加靠近或更加分散。
- ▶ 旋转：以光标位置为中心来旋转导向毛发的顶点。
- ▶ 比例：执行放大或缩小操作。
- ▶ 衰减：将毛发长度制作成衰减的效果。
- ▶ 重梳：使用引导线对毛发进行梳理。
- ▶ 重置其余：在曲面上重新分布数量，以得到均匀的结果。
- ▶ 锁定 / 解除锁定：锁定或解锁导向毛发。
- ▶ 毛发组：将毛发拆分或合并。

11.1.4　常规参数

该卷展栏允许在根部和梢部设置毛发数量和密度、长度、厚度以及其他各种综合参数，其参数面板如图 11-4 所示。

- 毛发数量：设置生成的毛发总数、每根毛发的分段。
- 毛发段：设置每根毛发的分段。
- 毛发过程数：设置毛发过程数。
- 密度、比例：设置毛发的密度及缩放比例。
- 剪切长度：设置将整体的毛发长度进行缩放的比例。
- 随机比例：设置渲染毛发时的随机比例。
- 根厚度、梢厚度：设置发根的厚度及发梢的厚度。
- 置换：设置毛发从根到生长对象曲面的置换量。

图 11-4

11.1.5　材质参数

该卷展栏上的参数均应用于由 Hair 生成的缓冲渲染毛发。如果是几何体渲染的毛发，则毛发颜色派生自生长对象，参数面板如图 11-5 所示。

- 阻挡环境光：在照明模型时，控制环境或漫反射对模型影响的偏差。
- 发梢褪光：开启该选项后，毛发将朝向发梢而产生淡出到透明的效果。
- 梢 / 根颜色：设置距离生长对象曲面最远或最近的毛发梢部的颜色。
- 色调 / 值变化：设置毛发颜色或亮度的变化量。
- 变异颜色：设置变异毛发的颜色。
- 变异 %：设置接受"变异颜色"的毛发的百分比。
- 高光：设置毛发上高亮显示的亮度。
- 光泽度：设置毛发上高亮显示的相对大小。
- 高光反射染色：设置反射高光的颜色。
- 自身阴影：设置自身阴影的大小。
- 几何体阴影：设置毛发从场景中的几何体接收到的阴影的量。

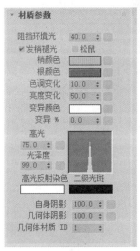

图 11-5

11.1.6　海市蜃楼、成束、卷发参数

海市蜃楼、成束、卷发参数可以控制毛发是否产生束状、卷曲等效果，其参数面板如图 11-6 所示。

- 百分比：控制海市蜃楼的百分比。
- 强度：控制海市蜃楼的强度。
- 束：相对于总体毛发数量，设置毛发束数量。
- 强度：强度越大，束中各个梢彼此之间的吸引越强。
- 不整洁：值越大，越不整洁地向内弯曲束，每个束的方向是随机的。
- 旋转：扭曲每个束。

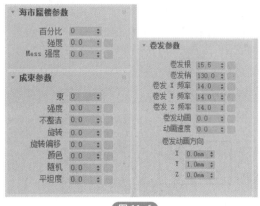

图 11-6

图 11-7

旋转偏移：从根部偏移束的梢。较高的"旋转"和"旋转偏移"值使束更卷曲。

▶ 颜色：非零值可改变束中的颜色。

▶ 随机：控制随机的效果。

▶ 平坦度：控制平坦的程度。

▶ 卷发根：设置头发在其根部的置换量。

▶ 卷发梢：设置头发在其梢部的置换量。

▶ 卷发 X/Y/Z 频率：控制在 3 个轴中的卷发频率。

▶ 卷发动画：设置波浪运动的幅度。

▶ 动画速度：设置动画噪波场通过空间时的速度。

▶ 卷发动画方向：设置卷发动画的方向向量。

11.1.7 纽结、多股参数

纽结、多股参数可以控制毛发的扭曲、多股分支效果。如图 11-7 所示为参数面板。

▶ 纽结根/梢：设置毛发在其根部/梢部的纽结置换量。

▶ 纽结 X/Y/Z 频率：设置在 3 个轴中的纽结频率。

▶ 数量：设置每个聚集块的头发数量。

▶ 根展开：设置为根部聚集块中的每根毛发提供的随机补偿量。

▶ 梢展开：设置为梢部聚集块中的每根毛发提供的随机补偿量。

▶ 随机化：设置随机处理聚集块中的每根毛发的长度。

进阶案例：制作草皮材质效果

下面利用 Hair 和 Fur 修改器制作草皮材质，具体操作步骤介绍如下。

Step01：打开素材场景，如图 11-8 所示。

Step02：渲染摄影机视口，效果如图 11-9 所示。

扫一扫 看视频

图 11-8

图 11-9

Step03：在"实用程序"面板单击"更多"按钮，打开"实用程序"对话框，从中选择"UVW 移除"选项，然后单击"确定"按钮，如图 11-10 所示。

Step04：从场景中选择草皮模型对象，在右侧打开的"参数"卷展栏中选择单击"材质"按钮，移除对象的材质，如图 11-11 所示。

图 11-10

图 11-11

Step05：保持选择对象，从修改器列表中选择 Hair 和 Fur 修改器，视口中可以看到添加修改器后的效果，如图 11-12 所示。

Step06：在"常规参数"卷展栏、"材质参数"卷展栏、"卷发参数"卷展栏中设置毛发参数，如图 11-13 所示。

图 11-12

图 11-13

Step07：在视口中可以看到草皮轮廓，如图 11-14 所示。

Step08：重新设置对象颜色，如图 11-15 所示。

图 11-14

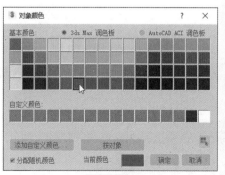

图 11-15

Step09： 设置后的视口效果如图 11-16 所示。

Step10： 渲染摄影机视口，制作好的草皮材质效果如图 11-17 所示。

图 11-16

图 11-17

进阶案例：制作毛绒玩具效果

下面利用 Hair 和 Fur 修改器制作玩具毛绒效果，具体操作步骤介绍如下。

Step01： 打开素材场景模型，如图 11-18 所示。

Step02： 渲染场景，观察当前玩具熊的效果，如图 11-19 所示。

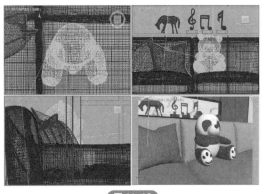

图 11-18

图 11-19

Step03： 选择玩具熊的要添加毛发的部分，如图 11-20 所示。

Step04： 为其添加 Hair 和 Fur 修改器，场景预览效果如图 11-21 所示。

图 11-20

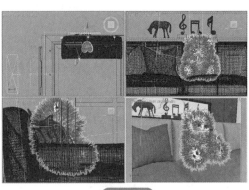

图 11-21

知识链接 ◎

如果将 Hair 和 Fur（WSM）修改器添加到网格对象，毛发将从整个曲面上生长出来；如果添加到样条线对象，毛发将会在样条线之间生长出来。

Step05：在"常规参数"卷展栏中设置"毛发数量""毛发段""随机比例""根厚度"，在"纽结参数"卷展栏中设置"纽结梢"，如图 11-22 所示。

Step06：设置完毕后，场景中的模型如图 11-23 所示。

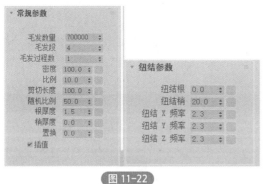

图 11-22

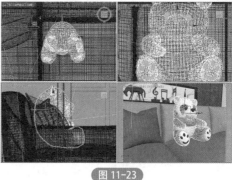

图 11-23

Step07：渲染场景，最终的毛绒玩具熊效果如图 11-24 所示。

图 11-24

11.2 VRay 毛发对象

VRay 毛发是 VRay 渲染器附带的工具，因此在使用之前一定要查看一下是否成功安装了 VRay 渲染器。

VRay 毛发可以模拟多种毛发的效果，其参数更为直观、简单，常用来模拟制作地毯、草地、皮毛等毛发效果。选择毛皮需要附着的对象，在创建命令面板的 VRay 创建面板中可以看到 VRayFur 按钮被激活，单击该按钮即可，如图 11-25 所示。

图 11-25

11.2.1 VRay 毛发参数

VRayFur 的"参数"卷展栏如图 11-26 所示，卷展栏中常用参数的含义如下。

▶ 源对象：指定需要添加毛发的物体。

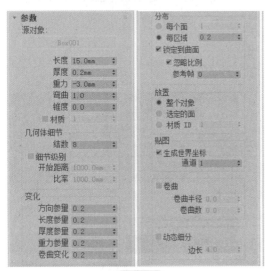

图 11-26

▶ 长度：设置毛发的长度。

▶ 厚度：设置毛发的厚度。该选项只有在渲染时才会看到变化。

▶ 重力：控制毛发在 Z 轴方向被下拉的力度，也就是通常所说的重量。

▶ 弯曲：设置毛发的弯曲程度。

▶ 锥度：用来控制毛发锥化的程度。

▶ 结数：用来控制毛发弯曲时的光滑程度。

▶ 平面法线：用来控制毛发的呈现方式。

▶ 方向参量：控制毛发在方向上的随机变化。

▶ 长度参量：控制毛发长度的随机变化。

▶ 厚度参量：控制毛发粗细的随机变化。

▶ 重力参量：控制毛发受重力影响的随机变化。

▶ 每个面：用来控制每个面产生的毛发数量，因为物体的每个面不都是均匀的，所以渲染出来的毛发也不均匀。

▶ 每区域：用来控制每单位面积中的毛发数量。

▶ 参考帧：明确源物体获取到计算面大小的帧，获取的数据将贯穿于整个动画过程，确保所给面的毛发数量在动画中保持不变。

11.2.2 贴图

展开"贴图"卷展栏，参数面板如图 11-27 所示，各参数含义如下。

▶ 基础贴图通道：选择贴图的通道。

▶ 弯曲方向贴图（RGB）：用彩色贴图来控制毛发的弯曲方向。

▶ 初始方向贴图（RGB）：用彩色贴图来控制毛发根部的生长方向。

▶ 长度贴图（单色）：用灰度贴图来控制毛发的长度。

▶ 厚度贴图（单色）：用灰度贴图来控制毛发的粗细。

▶ 重力贴图（单色）：用灰度贴图来控制毛发受重力的影响。

▶ 弯曲贴图（单色）：用灰度贴图来控制毛发的弯曲程度。

▶ 密度贴图（单色）：用灰度贴图来控制毛发的生长密度。

图 11-27

11.2.3 视口显示

展开"视口显示"卷展栏，如图 11-28 所示，常用参数含义如下。

图 11-28

▶ 视口预览：当勾选该选项时，可以在视图中预览毛发的大致情况。

▶ 自动更新：当勾选该选项时，改变毛发参数的时候，系统会在视图中自动更新毛发的显示情况。

▶ 手动更新：单击该按钮可以手动更新毛发在视图中的显示情况。

♛ 进阶案例：制作毛绒抱枕效果

下面利用 VRay 毛发制作毛绒抱枕效果，具体操作步骤介绍如下。

Step01：打开素材场景模型，如图 11-29 所示。

Step02：渲染场景，观察当前的抱枕效果，如图 11-30 所示。

图 11-29

图 11-30

Step03：选择抱枕模型，在 VRay 命令面板中单击 VRayFur 按钮，为抱枕模型创建 VRay 毛发，如图 11-31 所示。

Step04：在默认参数下渲染场景，观察添加 VRayFur 后的抱枕效果，如图 11-32 所示。

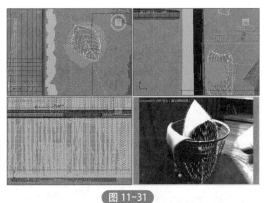

图 11-31

图 11-32

Step05：设置 VRay 毛发颜色，颜色参数如图 11-33 所示。

Step06：渲染场景，可以看到抱枕的毛绒颜色发生了变化，如图 11-34 所示。

Step07：在参数面板中设置毛发长度、厚度、重力以及每单位面积中的毛发数量，如图 11-35 所示。

Step08：再次渲染场景，最终的渲染效果如图 11-36 所示。

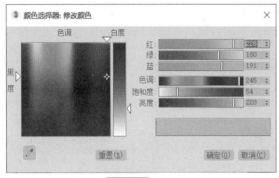

图 11-33

图 11-34

图 11-35

图 11-36

扫一扫 看视频

综合实战：制作床尾一角场景材质效果

下面结合利用 Hair 和 Fur 修改器以及 VRay 毛发来制作卧室毛绒效果，具体操作步骤介绍如下。

Step01：打开素材场景模型，如图 11-37 所示。

Step02：渲染摄影机视口，如图 11-38 所示。

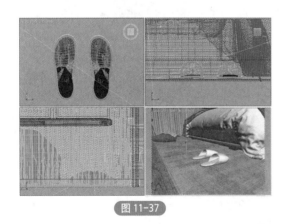

图 11-37

图 11-38

Step03：选择地毯模型对象，为其添加 Hair 和 Fur 修改器，如图 11-39 所示。

Step04：在"常规参数"卷展栏和"纽结参数"卷展栏设置毛发相关参数，如图 11-40 所示。

图 11-39

图 11-40

Step05：设置后的视图效果如图 11-41 所示。

Step06：渲染摄影机视口，地毯效果如图 11-42 所示。

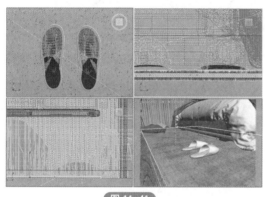

图 11-41

图 11-42

Step07：将拖鞋模型解组，分别选择鞋垫和帮面部分，然后在 VRay 面板中单击 VRayFur 按钮，创建 VRay 毛发对象，如图 11-43 所示。

Step08：移动 VRay 毛发对象的位置以便于操作，并为这四个对象设置相同的颜色，如图 11-44 所示。

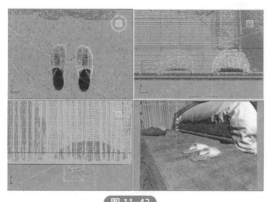

图 11-43

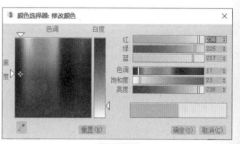

图 11-44

Step09：为 4 个 VRay 毛发对象设置相同的参数，如图 11-45 所示。

Step10：视口中对象毛发如图 11-46 所示。

图 11-45

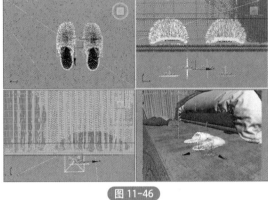

图 11-46

Step11：渲染摄影机视口，最终效果如图 11-47 所示。

图 11-47

✏️ 课后作业

通过本章内容的学习，读者应该对所学知识有了一定的掌握，章末安排了课后作业，用于巩固和练习。

习题 1

利用 VRayFur 制作毛巾的毛绒效果，如图 11-48、图 11-49 所示。

操作提示：

Step01：选择毛巾模型，单击 VRayFur 按钮。

Step02：设置毛发长度、厚度等参数，再设置 VRayFur 的颜色。

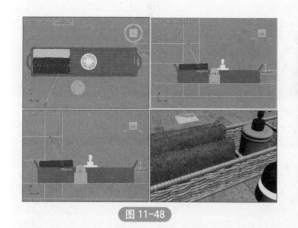

图 11-48

图 11-49

习题 2

利用 Hair 和 Fur（WSM）修改器制作牙刷效果，如图 11-50、图 11-51 所示。

图 11-50

图 11-51

操作提示：

Step01：选择牙刷模型，添加 Hair 和 Fur（WSM）修改器。

Step02：展开修改器堆栈，选择"多边形"子层级，再选择牙刷头位置的多边形，使毛发仅显示在牙刷头位置。

第 12 章
环境和效果

📄 内容导读:

环境和效果的设置也是 3ds Max 中很重要的部分,通过"环境和效果"设置面板,用户可以更加准确地把握作品营造的氛围,使画面更具有冲击力,比如大雾缭绕的环境、熊熊燃烧的烈火等。本章将重点围绕环境和效果的参数及应用进行讲解。

🎯 学习目标:

- 了解环境设置的常用参数
- 了解效果设置的常用参数
- 掌握环境的使用方法
- 掌握效果的使用方法

12.1　环境

"环境"选项卡主要是控制物体四周的效果。现实中常见的环境效果有很多，如大雾、扬尘、光线等，3ds Max 中的环境也是一样，可以指定和调整环境。在菜单栏中执行"渲染＞环境"命令，即可打开"环境和效果"面板，该面板中主要包括"公用参数""曝光控制""大气"3 个卷展栏，以及 1 个曝光控制参数卷展栏，如图 12-1 所示。

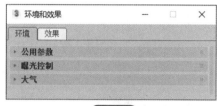

图 12-1

12.1.1　公用参数

"公用参数"卷展栏主要用于设置场景的背景颜色及环境贴图，如图 12-2 所示。其详细的参数含义介绍如下。

图 12-2

▶ 颜色：设置场景背景的颜色。单击其下方的色块，然后在"颜色选择器"中选择所需的颜色即可。

▶ 环境贴图：环境贴图的按钮会显示贴图的名称，如果尚未制定名称，则显示"无"。贴图必须使用环境贴图坐标（球形、柱形、收缩包裹和屏幕）。

▶ 使用贴图：勾选该复选框，当前环境贴图才生效。

> **知识链接** ⌾
>
> 　　要指定环境贴图，单击"无"按钮，使用材质 / 贴图浏览器选择贴图，如果想进一步设置背景贴图，可以将已经设置贴图的环境贴图按钮拖至材质编辑器中的样本球上。此时会弹出对话框，询问客户复制贴图的方法，这里给出"实例"和"复制"两种。

▶ 染色：如果此颜色不是白色，则为场景中的所有灯光（环境光除外）染色。

▶ 级别：增强场景中的所有灯光。如果级别为 1.0，则保留各个灯光的原始设置。增大级别将增强总体场景的照明强度，减小级别将减弱总体照明强度。此参数可设置动画。

▶ 环境光：用于设置环境光的颜色。单击色块，然后在颜色选择器中选择所需的颜色即可。

12.1.2　曝光控制

曝光控制可以补偿显示器有限的动态范围。显示器的动态范围大约有两个数量级。显示器上显示的最亮颜色要比最暗颜色亮大约 100 倍。比较而言，眼睛可以感知大约 16 个数量级的动态范围。可以感知的最亮的颜色比最暗的颜色亮大约 10 的 16 次方倍。曝光控制调整颜色，使颜色可以更好地模拟眼睛的大动态范围，同时仍适合可以渲染的颜色范围。

"曝光控制"卷展栏用于调整渲染的输出级别和颜色范围，类似于电影的曝光处理，尤其适合用于 Radiosity 光能传递，如图 12-3 所示。其详细的参数含义介绍如下。

📌 曝光控制列表：该列表中提供了 6 种曝光控制类型，如图 12-4 所示。

📌 活动：启用时，在渲染中使用该曝光控制；禁用时，不使用该曝光控制。

📌 处理背景与环境贴图：启用时，场景背景贴图和场景环境贴图受曝光控制的影响；禁用时，则不受曝光控制的影响。

📌 预览缩略图：缩略图显示应用了活动曝光控制的渲染场景的预览。渲染了预览后，在更改曝光控制设置时将交互式更新。

📌 渲染预览：单击可以渲染预览缩略图。

图 12-3

图 12-4

下面介绍几种常用的曝光控制类型。

（1）对数曝光控制

"对数曝光控制"使用亮度、对比度以及场景是否是日光中的室外，将物理值映射为 RGB 值。"对数曝光控制"比较适合动态范围很高的场景。

（2）物理摄影机曝光控制

物理摄影机曝光控制是使用"曝光值"和颜色 - 响应曲线设置物理摄影机的曝光。

（3）线性曝光控制

"线性曝光控制"从渲染图像中采样，使用场景的平均亮度将物理值映射为 RGB 值。"线性曝光控制"最适合用于动态范围很低的场景。要注意的是，在动画中不应使用"线性曝光控制"，因为每个帧将使用不同的柱状图，可能会使动画闪烁。

（4）自动曝光控制

"自动曝光控制"从渲染图像中采样，生成一个柱状图，在渲染的整个动态范围提供良好的颜色分离。自动曝光控制可以增强某些照明效果，否则，这些照明效果会过于暗淡而看不清。要注意的是，在动画中不应使用"自动曝光控制"，因为每个帧将使用不同的柱状图，可能会使动画闪烁。

12.1.3　大气效果

大气效果是指环境大气的效果，3ds Max 提供了火效果、雾、体积雾和体积光 4 种类型，其参数设置面板如图 12-5 所示。各参数含义介绍如下。

📌 效果：显示已经添加效果名称。

📌 名称：为列表中的效果自定义名称。

📌 添加：单击该按钮可以打开"添加大气效果"对话框，在该对话框中可以添加需要的大气效果，如图 12-6 所示。

📌 删除：单击该按钮可以删除选中的大气效果。

▶ 上移 / 下移：更改大气效果的应用顺序。

▶ 合并：合并其他 3ds Max 场景文件中的效果。

图 12-5

图 12-6

（1）火效果

火效果可以模拟火焰、烟雾等效果，用户可以向场景中添加任意数目的火焰效果，效果的顺序很重要，先创建的总是排列在下方，但是会最先进行渲染计算。其参数设置面板如图 12-7 所示。

▶ 拾取 / 移除：单击该按钮可以拾取或者移除场景中要产生火效果的 Gizmo 对象。

▶ 内部 / 外部颜色：设置火焰中内部 / 外部的颜色。

▶ 烟雾颜色：主要用来设置爆炸的烟雾颜色。

▶ 火焰类型：有火舌和火球两种类型。

▶ 拉伸：将火焰沿着装置的 Z 轴进行缩放，该选项最适合创建"火舌"火焰。

▶ 规则性：修改火焰填充装置的方式。

▶ 火焰大小：设置装置中每个火焰的大小。

▶ 火焰细节：控制每个火焰中显示的颜色更改量和边缘的尖锐度。

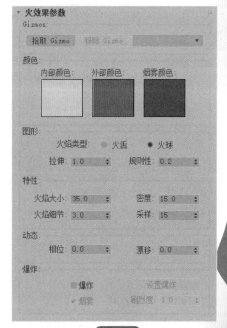

图 12-7

▶ 密度：设置火焰效果的不透明度和亮度。

▶ 采样数：设置火焰效果采样率。数值越高，生成的火焰效果越细腻。

▶ 相位：控制火焰效果的速率。

▶ 漂移：设置火焰沿着火焰装置 Z 轴的渲染方式。

▶ 爆炸：勾选该选项后，火焰将产生爆炸效果。

▶ 烟雾：控制爆炸是否产生烟雾。

▶ 剧烈度：改变相位参数的漩涡效果。

▶ 设置爆炸：可以控制爆炸的开始时间和结束时间。

（2）雾

雾效果可以模拟距离摄影机越远雾越强烈的效果。参数设置面板如图 12-8 所示。

图 12-8

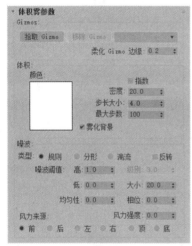

图 12-9

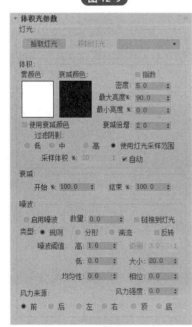

图 12-10

▶ 颜色：设置雾的颜色。

▶ 环境颜色贴图：从贴图导出雾的颜色。

▶ 使用贴图：使用贴图来产生雾效果。

▶ 环境不透明度贴图：使用贴图来更改雾的密度。

▶ 雾化背景：将雾应用于场景的背景。

▶ 标准 / 分层：使用标准雾 / 分层雾。

▶ 指数：随距离按指数增大密度。

▶ 近端 / 远端：设置雾在近距 / 远距范围的密度。

▶ 顶 / 底：设置雾层的上限 / 下限。

▶ 密度：设置雾的总体密度。

▶ 衰减顶 / 底 / 无：添加指数衰减效果。

（3）体积雾

体积雾效果是在一定的空间体积内产生雾效果，与雾有所不同，一种是作用于整个场景，单要求场景内必须有对象存在；另一种是作用于大气装置 Gizmo 物体，在 Gizmo 物体限制的区域内产生云团，这是一种更加容易控制的方法。其参数设置面板如图 12-9 所示。

▶ 拾取 Gizmo：单击该按钮进入拾取模式，然后单击场景中的某个大气装置。

▶ 柔化 Gizmo 边缘：羽化体积雾效果的边缘。数值越大，边缘越柔滑。注意不要设置数值为 0，可能会造成边缘上出现锯齿。

▶ 指数：随距离按指数增大密度。

▶ 步长大小：确定雾采样的粒度，即雾的细度。

▶ 最大步数：限制采样量，以便雾的计算不会永远执行。该选项适合于雾密度较小的场景。

▶ 雾化背景：将体积雾应用于场景的背景。

▶ 类型：有规则、分形、湍流和反转 4 种类型可供选择。

▶ 噪波阈值：限制噪波效果。

▶ 级别：设置噪波迭代应用的次数。

▶ 大小：设置烟卷或雾卷的大小。

▶ 相位：控制风的种子。如果风力强度大于 0，雾体积会根据风向来产生动画。

▶ 风力强度：控制烟雾远离风向的速度。

▶ 风力来源：定义风来自哪个方向。

（4）体积光

体积光可以制作带有体积的光线，并指定给任何类型的灯光（环境光除外）。体积光可以被物体阻挡，从而形成光芒透过缝隙的效果。带有体积光属性的灯光仍可以进行照明、投影以及投影图像，从而产生真实的光线效果。其参数设置面板如图 12-10 所示。

◤ 拾取灯光：在任意视口中单击要为体积光启用的灯光。

◤ 雾颜色：设置体积光产生的雾的颜色。

◤ 衰减颜色：体积光随距离而衰减。衰减颜色就是指衰减区域内雾的颜色，它和雾颜色相互作用，决定最后的光芒颜色。

◤ 使用衰减颜色：控制是否开启衰减颜色功能。

◤ 指数：跟踪距离以指数计算光线密度的增量，否则将以线性进行计算。

◤ 最大 / 最小亮度：设置可以达到的最大和最小的光晕效果。

◤ 衰减倍增：设置衰减颜色的强度。

◤ 过滤阴影：通过提高采样率来获得更高品质的体积光效果。

◤ 使用灯光采样范围：根据灯光阴影参数中的采样范围值来使体积光中投射的阴影变模糊。

◤ 采样体积：控制体积的采样率。

◤ 自动：自动控制采样体积的参数。

◤ 开始 / 结束：设置灯光效果开始和结束衰减的百分比。

◤ 启用噪波：控制噪波影响的开关。

◤ 数量：设置指定给雾效果的噪波强度。

◤ 链接到灯光：将噪波设置为与灯光的自身坐标相连接，这样灯光在进行移动时，噪波也会随灯光一同移动。

 ## 上手实操：创建雾效果

下面为室外场景创建出雾效果，具体操作步骤介绍如下。

Step01：打开素材场景模型，如图 12-11 所示。

Step02：渲染场景，当前场景效果如图 12-12 所示。

扫一扫 看视频

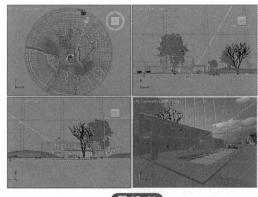

图 12-11

图 12-12

Step03：执行"渲染 > 环境"命令，打开"环境和效果"面板，在"大气"卷展栏中单击"添加"按钮，在弹出的"添加大气效果"对话框中选择"雾"，如图 12-13 所示。

Step04：添加雾效果后，下方会出现"雾参数"卷展栏，如图 12-14 所示。

Step05：渲染场景，当前雾效果如图 12-15 所示。

Step06：在"雾参数"卷展栏的"标准"选项组中设置"远端"参数为 30，如图 12-16 所示。

第12章

图 12-13

图 12-14

图 12-15

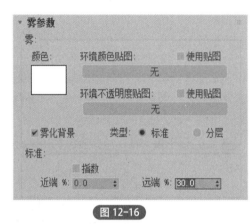

图 12-16

Step07：渲染场景，效果如图 12-17 所示。可以看到此时效果中的雾气依然很大。

Step08：再次设置"远端"参数为 15，如图 12-18 所示。

图 12-17

图 12-18

Step09：再次渲染场景，最终的雾效果如图 12-19 所示。

图 12-19

12.2 效果

在"效果"选项卡中可以添加多种效果，用于模拟多种渲染的效果，如图 12-20 所示。单击"添加"按钮，会打开"添加效果"对话框，其中包括可添加的多种效果，如图 12-21 所示。

图 12-20

图 12-21

12.2.1 镜头效果

镜头效果包括光晕、光环、射线、自动二级光斑、手动二级光斑、星形和条纹 7 种，其参数面板包括"参数"和"场景"卷展栏，如图 12-22、图 12-23 所示。

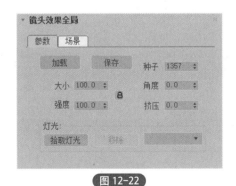

图 12-22

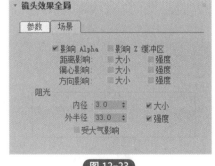

图 12-23

◤ 加载 / 保存：单击该按钮可以加载 / 保存 LZV 格式的文件。

◤ 大小：设置镜头效果的总体大小。

◤ 强度：设置镜头效果的总体亮度和不透明度。

◤ 种子：为镜头效果的随机数生成器提供不同的起点，并创建略有不同的镜头效果。

◤ 角度：当效果与摄影机的相对位置发生改变时，该选项用来设置镜头效果从默认位置的旋转量。

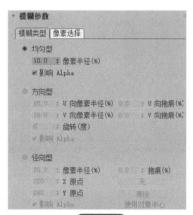

图 12-24

图 12-25

◤ 挤压：在水平方向或垂直方向挤压镜头效果的总体大小。

◤ 拾取灯光 / 移除：单击该按钮可以在场景中拾取灯光或者移除灯光。

◤ 影响 Alpha：如果图像以 32 位文件格式来渲染，那么该选项用来控制镜头效果是否影响图像的 Alpha 通道。

◤ 影响 Z 缓冲区：存储对象与摄影机的距离。

◤ 距离影响：控制摄影机或视口的距离对光晕效果的大小和强度的影响。

◤ 偏心影响：产生摄影机或视口偏心的效果，影响其大小或强度。

◤ 方向影响：聚光灯相对于摄影机的方向，影响其大小或强度。

◤ 内径：设置效果周围的内径，另一个场景对象必须与内径相交才能完全阻挡效果。

◤ 外半径：设置效果周围的外径，另一个场景对象必须与外径相交才能开始阻挡效果。

◤ 大小：减小所阻挡的效果的大小。

◤ 强度：减小所阻挡的效果的强度。

◤ 受大气影响：控制是否允许大气效果阻挡镜头效果。

12.2.2 模糊

该效果可以模拟多种模糊效果，常用于创建梦幻效果或摄影机移动拍摄的效果。"模糊参数"卷展栏中包括"模糊类型"和"像素选择"两个选项卡，如图 12-24、图 12-25 所示。

（1）"模糊类型"选项卡

① "均匀型"选项　用于将模糊效果均匀应用在整个渲染图像中。

◤ 像素半径：设置模糊效果的半径。

◤ 影响 Alpha：启用该选项时可以将均匀型模糊效果应用于 Alpha 通道。

② "方向型"选项　用于按照方向型参数指定任意方向应用模糊效果。

◤ U/V 像素半径：设置模糊效果的水平 / 垂直强度。

↳U/V 向拖痕：通过为 U/V 轴的某一侧分配更大的模糊权重来为模糊效果添加方向。

↳旋转：通过 U 向像素半径和 V 向像素半径来应用模糊效果的 U 向像素和 V 向像素的轴。

↳影响 Alpha：启用该选项时，可以将方向型模糊效果应用于 Alpha 通道。

③ "径向型"选项　用于以径向的方式应用模糊效果。

↳X/Y 原点：对渲染输出的尺寸指定模糊的中心。

↳使用对象中心：启用该选项后，"无"按钮指定的对象将作为模糊效果的中心。

（2）"像素选择"选项卡

① "整个图像"选项　启用该选项后，模糊效果将影响整个渲染图像。

↳加亮：加亮整个图像。

↳混合：将模糊效果和整个图像参数与原始的渲染图像进行混合。

② "非背景"选项　启用该选项后，模糊效果将影响背景图像或动画以外的所有元素。

③ "亮度"选项　影响亮度值介于最小值和最大值微调器之间的所有像素。

④ "贴图遮罩"选项　通过在材质 / 贴图浏览器对话框中选择的通道和应用的遮罩来应用模糊。

⑤ "对象 ID"选项　如果对象匹配过过滤器设置，会将模糊效果应用于对象或对象中具有特定对象 ID 的部分。

12.2.3　亮度和对比度

使用亮度和对比度可以调整图像的对比度和亮度，可以用来将渲染的场景物体匹配背景图像或动画，其参数设置面板如图 12-26 所示。参数面板中各个参数的含义如下。

图 12-26

↳亮度：增加或减少所有色元（红色、绿色和蓝色）的亮度，取值范围为 0 ~ 1。

↳对比度：压缩或扩展最大黑色和最大白色之间的范围。

↳忽略背景：是否将效果应用于除背景以外的所有元素。

上手实操：创建亮度和对比度效果

扫一扫 看视频

下面为场景添加亮度和对比度效果，具体操作步骤介绍如下。

Step01：打开素材场景模型，如图 12-27 所示。

Step02：渲染场景，观察当前场景效果，如图 12-28 所示。

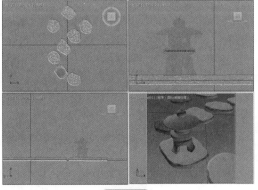

图 12-27

图 12-28

图 12-29

Step03：执行"渲染 > 环境"命令，打开"环境和效果"面板，切换到"效果"选项卡，在"效果"卷展栏中单击"添加"按钮，在弹出的"添加效果"对话框中选择"亮度和对比度"，如图 12-29 所示。

Step04：下方会出现"亮度和对比度参数"卷展栏，在该卷展栏中修改亮度和对比度的值，如图 12-30 所示。

Step05：渲染场景，观察添加效果后的变化，如图 12-31 所示。

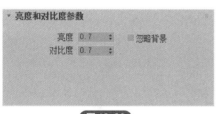

图 12-30

图 12-31

12.2.4　色彩平衡

使用"色彩平衡"效果可以通过独立控制 RGB 通道操纵相加 / 相减颜色。其参数设置面板如图 12-32 所示。参数面板中各个参数的含义介绍如下。

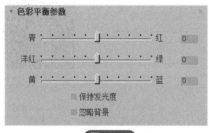

图 12-32

▶青 / 红：调整红色通道。

▶洋红 / 绿：调整绿色通道。

▶黄 / 蓝：调整蓝色通道。

▶保持发光度：启用该选项后，在修正颜色的同时将保留图像的发光度。

▶忽略背景：启用该选项后，可以在修正图像时不影响背景。

12.2.5　景深

"景深"效果通过摄影机镜头观看时，前景和背景场景元素出现的自然模糊效果。该效果限定了对象的聚焦点平面上的对象会很清晰，远离摄影机焦点平面的对象会变得模糊不清。其参数设置面板如图 12-33 所示。参数面板中各个参数的含义如下。

▶拾取 / 移除摄影机：单击该按钮，可直接在视图中拾取或移除应用景深效果的摄影机。

▶ 焦点节点：指定场景中的一个对象作为焦点所在位置，由此依据与摄影机之间的距离计算周围场景的焦散程度。

▶ 拾取节点：点选后在场景拾取对象，将对象作为焦点节点。

▶ 移除：去除列表框中选择的作为焦点节点的对象。

▶ 使用摄影机：使用当前在摄影机列表中选择的摄影机的焦距来定义焦点参照。

▶ 自定义：通过自定义焦点参数来决定景深影响。

▶ 使用摄影机：使用选择的摄影机来决定焦点范围、限制和模糊。

▶ 水平焦点损失：控制水平轴向模糊的数量。

▶ 垂直焦点损失：控制垂直轴向模糊的数量。

▶ 焦点范围：设置 Z 轴上的单位距离，在这个距离之外的对象都将被模糊处理。

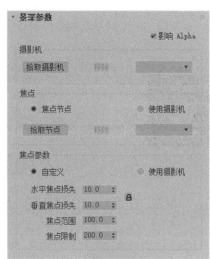

图 12-33

▶ 焦点限制：设置 Z 轴上的单位距离，设置模糊影像的最大距离范围。

12.2.6　文件输出

通过该效果可以输出各种格式的图像。在应用其他效果前将当前中间时段的渲染效果以指定的文件进行输出，这个功能和直接渲染输出的文件输出功能是相同的，支持相同类型的格式，其参数设置面板如图 12-34 所示。参数面板中各个参数的含义如下。

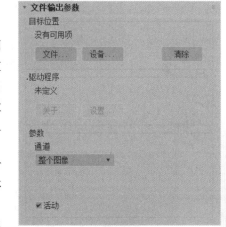

图 12-34

▶ 文件：单击该按钮可以打开"保存图像"对话框，在该对话框中可将渲染出来的图像保存为多种格式。

▶ 设备：单击该按钮可以打开"选择图像输出设备"对话框。

▶ 清除：单击该按钮可以清除所选择的任何文件或设备。

▶ 关于：单击该按钮可以显示出图像的相关信息。

▶ 设置：单击该按钮可以在弹出的对话框中调整图像的质量、文件大小和平滑度。

12.2.7　胶片颗粒

"胶片颗粒"效果可以为渲染图像加入很多杂色的噪波点，用于在渲染场景中创建胶片颗粒的效果，也可以防止色彩输出监视器上产生的带状条纹。其参数设置面板如图 12-35 所示。参数面板中各个参数的含义如下。

➤ 颗粒：设置添加到图像中的颗粒数，取值范围为 0 ～ 10。

➤ 忽略背景：屏蔽背景，使颗粒仅应用于场景中的几何体对象。

图 12-35

上手实操：创建胶片颗粒效果

下面为场景添加胶片颗粒效果，具体操作步骤介绍如下。

Step01：打开素材场景模型，如图 12-36 所示。

图 12-36

Step02：渲染场景，观察当前场景效果，如图 12-37 所示。

图 12-37

图 12-38

Step03：执行"渲染>环境"命令，打开"环境和效果"面板，切换到"效果"选项卡，在"效果"卷展栏中单击"添加"按钮，在弹出的"添加效果"对话框中选择"胶片颗粒"，如图 12-38 所示。

Step04：在下方新增加的"胶片颗粒参数"卷展栏中重新设置颗粒值为 0.8，如图 12-39 所示。

Step05：再次渲染场景，添加了胶片颗粒效果的变化如图 12-40 所示。

图 12-39

图 12-40

12.2.8 运动模糊

"运动模糊"效果主要针对场景中图像的运动模糊进行处理，增强渲染效果的真实感，模拟照相机快门打开过程中，拍摄对象出现的相对运动而产生的模糊效果，多用于表现速度感，同时如果灯光发生运动，则会导致投影也发生模糊效果，只是这一点不易察觉。其参数面板如图 12-41 所示。参数面板中各个参数的含义如下。

▶ 处理透明：勾选该选项时，对象被透明对象遮挡仍进行运动模糊处理。

▶ 持续时间：控制快门速度延长的时间，值为 1 时，快门在一帧和下一帧之间的时间内完全打开。

图 12-41

综合实战：创建蜡烛火苗效果

下面在蜡烛上创建一簇火苗效果，具体操作步骤介绍如下。

Step01：打开素材场景模型，如图 12-42 所示。

Step02：渲染场景，观察没有火苗的效果，如图 12-43 所示。

扫一扫 看视频

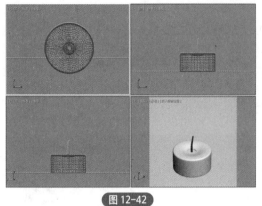

图 12-42

图 12-43

Step03：在"辅助对象"的"大气装置"创建面板中单击"球体 Gizmo"按钮，在顶视图中创建一个球体 Gizmo 对象，设置半径为 7mm，并勾选"半球"选项，如图 12-44、图 12-45 所示。

Step04：将其移动到蜡烛火捻上方合适的位置，如图 12-46 所示。

图 12-44

图 12-45

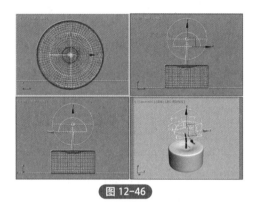

图 12-46

Step05：单击"选择并均匀缩放"按钮，在前视图中缩放球体 Gizmo 对象，如图 12-47 所示。

Step06：单击"选择并移动"按钮，按住 Shift 键复制对象，并调整其半径为 7mm，再利用"选择并均匀缩放"工具缩小对象高度，如图 12-48 所示。

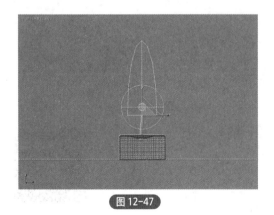

图 12-47

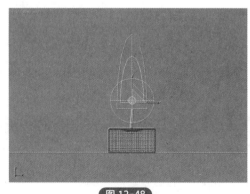

图 12-48

Step07：单击"镜像"按钮，打开"镜像"对话框，设置镜像轴和克隆方式，如图 12-49 所示。

Step08：克隆对象后再移动对象位置，如图 12-50 所示。

图 12-49

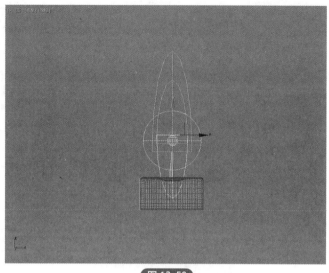

图 12-50

Step09：执行"渲染 > 环境"命令，打开"环境和效果"面板，在"大气"卷展栏中单击"添加"按钮，在弹出的"添加大气效果"对话框中选择"火效果"，单击"确定"按钮，如图 12-51 所示。

Step10：再次添加"火效果"，在"大气"卷展栏中可以看到添加的两个效果，如图 12-52 所示。

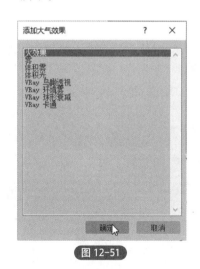

图 12-51

图 12-52

Step11：选择第一个火效果，在下方的"火效果参数"卷展栏中单击"拾取 Gizmo"按钮，在视口中拾取半径为 9mm 的 Gizmo 对象，并设置"图形"选项组、"特性"选项组和"动态"选项组的参数，其余参数保持默认，如图 12-53 所示。

Step12：再选择第二个火效果，拾取剩余两个半径为 7mm 的 Gizmo 对象，设置内部颜色和外部颜色，如图 12-54 所示。

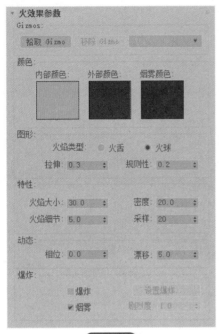

图 12-53

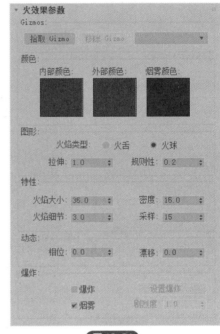

图 12-54

Step13：内部颜色和外部颜色的设置参数如图 12-55 所示。

Step14：设置完毕后渲染场景，最终的烛火效果如图 12-56 所示。

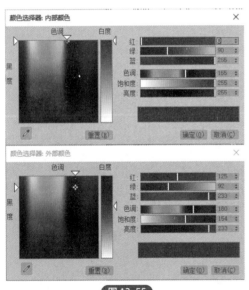

图 12-55

图 12-56

✎ 课后作业

通过本章内容的学习，读者应该对所学知识有了一定的掌握，章末安排了课后作业，用于巩固和练习。

习题 1

为场景制作径向模糊效果，如图 12-57、图 12-58 所示。

图 12-57

图 12-58

操作提示：

Step01：打开"环境和效果"面板，在"效果"卷展栏中添加"模糊"效果。

Step02：选择"径向型"模糊类型，设置像素半径等参数。

习题 2

使用"色彩平衡"效果调整效果图，如图 12-59、图 12-60 所示。

图 12-59

图 12-60

操作提示：

Step01：打开"环境和效果"面板，在"效果"卷展栏中添加"色彩平衡"效果。

Step02：在"色彩平衡参数"卷展栏中调整颜色通道。

第 13 章
粒子系统和空间扭曲

📄 **内容导读:**

　　粒子系统与空间扭曲工具都是动画制作中非常有用的特效工具。粒子系统可以模拟自然界中真实的烟、雾、飞溅的水花、星空等效果。空间扭曲可以通过多种奇特的方式来影响场景中的对象，如产生引力、风吹、涟漪等特殊效果。

　　通过本章的学习操作，读者能够对粒子系统和空间扭曲有一个全新的认识，同时还能够学习一些特效制作的思路。

🎯 **学习目标:**

- 了解粒子工具参数设置
- 了解空间扭曲工具参数设置
- 掌握粒子系统的应用
- 掌握空间扭曲工具的应用
- 掌握粒子工具与空间扭曲工具的结合应用

13.1 粒子系统

3ds Max 的粒子系统是一种粒子的集合，它通过指定发射源在发射粒子流的同时创建出各种类型的动画效果，如火焰、暴风雪、雨、水流或爆炸等。

粒子系统共包含 7 种工具，分别是粒子流源、雪、暴风雪、粒子云、喷射、超级喷射和粒子阵列，命令面板如图 13-1 所示。粒子系统通常又分为基本粒子系统和高级粒子系统，其中粒子流源、喷射和雪属于基本粒子系统，其他属于高级粒子系统。

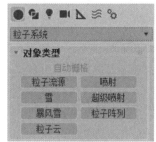

图 13-1

粒子系统的创建方法大致流程如下。

第一步：创建一个粒子发射器。单击要创建的粒子类型，在视图窗口中拖拉出一个粒子发射器。有的用粒子系统图标，有的直接用场景中的物体作为发射器。

第二步：定义在给定时间内粒子的数量。设置粒子发射的速度、开始发射粒子以及粒子寿命等参数。

第三步：设置粒子的形状和大小。可以从标准粒子类型中选择，也可以拾取场景中的对象作为一个粒子。

第四步：设置初始的粒子运动。主要包括粒子发射器的速度、方向、旋转和随机性。

第五步：修改粒子的运动。可以在粒子离开发射器之后，使用空间扭曲来影响粒子的运动。

13.1.1 粒子流源

粒子流源系统是一种时间驱动型的粒子系统，它可以自定义粒子的行为，设置寿命、碰撞和速度等测试条件，每一个粒子根据其测试结果会产生相应的转台和形状。其参数设置面板包括"设置"卷展栏、"发射"卷展栏以及"系统管理"卷展栏，如图 13-2～图 13-4 所示。卷展栏中各参数含义介绍如下。

图 13-2　　　　图 13-3　　　　图 13-4

▶ 启用粒子发射：勾选该复选框后，系统中设置的粒子视图才发生作用。

▶ "粒子视图"按钮：单击该按钮可以打开"粒子视图"对话框。

▶ 徽标大小：用于设置发射器中间的循环标记的大小。

- 图标类型：主要用来设置图标在视图中的显示方式，有长方形、长方体、圆形和球体 4 种方式，默认为长方形。
- 长度：当图标类型设置为长方形或长方体时，显示的是长度参数；当图标类型设置为圆形或球体时，显示的是直径参数。
- 宽度：用来设置长方形和长方体图标的宽度。
- 高度：用来设置长方体图标的高度。
- 显示：主要用来控制是否显示标志或图标。
- 视口 %：主要用来设置视图中显示的粒子数量，该参数的值不会影响最终渲染的粒子数量，其取值范围为 0 ～ 10000。
- 渲染 %：主要用来设置最终渲染的粒子的数量百分比，该参数的大小会直接影响到最终渲染的粒子数量，其取值范围为 0 ～ 10000。
- 上限：用来限制粒子的最大数量。

知识链接

粒子流源虽然不是模型对象，但是也可以被赋予材质。用户可以通过在事件中添加“材质静态”来加载并赋予材质，还可以在事件中添加很多操作符事件，比如力、删除等。

13.1.2 喷射

喷射粒子是最简单的粒子系统，但是如果充分掌握喷射粒子系统的使用，同样可以创建出喷泉、降雨等特效。其参数设置面板如图 13-5 所示。卷展栏中各参数含义介绍如下。

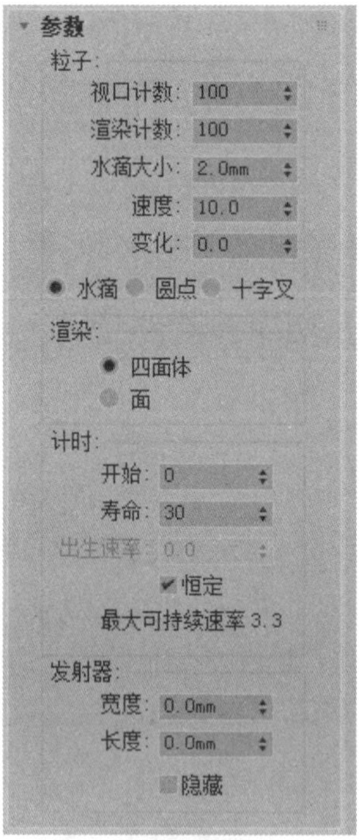

图 13-5

- 视口 / 渲染计数：设置视图中显示的最大粒子数量 / 最终渲染的数量。
- 水滴大小：设置粒子的大小。
- 速度：设置每个粒子离开发射器时的初始速度。
- 变化：控制粒子初始速度和方向。
- 水滴 / 圆点 / 十字叉：设置粒子在视图中的显示方式。
- 四面体 / 面：将粒子渲染为四面体 / 面。
- 开始：设置第 1 个出现的粒子的帧的编号。
- 寿命：设置每个粒子的寿命。
- 出生速率：设置每一帧产生的新粒子数。
- 恒定：启用该选项后，“出生速率”选项将不可用，此时的“出生速率”等于最大可持续速率。
- 宽度 / 长度：设置发射器的长度和宽度。
- 隐藏：启用该选项后，发射器将不会显示在视图中。

进阶案例：利用喷射粒子制作下雨场景

下面利用喷射粒子制作下雨场景的效果，具体操作步骤介绍如下。

扫一扫 看视频

Step01：在"粒子系统"命令面板中单击"喷射"按钮，在顶视图中创建一个喷射粒子，如图 13-6 所示。

Step02：进入修改面板，在"参数"卷展栏的"粒子"选项组中设置视口计数、渲染计数、水滴大小、速度及变化值，在"计时"选项组中设置开始和寿命值，并设置发射器的尺寸，其余参数默认，如图 13-7 所示。

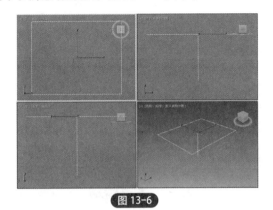

图 13-6

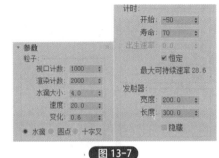

图 13-7

Step03：此时场景中的喷射粒子发生了变化，如图 13-8 所示。

Step04：执行"渲染 > 环境"命令，打开"环境和效果"面板，在"公用参数"卷展栏中添加环境贴图，如图 13-9 所示。

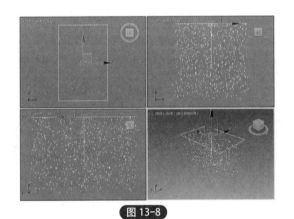

图 13-8

图 13-9

Step05：在"曝光控制"卷展栏中设置曝光控制方式为"线性曝光控制"，如图 13-10 所示。

Step06：按 M 键打开材质编辑器，将"环境和效果"面板中的环境贴图实例复制到材质编辑器的空白材质球上，如图 13-11 所示。

图 13-10

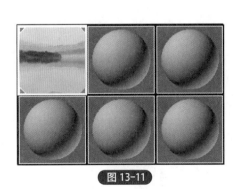

图 13-11

Step07：打开环境贴图的"坐标"卷展栏，设置贴图显示方式为"屏幕"，如图 13-12 所示。

Step08：贴图材质球预览效果如图 13-13 所示。

图 13-12

图 13-13

Step09：调整透视视口，使喷射粒子布满全屏，如图 13-14 所示。

Step10：渲染场景，观察粒子喷射效果，如图 13-15 所示。

图 13-14

图 13-15

Step11：打开材质编辑器，选择一个新的材质球，设置为标准材质，在基本参数面板设置环境光和漫反射颜色，设置自发光颜色和不透明度，再设置反射高光，如图 13-16 所示。

Step12：打开"贴图"卷展栏，为不透明度通道添加粒子运动模糊贴图，粒子运动模糊参数保持默认，如图 13-17 所示。

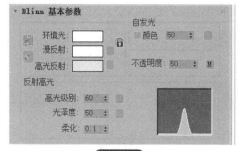

图 13-16

图 13-17

Step13： 将创建好的材质指定给粒子对象，如果无法赋予材质，可以直接将材质拖拽到对象上。再次渲染场景，最终效果如图 13-18 所示。

图 13-18

13.1.3 雪

雪系统主要用于模拟下雪和乱飞的纸屑等柔软的小片物体。其参数面板与喷射粒子很相似，区别在于雪粒子自身的运动。换句话说，雪粒子在下落的过程中可自身不停地翻滚，而喷射粒子是没有这个功能的。

雪系统不仅可以用来模拟下雪，还可以将多维材质指定给它，从而产生五彩缤纷的碎片落下的效果，常用来增添节日气氛。其参数设置面板如图 13-19 所示。卷展栏中各参数含义介绍如下。

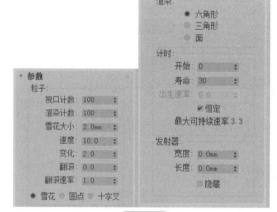

▶雪花大小：设置粒子的大小。

▶翻滚：设置雪花粒子的随机旋转量。

▶翻滚速率：设置雪花的旋转速度。

▶雪花 / 圆点 / 十字叉：设置粒子在视图中的显示方式，可分别设置雪粒子的形状为雪花形状、圆点形状或者十字叉形状。

▶六角形：将粒子渲染为六角形。

▶三角形：将粒子渲染为三角形。

▶面：将粒子渲染为正方形面。

图 13-19

♛ 进阶案例：制作雪花效果

下面利用学粒子制作雪花飘落效果，具体操作步骤介绍如下。

扫一扫 看视频

Step01： 执行"渲染 > 环境"命令，打开"环境和效果"面板，在"公用参数"卷展栏中添加环境贴图，如图 13-20 所示。

Step02： 在"曝光控制"卷展栏中设置曝光控制方式为"线性曝光控制"，如图 13-21所示。

图 13-20

图 13-21

Step03：按 M 键打开材质编辑器，将"环境和效果"面板中的环境贴图实例复制到材质编辑器的空白材质球上，在环境贴图的"坐标"卷展栏中设置贴图显示方式为"屏幕"，如图 13-22 所示。

Step04：贴图材质预览效果如图 13-23 所示。

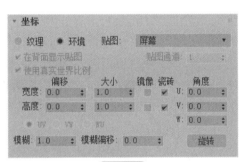
图 13-22

图 13-23

Step05：渲染场景，可以看到环境贴图以屏幕显示的方式被渲染出来，如图 13-24 所示。

Step06：在"粒子系统"命令面板中单击"雪"按钮，在顶视图创建雪粒子发射器，如图 13-25 所示。

图 13-24

图 13-25

Step07：在"参数"卷展栏中设置雪粒子的大小、速度等参数，如图 13-26 所示。

Step08：此时发射器场景发生了变化，如图 13-27 所示。

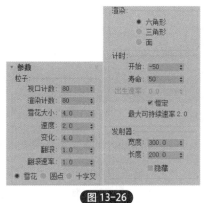

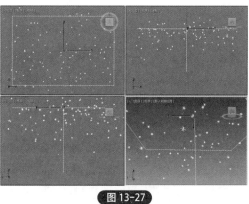

图 13-26

图 13-27

Step09：在动画控制栏单击"播放"按钮，可以看到雪花飘落的效果。

Step10：渲染场景，效果如图 13-28 所示。

Step11：打开材质编辑器，选择一个空白材质球，设置材质类型为标准材质，设置环境光和漫反射颜色为白色，如图 13-29 所示。

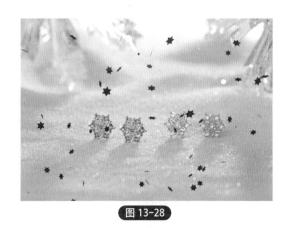

图 13-28

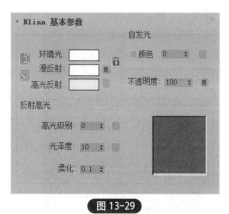

图 13-29

Step12：为漫反射通道和不透明度通道添加相同的位图贴图，如图 13-30 所示。

Step13：贴图预览效果如图 13-31 所示。

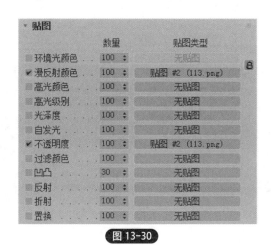

图 13-30

图 13-31

Step14：在"坐标"卷展栏中设置 UV 向的瓷砖分布值为 1，如图 13-32 所示。

Step15：返回上一级，在"扩展参数"卷展栏中设置透明衰减类型为"外"，数量为 100，过滤颜色为白色，如图 13-33 所示。

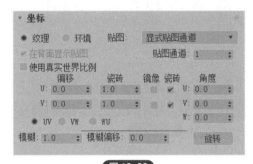

图 13-32

图 13-33

Step16：设置好的材质球预览效果如图 13-34 所示。

Step17：将材质指定给雪粒子对象，渲染场景，效果如图 13-35 所示。

图 13-34

图 13-35

Step18：重新调整雪粒子对象的计数和大小，如图 13-36 所示。

Step19：选取动画效果较为明显的帧进行渲染，效果如图 13-37 所示。

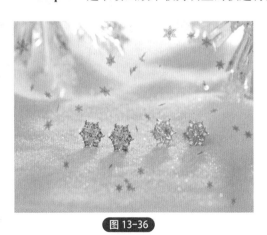

图 13-36

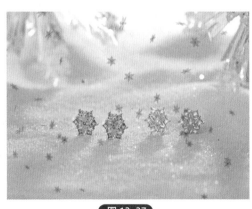

图 13-37

13.1.4 超级喷射

超级喷射是喷射的增强粒子系统，可以提供准确的粒子流。与喷射粒子的参数基本相同，不同之处在于它自动从图标的中心喷射而出，而超级喷射并不需要发射器。差集喷射用来模仿大量的群体运动，电影中常见的喷跑的恐龙群、蚂蚁奇兵等都可以用此粒子系统制作。其参数设置面板如图 13-38 所示。

图 13-38

超级喷射、暴风雪、粒子阵列和粒子云都属于高级粒子系统，其参数面板都比较类似，在此以超级喷射粒子系统为例，介绍一下各卷展栏中参数的作用。

（1）"基本参数"卷展栏

▶ 轴偏离：设置粒子喷射方向沿 X 轴所在平面偏离 Z 轴的角度，以产生斜向喷射效果。

▶ 扩散：设置粒子远离发射向量的扩散量。

▶平面偏离：设置粒子喷射方向偏离发射平面的角度，下方的扩散编辑框用于设置粒子从发射平面散开的角度，以产生空间喷射效果。

▶发射器隐藏：在视口中隐藏发射器，保证发射器不会被渲染。

（2）"粒子生成"卷展栏

▶使用速率：指定每一帧发射的固定粒子数。

▶使用总数：指定在寿命范围内产生的总粒子数。

▶发射开始/停止：这两个编辑框用于设置粒子系统开始发射粒子的时间和结束发射粒子的时间。

▶速度：设置粒子在出生时沿法线的速度。

▶变化：设置每个粒子的发射速度应用的变化百分比。

▶显示时限：设置所有粒子将要消失的帧。

▶子帧采样：该区中的复选框用于避免产生粒子堆积现象。其中，"创建时间"用于避免粒子生成时间间隔过低造成的粒子堆积；"发射器平移"用于避免平移发射器造成的粒子堆积；"发射器旋转"用于避免旋转发射器造成的粒子堆积。

▶变化：设置每个粒子的寿命可以从标准值变化的帧数。

▶大小：根据粒子的类型来指定所有粒子的目标大小。

▶增长耗时/衰减耗时：设置粒子由 0 增长到最大所需的时间。

▶种子：设置特定的种子值。

（3）"粒子类型"卷展栏

▶粒子类型：该区中的参数将用于设置粒子的类型。

▶标准粒子：该选区中的单选按钮用于设置标准粒子的渲染方式。

▶变形球粒子参数：该区中的参数用于设置变形球粒子渲染时的效果。

▶实例参数：利用该区中的参数可指定一个物体作为粒子的渲染形状。

▶材质贴图和来源：该区中的参数用于设置粒子系统使用的贴图方式和材质来源。

（4）"旋转和碰撞"卷展栏

▶自旋时间/变化：设置粒子自旋一周所需的帧数，以及各粒子自旋时间随机变化的最大百分比。

▶相位/变化：设置粒子自旋转的初始角度，以及各粒子自旋转初始角度随机变化的最大百分比。

▶自旋轴控制：该区中的参数用于设置各粒子自转轴的方向。

▶粒子碰撞：该区中的参数用于设置粒子间的碰撞效果。

（5）"对象运动继承"卷展栏

▶当粒子发射器在场景中运动时，生成粒子的运动将受其影响。卷展栏中的参数用于设置具体的影响程度。

▶影响：设置影响程度。

▶倍增：用于增加这种影响的程度。

▶变化：用于设置倍增值随机变化的最大百分比。

（6）"气泡运动"卷展栏

▶振幅：表示粒子因气泡运动而偏离正常轨迹的幅度。

▶周期：用于设置粒子完成一次摇摆晃动所需的时间。

▶相位：用于设置粒子摇摆的初始相位。

（7）"粒子繁殖"卷展栏

▶粒子繁殖效果：该区中的参数用于设置粒子在消亡或导向器碰撞后是否繁殖新的

粒子。

➤ 混乱度：设置繁殖生成新粒子的运动方向相对于原始粒子运动方向随机变化的最大百分比。

➤ 速度混乱：该区中的参数用于设置繁殖生成新粒子运动速度的变化程度。

➤ 缩放混乱：该区中的参数用于设置繁殖生成新粒子的大小相对于原始粒子大小的缩放变化程度。

➤ 寿命值队列：该区中的参数用于设置繁殖生成新粒子的寿命。

➤ 对象变形列表：该区中的参数用于设置繁殖生成新粒子的形状。

13.1.5　暴风雪

顾名思义，暴风雪粒子系统是创建很猛烈的雪。从效果上看，暴风雪不过是比雪粒子在强度要大一些，但是参数要比雪粒子复杂得多。暴风雪的参数对粒子的控制性更强，可以模拟的自然现象也更多，更为逼真，不仅仅用于普通雪的制作，还可以表现火花进射、气泡上升、开水沸腾、漫天飞花、烟雾升腾等特殊效果。

其参数面板与超级喷射粒子类似，仅"基本参数"卷展栏略有不同，如图 13-39 所示。

➤ 宽度 / 长度：在视口中拖动以创建发射器时，即隐形设置了这两个参数的初始值。

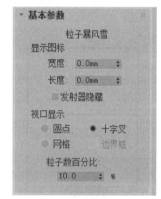

图 13-39

13.1.6　粒子云

粒子云适合于创建云雾，参数与粒子阵列基本类似，其中粒子种类有一些变化。系统默认的粒子云系统是静态的，如果想让设计的云雾动起来，可通过调整一些参数来录制动画。其基本参数面板如图 13-40 所示。

➤ 拾取对象：单击该按钮，然后选择要作为自定义发射器使用的可渲染网格对象。

➤ "粒子分布"选项组：可以指定多种发射器的形状，包括长方体发射器、球体发射器、圆柱体发射器、基于对象的发射器 4 种。

➤ "显示图标"选项组：如果不使用自定义对象作为发射器，可以通过设置半径 / 长度、宽度、高度等参数来调整发射器图标的尺寸。

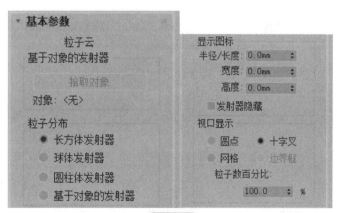

图 13-40

13.1.7 粒子阵列

粒子阵列同暴风雪一样，也可以将其他物体作为粒子物体，选择不同的粒子物体，我们可以利用粒子阵列轻松地创建出气泡、碎片或者熔岩等特效。其基本参数面板如图13-41所示。

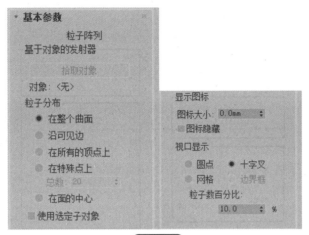

图 13-41

▶拾取对象：创建粒子系统对象后，"拾取按钮"即可用。单击该按钮，然后通过单击选择场景中的某个对象，所选对象会成为基于对象的发射器，并作为形成粒子的源几何体或用于创建类似对象碎片的源几何体。

▶"粒子分布"选项组：确定标准粒子在基于对象的发射器曲面上最初的分布方式，包括在整个曲面、沿可见边、在所有顶点上、在特殊点上、在面的中心点上共5种分布方式。仅当所拾取对象用作标准粒子、变形球粒子或实例几何体的分布栅格时，这些空间才可用。

▶使用选定子对象：对于基于网格的发射器以及一定发射范围内基于面片的发射器，粒子流的源只限于传递到基于对象发射器中修改器堆栈的子对象选择。

13.2 空间扭曲

空间扭曲工具是 3ds Max 系统提供的一个外部插入工具，通过它可以影响视图中移动的对象以及对象周围的三维空间，最终影响对象在动画中的表现。3ds Max 中空间扭曲工具包括5种，分别是力、导向器、几何/可变形、基于修改器、粒子和动力学。

13.2.1 力

力主要是用来控制粒子系统中粒子的运动情况，或者为动力学系统提供运动的动力，主要包括推力、马达、漩涡、阻力、粒子爆炸、路径跟随、重力、风和置换9种，创建命令面板如图13-42所示。

（1）推力

推力可以为粒子系统提供正向或负向的均匀单向力，其参数设置面板如图13-43所示。

图 13-42

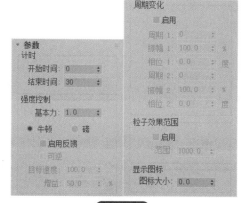

图 13-43

▸ 开始时间 / 结束时间：空间扭曲效果开始和结束时所在的帧编号。

▸ 基本力：空间扭曲施加的力的量。

▸ 牛顿 / 磅：该选项用来指定基本力微调器使用的力的单位。

▸ 启用反馈：打开该选项时，力会根据受影响粒子相对于指定目标速度的速度而变化。

▸ 可逆：打开该选项时，若粒子速度超出目标速度设置，力会发生逆转。

▸ 目标速度：以每帧的单位数指定反馈生效前的最大速度。

▸ 增益：指定以何种速度调整力以达到目标速度。

▸ 周期 1：噪波变化完成整个循环所需的时间。

▸ 幅度 1：变化强度。该选项使用的单位类型和基本力微调器相同。

▸ 相位 1：偏移变化模式。

▸ 周期 2：提供额外的变化模式来增加噪波。

▸ 启用：打开该选项时，会将效果范围限制为一个球体，其显示为一个带有 3 个环箍的球体。

▸ 范围：以单位数指定效果范围的半径。

▸ 图标大小：设置推力图标的大小。

（2）马达

马达空间扭曲的工作方式类似于推力，但前者对受影响的粒子或对象应用的是转动扭矩而不是定向力，马达图标的位置和方向都会对围绕其旋转的粒子产生影响。其参数面板如图 13-44 所示。

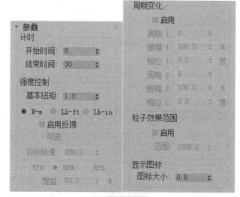

图 13-44

▸ 开始时间 / 结束时间：空间扭曲效果开始和结束时所在的帧编号。

▸ 基本扭矩：设置空间扭曲对物体施加的力的量。

▸ N-m/Lb-ft/Lb-in（牛顿 - 米 / 磅力 - 英尺 / 磅力 - 英寸）：指定基本扭矩的度量单位。

▸ 启用反馈：启用该选项后，力会根据受影响粒子相对于指定的目标转速而发生变化；若关闭该选项，不管受影响对象的速度如何，力都保持不变。

▸ 可逆：开启该选项后，如果对象的速度超出了目标转速，那么力会发生逆转。

▸ 目标转速：指定反馈生效前的最大转数。

▸ RPH/RPM/RPS（每小时 / 每分钟 / 每秒）：以每小时、每分钟或每秒的转数来指定目标转速的度量单位。

第 13 章

▶ 增益：指定以何种速度来调整力，以达到目标转速。

▶ 周期1：设置噪波变化完成整个循环所需的时间。例如20表示每20帧循环一次。

（3）漩涡

漩涡可以将力应用于粒子，使粒子在急转的漩涡中进行旋转，然后让它们向下移动成一个长而窄的喷流或漩涡井，常用来创建黑洞、涡流和龙卷风效果。其参数面板如图13-45所示。

（4）阻力

阻力是一种在指定范围内按照指定量来降低粒子速率的粒子运动阻尼器。应用阻尼的方式可以是线形、球形或圆柱形。其参数面板如图13-46所示。

（5）粒子爆炸

可以应用于粒子系统和动力学系统，以产生粒子爆炸效果，或者为动力学系统提供爆炸冲击力。其参数面板如图13-47所示。

图 13-45

图 13-46

图 13-47

图 13-48

（6）路径跟随

路径跟随可以强制粒子沿指定的路径进行运动。路径通常为单一的样条线，也可以是具有多条样条线的图形，但粒子只会沿着其中一条样条线曲线进行运动。其参数面板如图13-48所示。

（7）置换

置换是以力场的形式推动和重塑对象的几何外形，对几何体和粒子系统都会产生影响。

其参数面板如图 13-49 所示。

（8）重力

重力可以用来模拟粒子受到的自然重力。重力具有方向性，沿重力箭头方向的粒子为加速运动，沿重力箭头逆向的粒子为减速运动。其参数面板如图 13-50 所示。

（9）风

风用于模拟风吹对粒子系统的影响，粒子在顺风的方向加速运动，在迎风的方向减速运动。其参数面板如图 13-51 所示。

图 13-49

图 13-50

图 13-51

13.2.2 导向器

导向器可以应用于粒子系统或者动力学系统，以模拟粒子或物体的碰撞反弹动画。

3ds Max 中为用户提供了 6 种类型的导向器，分别是泛方向导向板、泛方向导向球、全泛方向导向、全导向器、导向球、导向板，如图 13-52 所示。

（1）泛方向导向板

泛方向导向板是空间扭曲的一种平面泛方向导向器类型。它能提供比原始导向器空间扭曲更强大的功能，包括折射和繁殖能力。其参数面板如图 13-53 所示。

（2）泛方向导向球

泛方向导向球是空间扭曲的一种球形泛方向导向器类型。它提供的选项比原始的导向球更多。其参数面板如图 13-54 所示。

（3）全泛方向导向

全泛方向导向可以使用指定物体的任意表面作为反射和折射平面，且物体可以是静态物体、动态物体或随时间扭曲变形体的物体。需要注意的是，该导向器只能应用于粒子系统，并且粒子越多，指定物体越复杂，该导向器越容易发生粒子泄漏。其参数面板如图 13-55 所示。

图 13-52　图 13-53　图 13-54　图 13-55

（4）全导向器

全导向器可以使用指定物体的任意表面作为反应面，但是只能应用于粒子系统，且粒子撞击反应面时只有反弹效果。其参数面板如图 13-56 所示。

（5）导向球

导向球空间扭曲起着球形粒子导向器的作用。其参数面板如图 13-57 所示。

（6）导向板

导向板空间扭曲可以模拟反弹、静止等效果（比如雨滴滴落并弹起）。其参数面板如图 13-58 所示。

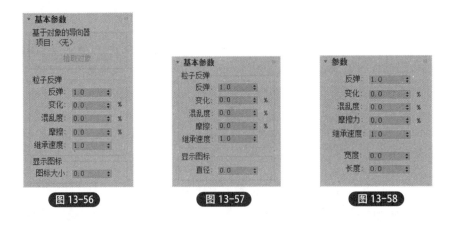

图 13-56　图 13-57　图 13-58

13.2.3　几何／可变形

几何／可变形空间扭曲主要用于使三维对象产生变形效果，以制作变形动画。创建命令面板如图 13-59 所示。

（1）FFD（长方体）和 FFD（圆柱体）

自由形式变形（FFD）包括"FFD（长方体）"和"FFD（圆柱体）"两种空间扭曲，提供了通过调整晶格的控制点使对象发生变形的方法。"FFD（长方体）"是一种类似原始 FFD 修改器的长方体形状的晶格 FFD 对象，而"FFD（圆柱体）"则在其晶格中使用柱形控制点阵列，其参数面板基本相同，FFD（长方体）的参数面板如图 13-60 所示。

图 13-59

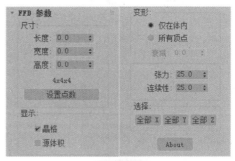

图 13-60

（2）波浪／涟漪

这两种空间扭曲分别可以在被绑定的三维对象中创建线性波浪和同心波纹，如图 13-61 所示。需要注意的是，使用这两种空间扭曲时，被绑定对象的分段数要适当，否则无法产生所需的变形效果。二者参数面板几乎相同，波浪空间扭曲的参数面板如图 13-62 所示。

图 13-61

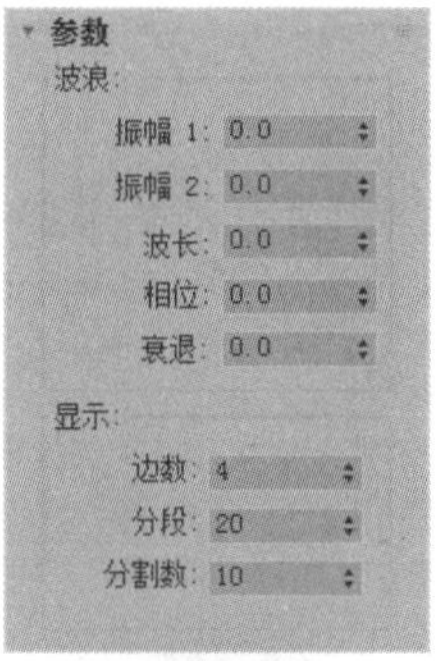

图 13-62

（3）置换

置换以力场的形式推动和重塑对象的几何外形。置换对几何体（可变形对象）和粒子系统都会产生影响。其工作方式和"置换"修改器类似，只不过前者像所有空间扭曲那样，影响的是世界空间而不是对象空间。当需要为少量对象创建详细的置换时，可以使用"置换"修改器。其参数面板如图 13-63 所示。

（4）一致

空间扭曲修改绑定对象的方法是按照空间扭曲图标所指示的方向推动其顶点，直至这些顶点碰到指定目标对象，或从原始位置移动到指定距离。其参数面板如图 13-64 所示。

图 13-63

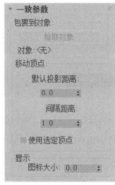

图 13-64

（5）爆炸

该空间扭曲可以将被绑定的三维对象炸成碎片，常配合各种力空间扭曲制作三维对象的爆炸动画，如图 13-65 所示。其参数面板如图 13-66 所示。

图 13-65

图 13-66

13.2.4　基于修改器

基于修改器类空间扭曲和标准对象修改器的效果完全相同。和其他空间扭曲一样，它们必须和对象绑定在一起，并且它们是在世界空间中发生作用。想对散布得很广的"对象"组应用诸如扭曲或弯曲等效果时，它们非常有用。

基于修改器类空间扭曲包括弯曲、扭曲、锥化、倾斜、噪波和拉伸 6 种类型，如图 13-67 所示。

图 13-67

13.2.5　粒子和动力学

粒子和动力学空间扭曲只有"向量场"一种类型，命令面板如图 13-68 所示。向量场是一种特殊类型的空间扭曲，群组成员使用它来围绕不规则对象移动。向量场这个小插件是个方框形的格子，其位置和尺寸可以改变，以便围绕要避开的对象，通过格子交叉生成向量。单击"向量场"按钮，可以看到其参数面板如图 13-69 所示。

图 13-68

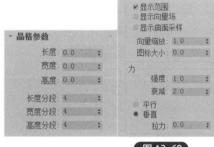

图 13-69

扫一扫 看视频

综合实战：制作文字动画

下面利用本章所学的超级喷射粒子和路径跟随知识制作出数字动画效果，具体操作步骤介绍如下。

Step01：单击"文本"按钮，在前视图中创建一个文本，输入大写字母 S，设置字体大小为 1000，如图 13-70 所示。

Step02：在"几何体"面板的"粒子系统"命令面板单击"超级喷射"按钮，在顶视图创建发射器，如图 13-71 所示。

Step03：在"基本参数"卷展栏中设置"粒子分布"参数，设置图标大小为 1000，设置视口显示方式为"网格"，再设置"粒子数百分比"为 60%，如图 13-72 所示。

Step04：在"粒子生成"卷展栏中设置粒子数量为 60，粒子运动速度为 100，粒子发射停止为 100，寿命为 100，粒子大小为 15，如图 13-73 所示。

Step05：在"粒子类型"卷展栏中设置标准粒子形状为"球体"，如图 13-74 所示。

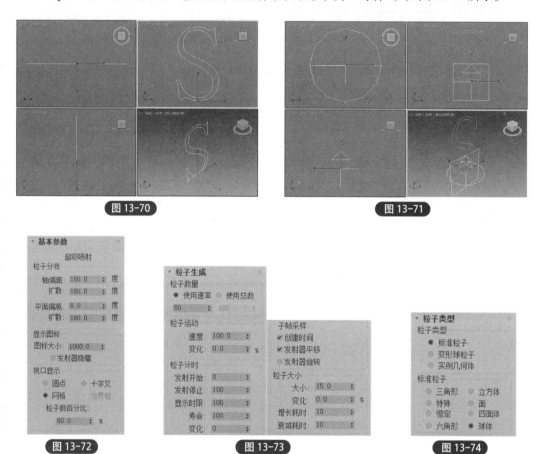

图 13-70

图 13-71

图 13-72

图 13-73

图 13-74

Step06：拖动时间轴滑块，可以看到超级喷射粒子的效果，如图 13-75 所示。

Step07：在"空间扭曲"面板的"力"命令面板中单击"路径跟随"按钮，在场景中创建路径跟随，如图 13-76 所示。

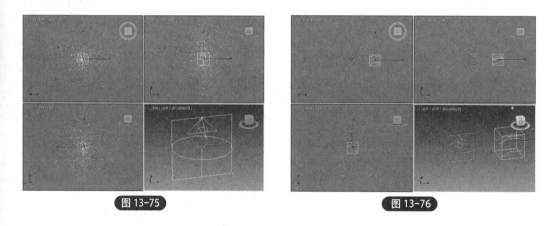

图 13-75

图 13-76

Step08：在"基本参数"卷展栏中单击"拾取图形对象"按钮，在视图中拾取文本对象作为跟随路径，再设置通过时间为 100，粒子运动类型为"二者"，如图 13-77 所示。

Step09：在主工具栏中单击"绑定到空间扭曲"按钮 ，在视口中线单击路径跟随对象，按住鼠标并移动到超级喷射对象上，将其绑定，如图13-78所示。

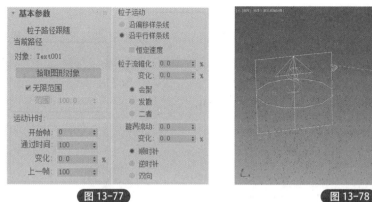

图 13-77

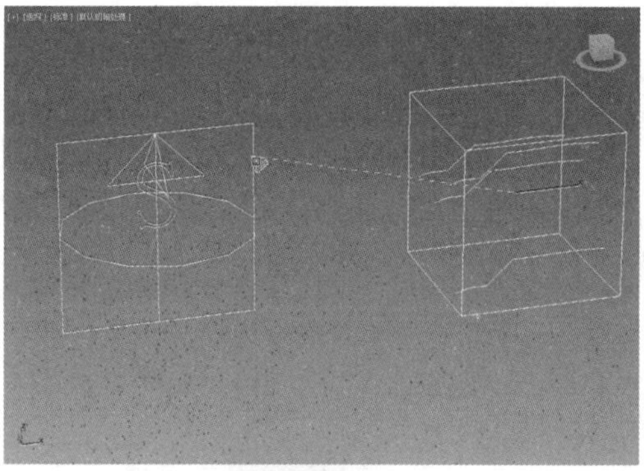

图 13-78

Step10：拖动时间轴滑块，可以看到绑定后的粒子效果，如图13-79所示。

Step11：调整超级喷射发射器的位置，使其与文本对象对齐，如图13-80所示。

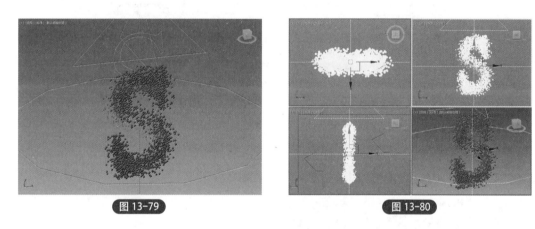

图 13-79

图 13-80

Step12：拖动时间轴滑块，选择关键点进行渲染，效果如图13-81、图13-82所示。

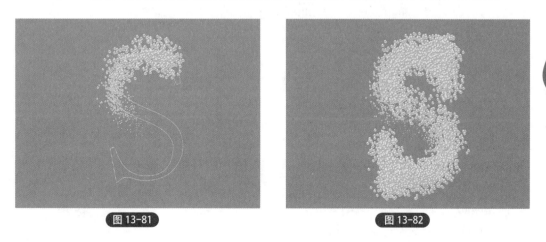

图 13-81

图 13-82

✐ 课后作业

通过本章内容的学习，读者应该对所学知识有了一定的掌握，章末安排了课后作业，用于巩固和练习。

利用"暴风雪"粒子制作大雪效果,如图 13-83、图 13-84 所示。

图 13-83

图 13-84

操作提示:

Step01:打开"环境和效果"面板,为背景添加环境贴图。

Step02:创建暴风雪粒子,设置粒子参数。

Step03:创建雪材质,并赋予粒子发射器。

习题 2

使用"超级喷射"粒子制作花瓣飞舞的效果,如图 13-85、图 13-86 所示。

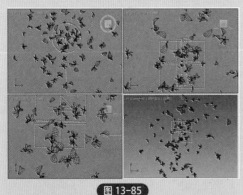

图 13-85

图 13-86

操作提示:

Step01:创建超级喷射粒子,设置基本参数、粒子生成,再拾取树叶对象。

Step02:再次创建超级喷射粒子,设置基本参数、粒子生成,再拾取花瓣对象。

Step03:分别为树叶和花瓣创建材质,并赋予发射器。

第 14 章
动力学系统

📄 **内容导读:**

3ds Max 的动力学系统非常强大,可以快速地制作出物体与物体之间真实的物理作用效果,是制作动画必不可少的一部分。动力学可以用于定义物理属性和外力,当对象遵循物理定律进行相互作用时,可以使场景自动生成最终的关键帧。

通过本章的学习,读者可以熟练掌握模拟真实的动力学运算知识,如物体碰撞、物体下落、布料覆盖等。

🎯 **学习目标:**

- 了解动力学
- 熟悉刚体的创建
- 熟悉 mCloth 对象的创建
- 熟悉约束的创建
- 熟悉碎布玩偶的创建

动力学是指通过模拟对象的物理属性及其交互方式来创建动画的过程。交互可以完全参数化，与实体对象紧挨着下落的情况一样，也可以包含设置关键帧动画的对象（如抛出去的球体）以及设置动力学动画的对象（如保龄球枢轴）。

此外，动力学模拟还涉及重力、风力、阻力、摩擦力、反弹力等，更高级的动力学引擎还可以模拟软体（如布料和绳索）、液体（如水和油）和关节连接的实体，后者有时又被称为碎布玩偶物体对象。

14.1.1 什么是 MassFX（动力学）

MassFX 是 3ds Max 中的动力学模块，在以前的 3ds Max 版本中并没有 MassFX，而是叫做 reactor。相比较而言，MassFX 的动力学运算更为真实、速度更快。

在 3ds Max 的默认工作界面中是找不到 MassFX 面板的，需要用户手动将其调出。在主工具栏的空白处单击鼠标右键，在弹出的快捷菜单中选择"MassFX 工具栏"选项，即可打开 MassFX 工具栏，如图 14-1、图 14-2 所示。

图 14-1

图 14-2

工具栏中各按钮含义介绍如下。

▶ MassFX 工具 ：该选项下面包含很多参数，如"世界""工具""编辑"和"显示"。

▶ 刚体 ：在创建完成物体后，可以为物体添加刚体，分为三种类型，分别是动力学刚体、运动学刚体和静态刚体。

▶ mCloth ：可以模拟真实的布料效果。

▶ 约束 ：可以创建约束对象。包括刚性、滑块、扭曲、通用、球和套管共 6 种约束。

▶ 碎布玩偶 ：可以模拟碎布玩偶的动画效果。

▶ 重置模拟 ：单击该按钮可以将之前的模拟重置，回到最初状态。

▶ 模拟 ：单击该按钮可以开始进行模拟。

▶ 步阶模拟 ：单击或多次单击该按钮可以按照步阶进行模拟，方便查看每一刻的状态。

14.1.2 MassFX 工具

3ds Max 动力学的主要参数设置都需要在"MassFX 工具"面板中进行，用户可以通过

"MassFX 工具"面板创建物理模拟的大多数常规设置和控件。

在 MassFX 工具栏中单击"MassFX 工具"按钮 即可打开"MassFX 工具"面板，该面板中包括"世界参数""模拟工具""多对象编辑器"以及"显示选项"4 个选项卡，如图 14-3 ～图 14-6 所示。

图 14-3

图 14-4

图 14-5

（1）世界参数

"世界参数"选项卡包含 3 个卷展栏，分别是"场景设置""高级设置"和"引擎"，如图 14-7 ～图 14-9 所示。

图 14-6

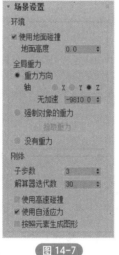

图 14-7

图 14-8

图 14-9

　　启用时，MassFX 使用地面高度级别的（不可见）无限、平面、静态刚体，即与主栅格平行或共面。

　　地面高度：启用"使用地面碰撞"时地面刚体的高度。以活动的单位指定。

　　重力方向：应用 MassFX 中的内置重力。

　　强制对象的重力：可以使用重力空间扭曲将重力应用于刚体。

　　拾取重力：使用"拾取重力"按钮将其指定为在模拟中使用。

　　没有重力：选择该选项时，重力不会影响模拟。

　　子步数：每个图形更新之间执行的模拟步数。

- 解算器迭代数：全局设置，约束解算器强制执行碰撞和约束的次数。
- 使用高速碰撞：全局设置，用于切换连续的碰撞检测。
- 使用自适应力：该选项默认情况下是勾选的，控制是否使用自适应力。
- 按照元素生成图形：该选项控制是否按照元素生成图形。
- 睡眠设置：在模拟中移动速度低于某个速率的刚体将自动进入睡眠模式，从而使MassFX关注其他活动对象，提高性能。
- 睡眠能量：在其运动低于"睡眠能量"阈值时将对象置于睡眠模式。
- 高速碰撞：启用时，这些设置确定了MassFX计算此类碰撞的方法。
- 接触距离：允许移动刚体重叠的距离。

（2）模拟工具

"模拟工具"选项卡包含3个卷展栏，分别是"模拟""模拟设置"和"实用程序"，如图14-10～图14-12所示。

图14-10

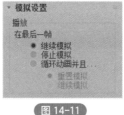

图14-11

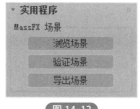

图14-12

- 烘焙所有：将所有动力学对象（包括mCloth）的变换存储为动画关键帧时，重置模拟并运行。
- 烘焙选定项：与"烘焙所有"类似，只是烘焙仅应用于选定的动力学对象。
- 取消烘焙所有：删除通过烘焙设置为运动学状态的所有对象的关键帧，从而将这些对象恢复为动力学状态。
- 取消烘焙选定项：与"取消烘焙所有"类似，只是取消烘焙仅应用于选定的适用对象。
- 捕获变换：将每个选定动力学对象（包括mCloth）的初始变换设置为其当前变换。
- 继续模拟：即使时间滑块到达最后一帧，也继续运行模拟。
- 停止模拟：当时间滑块到达最后一帧时，停止模拟。
- 循环动画并且…：选择此选项，将在时间滑块到达最后一帧时重复播放动画。
- 浏览场景：打开"MassFX资源管理器"对话框。
- 验证场景：确保各种场景元素不违反模拟要求。
- 导出场景：使模拟可用于其他程序。

（3）多对象编辑器

"多对象编辑器"选项卡中包含7个卷展栏，分别是"刚体属性""物理材质""物理材质属性""物理网格""物理网格参数""力"和"高级"，如图14-13所示。

- 刚体类型：所有选定刚体的模拟类型。
- 直到帧：启用后，MassFX会在指定帧处将选定的运动学刚体转换为动力学刚体。仅在刚体类型为"运动学"时可用。

　　　▶烘焙：将取消烘焙的选定刚体的模拟运动转换为标准动画关键帧。

　　　▶使用高速碰撞：如果启用此选项，"高速碰撞"设置将应用于选定刚体。

　　　▶在睡眠模式中启用：如果启用此选项，选定刚体将使用全局睡眠设置一睡眠模式开启模拟。

　　　▶与刚体碰撞：如启用此选项，选定的刚体将与场景中的其他刚体发生碰撞。

　　　▶预设：从下拉列表中选择预设材质，以将"物理材质属性"卷展栏中的所有值更改为预设中保存的值，并将这些值应用到选择内容。

　　　▶创建预设：基于当前值创建新的物理材质预设。

　　　▶密度：此刚体的密度，度量单位为 g/cm^3。

　　　▶质量：此刚体的重量，度量单位为 kg。

　　　▶静摩擦力：两个刚体开始相互滑动的难度系数。

　　　▶动摩擦力：两个刚体保持相互滑动的难度系数。

　　　▶反弹力：对象撞击到其他刚体时反弹的轻松程度和高度。

　　　▶网格类型：选定刚体物理图形的类型，可用类型为"球体""长方体""胶囊""凸面""原始"和"自定义"。

　　　▶使用世界重力：禁用后，选定的刚体将仅使用在此处应用的力。

　　　▶应用的场景力：列出场景中影响模拟中选定刚体的力空间扭曲。

（4）显示选项

　　"显示选项"选项卡汇总包含 2 个卷展栏，分别是"刚体""MassFX 可视化工具"，如图 14-14 所示。

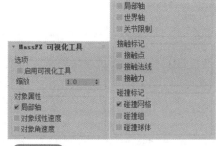

图 14-13

图 14-14

第 14 章

- 显示物理网格：启用时，物理网格显示在视口中，且可以使用"仅选定对象"开关。
- 仅选定对象：启用时，仅选定对象的物理网格显示在视口中。
- 启用可视化工具：启用时，此卷展栏上的其余设置生效。
- 缩放：基于视口的指示器（如轴）的相对大小。

14.2 创建 MassFX

MassFX 工具栏提供了用于模拟真实物理世界中常见动力的各种工具，包括刚体、mCloth 对象、约束以及碎布玩偶等。

14.2.1 创建刚体

图 14-15

刚体类对象属于 MassFX 工具组中常用的运动对象，通过给物体赋予刚体属性或性质后，产生基本的运动碰撞效果，还原现实世界物体受力产生运动变化的计算行为。3ds Max 中可以将对象设置为动力学刚体、运动学刚体、静态刚体 3 种类型，如图 14-15 所示。

- 动力学刚体：物体被指定为动力学刚体后，就受重力及模拟中因其他对象撞击而导致的运动变形行为。
- 运动学刚体：物体被指定为运动学刚体后，可以对物体做动画设置，使物体动起来。运动学刚体可以碰撞影响动力学刚体，但动力学刚体不可以碰撞到运动学刚体。用户可以设定运动学刚体在一定时间改变为动力学刚体，从而影响场景中其他的动力学刚体，自身也会受到碰撞影响。

- 静态刚体：被指定为静态刚体的物体，一般都是不需要动的物体，可以用作容器、墙、障碍物等。

👑 进阶案例：制作桌球撞击动画

下面利用 MassFX 制作桌球撞击动画效果，具体操作步骤介绍如下。

Step01：打开素材场景，如图 14-16 所示。

Step02：打开 MassFX 工具栏，选择桌球桌面模型，将其设置为静态刚体，如图 14-17 所示。

扫一扫 看视频

图 14-16

图 14-17

Step03：选择全部 15 个目标球模型，将其设置为动力学刚体，在"刚体属性"卷展栏中勾选"在睡眠模式下启动"选项，在"物理材质"卷展栏中设置质量、摩擦力及反弹力，如图 14-18、图 14-19 所示。

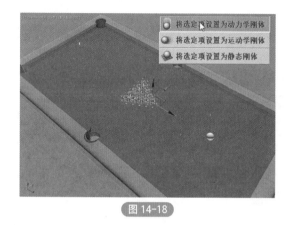

图 14-18

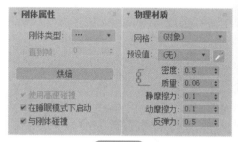

图 14-19

Step04：再选择白色的母球模型，将其设置为运动学刚体，并在"物理材质"卷展栏中设置摩擦力及反弹力，如图 14-20、图 14-21 所示。

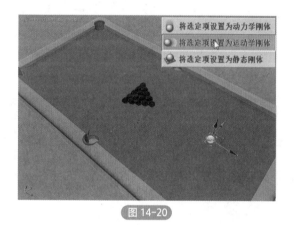

图 14-20

图 14-21

Step05：选择母球模型，在动画控制区单击"自动关键点"按钮，拖动时间滑块到第 30 帧，再将母球模型移动到合适位置，如图 14-22 所示。

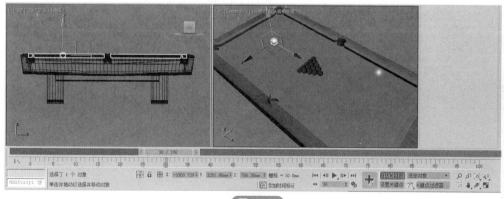

图 14-22

Step06：单击 MassFX 工具栏中的"开始模拟"按钮，观察动画效果，如图 14-23 所示。

Step07：母球到达目标点时的动作太过僵硬，这里选择母球模型，在"刚体属性"卷展栏中勾选"直到帧"选项，设置参数为 30，如图 14-24 所示。

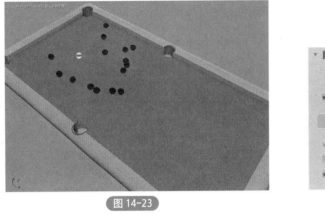

图 14-23

图 14-24

Step08：再次模拟动画，截取碰撞效果较好的结果，如图 14-25 所示。

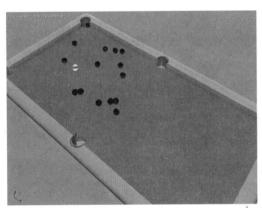
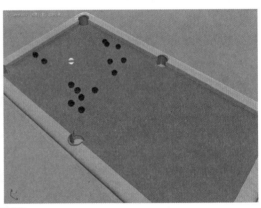

图 14-25

14.2.2　创建 mCloth 对象

mCloth 是一种特殊的布料修改器，可以模拟布料的真实动力学效果，并且可以让 mCloth 对象与刚体对象一起参与运算。mCloth 对象常用于模拟布料自由下落来制作床单、布料悬挂等效果。

MassFX 工具栏中提供了"将选定对象设置为 mCloth 对象"和"从选定对象中移除 mCloth"2 种操作，如图 14-26 所示。

图 14-26

mCloth 对象的参数设置面板包括"mCloth 模拟""力""捕获状态""纺织品物理特性""体积特性""交互""撕裂""可视化""高级"共 9 个卷展栏，如图 14-27 所示。

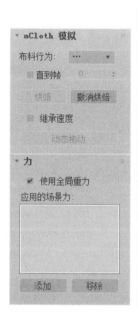

图 14-27

- 布料行为：确定 mCloth 对象如何参与模拟。
- 直到帧：启用后，会在指定帧处将选定的运动学 Cloth 转换为动力学 Cloth。
- 烘焙 / 取消烘焙：烘焙可以将 mCloth 对象的模拟运动转换为标准动画关键帧以进行渲染。
- 继承速度：启用时，mCloth 对象可通过使用动画从堆栈中的 mCloth 对象下面开始模拟。
- 动态拖动：不使用动画即可模拟，且允许拖动布料以设置其姿势或测试行为。
- 使用全局重力：启用时，mCloth 对象将使用 MassFX 全局重力设置。
- 捕捉初始状态：将所选 mCloth 对象缓存的第一帧更新到当前位置。
- 重置初始状态：将所选 mCloth 对象的状态还原为应用修改器堆栈中的 mCloth 之前的状态。
- 捕捉目标状态：抓取 mCloth 对象的当前变形，并使用该网格来定义三角形之间的目标弯曲角度。
- 重置目标状态：将默认弯曲角度重置为堆栈中 mCloth 下面的网格。
- 重力比：使用全局重力处于启用状态时重力的倍增。使用此选项可以模拟效果，如湿布料或重布料。
- 密度：布料的权重，以 g/cm^2 为单位。
- 延展性：拉伸布料的难易程度。
- 弯曲度：折叠布料的难易程度。
- 使用正交弯曲：计算弯曲角度，而不是弹力。在某些情况下，该方法更准确，但模拟时间更长。
- 阻尼：布料的弹性，影响在摆动或捕捉回后其还原到基准位置所经历的时间。

- ▶ 摩擦力：布料在其与自身或其他对象碰撞时抵制滑动的程度。
- ▶ 限制：布料边可以压缩或折皱的程度。
- ▶ 刚度：布料边抵制压缩或折皱的程度。
- ▶ 启用气泡式行为：模拟封闭体积，如轮胎或垫子。
- ▶ 压力：充气布料对象的空气体积或坚固性。
- ▶ 自相碰撞：启用时，mCloth 对象将尝试阻止自相交。
- ▶ 自厚度：用于自碰撞的 mCloth 对象的厚度。如果布料自相交，则尝试增加该值。
- ▶ 刚体碰撞：启用时，mCloth 对象可以与模拟中的刚体碰撞。
- ▶ 厚度：用于与模拟中的刚体碰撞的 mCloth 对象的厚度。如果其他刚体与布料相交，则尝试增加该值。
- ▶ 推刚体：启用时，mCloth 对象可以影响与其碰撞的刚体的运动。
- ▶ 推力：mCloth 对象对与其碰撞的刚体施加的推力的强度。
- ▶ 附加到碰撞对象：启用时，mCloth 对象会粘附到与其碰撞的对象。
- ▶ 影响：mCloth 对象对其附加到的对象的影响。
- ▶ 分离后：与碰撞对象分离前布料的拉伸量。
- ▶ 高速精度：启用时，mCloth 对象将使用更准确的碰撞检测方法。这样会降低模拟速度。
- ▶ 允许撕裂：启用时，布料中的预定义分割将在受到充足力的作用时撕裂。
- ▶ 撕裂后：布料边在撕裂前可以拉伸的量。
- ▶ 撕裂之前焊接：选择在出现撕裂之前 MassFX 如何处理预定义撕裂。
- ▶ 张力：启用时，通过顶点着色的方法显示纺织品中的压缩和张力。拉伸的布料以红色表示，压缩的布料以蓝色表示，其他以绿色表示。
- ▶ 抗拉伸：启用时，帮助防止低解算器迭代次数值的过度拉伸。
- ▶ 限制：允许的过度拉伸的范围。
- ▶ 使用 COM 阻尼：影响阻尼，但使用质心，从而获得更硬的布料。
- ▶ 硬件加速：启用时，模拟将使用 GPU。
- ▶ 解算器迭代：每个循环周期内解算器执行的迭代次数。使用较高值可以提高布料稳定性。
- ▶ 层次解算器迭代：层次解算器的迭代次数。
- ▶ 层次级别：力从一个顶点传播到相邻顶点的速度。增加该值可增加力在布料上扩散的速度。

14.2.3　创建约束

3ds Max 中的 MassFX 约束可以限制刚体在模拟中的移动。约束辅助对象可以将两个刚体连接在一起，也可以将单个刚体锚定到全局空间的固定位置。约束组成了一个层次关系，子对象必须是动力学刚体，而父对象可以是动力学刚体、运动学刚体或为空（锚定到全局空间）。

图 14-28

MassFX 工具栏提供了 6 种约束方式，分别是刚体约束、滑块约束、转枢约束、扭曲约束、通用约束、球和套管约束，如图 14-28 所示。

14.2.4　创建碎布玩偶

动画角色可以作为动力学和运动学刚体参与 MassFX 模拟。使用"动力学"选项，角色不仅可以影响模拟中的其他对象，也可以受其影响。使用"运动学"选项，角色可以影响模拟，但不受其影响。

要创建碎布玩偶，请选择一组链接的骨骼（包括 Biped 和骨骼链）中的任何骨骼，或参考骨骼的网格对象（应用了蒙皮修改器），调用"创建运动学碎布玩偶"或"创建动力学碎布玩偶"命令。其参数面板如图 14-29 所示。

▶ 显示图标：切换碎布玩偶对象的显示图标。

▶ 图标大小：碎布玩偶辅助对象图标的显示大小。

▶ 显示骨骼：切换骨骼物理图形的显示。

▶ 显示约束：切换连接刚体的约束的显示。

图 14-29

▶ 比例：约束的显示大小，增加此值可以更容易地在视口中选择约束。

▶ 碎布玩偶类型：确定碎布玩偶如何参与模拟的步骤。

▶ 拾取：将角色的骨骼与碎布玩偶关联。

▶ 移除：取消骨骼列表中高亮显示的骨骼与碎布玩偶的关联。

▶ 拾取：若要从视口中添加蒙皮网格，请单击"拾取"，然后选择应用了"蒙皮"修改器的网格。

▶ 源：确定图形的大小，包括最大网格数和骨骼两个选择。

▶ 图形：指定用于高亮显示的骨骼的物理图形类型、大小取决于"源"和"膨胀"设置。

▶ 膨胀：展开物理图形使其超出顶点或骨骼的云的程度。

▶ 权重：在蒙皮网格中查找关联顶点时，这是确定每个骨骼要包含的顶点时，与"蒙皮"修改器中的权重值相关的截止权重。

▶ 更新选定骨骼：为列表中高亮显示的骨骼应用所有更改后的设置，然后重新生成其物理图形。

▶ 使用默认质量：启用后，碎布玩偶中每个骨骼的质量为刚体中定义的质量。

▶ 总体质量：整个碎布玩偶集合的模拟质量。

▶ 分布率：使用"重新分布"时，此值将决定相邻刚体之间的最大质量分布率。

▶ 重新分布：根据"总体质量"和"分布率"的值，重新计算碎布玩偶刚体组成成分的质量。

▶ 更新所有骨骼：更改碎布玩偶设置后，通过单击此按钮可将更改后的设置应用到整个碎布玩偶，无论列表中高亮显示哪些骨骼。

上手实操：制作角色跌倒动画

下面为创建好的模型场景创建目标摄影机，以渲染出最合适角度的效果图，具体操作步骤介绍如下。

Step01：在"系统"创建面板的"标准"命令面板中单击 Biped 按钮，在视口中创建 Biped 对象，如图 14-30 所示。

Step02：全选 Biped 对象，在 MassFX 工具栏中单击"创建动力学碎布玩偶"按钮，将其创建为碎布玩偶，此时对象顶部会产生一个图标，如图 14-31 所示。

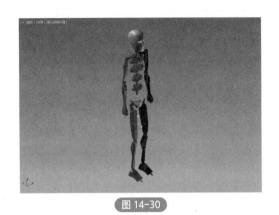

图 14-30

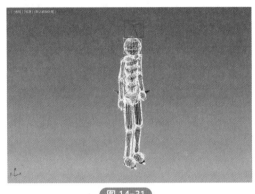

图 14-31

Step03：在 MassFX 工具栏中单击"开始模拟"按钮，即可观看骨骼跌倒动画。单击"逐帧模拟"按钮，则可以看到角色跌倒的慢过程，如图 14-32 所示。

图 14-32

综合实战：制作桌布垂落效果

下面利用 MassFX 工具为餐桌制作垂落的桌布，具体操作步骤介绍如下。

Step01：打开素材模型，如图 14-33 所示。

Step02：单击"长方体"按钮，创建比桌面稍微大一点的长方体作为桌面代理，设置尺寸为 920mm×1620mm×40mm，并调整对象与桌面对齐，如图 14-34 所示。

图 14-33

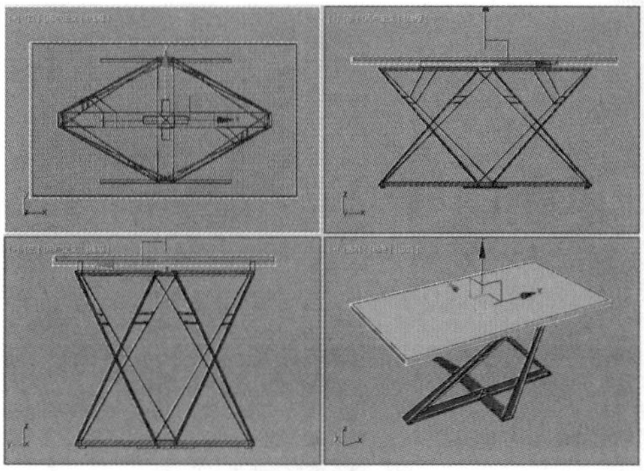

图 14-34

Step03：再单击"平面"按钮，创建尺寸为 1200mm×1900mm，并设置分段，如图 14-35、图 14-36 所示。

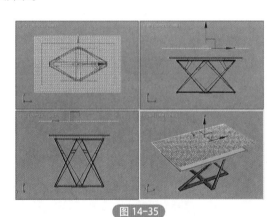

图 14-35

图 14-36

Step04：为平面对象添加"细化"修改器，设置迭代次数为 2，效果如图 14-37、图 14-38 所示。

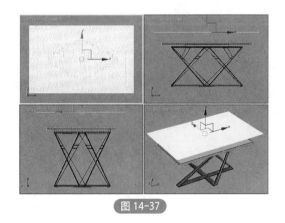

图 14-37

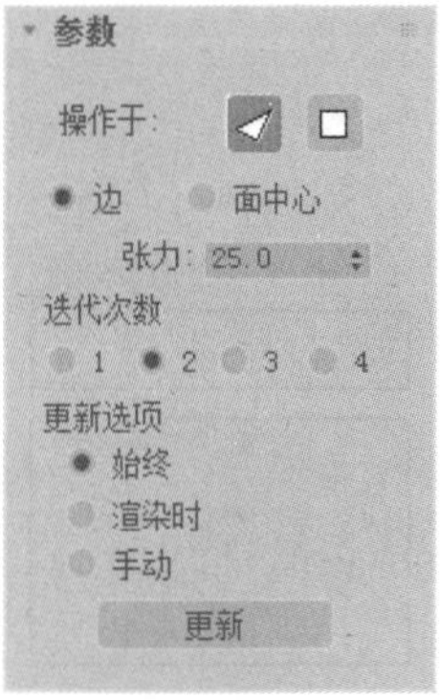

图 14-38

第14章

Step05：打开材质编辑器，选择一个未使用的材质球，设置材质类型为 VRayMtl，在"贴图"卷展栏中为漫反射通道添加衰减贴图，为凹凸通道添加位图贴图，设置凹凸值为50，如图 14-39 所示。

Step06：凹凸通道的贴图预览效果如图 14-40 所示。

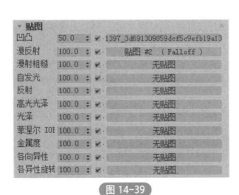

图 14-39

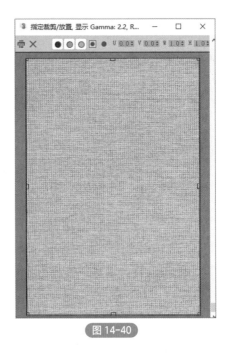

图 14-40

Step07：进入衰减参数面板，分别为前、侧通道添加相同的位图贴图，并设置衰减类型为 Fresnel，如图 14-41 所示。

Step08：衰减通道的位图贴图预览效果如图 14-42 所示。

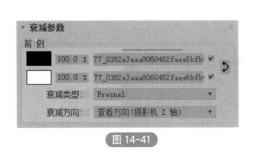

图 14-41

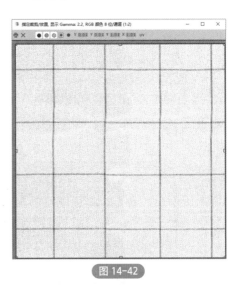

图 14-42

Step09：创建好的材质球效果如图 14-43 所示。

Step10：将材质指定给平面对象，并添加 UVW 贴图，取消勾选"真实世界贴图大小"选项，再选择"长方体"贴图方式，设置贴图尺寸，如图 14-44、图 14-45 所示。

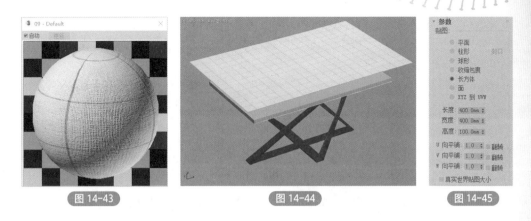

图 14-43　　　　　　　　　图 14-44　　　　　　　　　图 14-45

Step11：选择平面，打开 MassFX 工具栏，将选定对象设置为 mCloth 对象，进入修改面板，在"纺织品物理特性"卷展栏中设置弯曲度为 0.9，在"交互"卷展栏中设置自厚度和厚度都为 9，如图 14-46 所示。

Step12：选择长方体，将其设置为静态刚体，如图 14-47 所示。

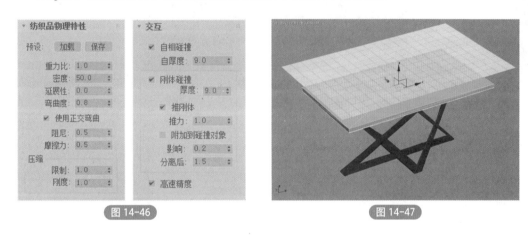

图 14-46　　　　　　　　　　　　　　　图 14-47

Step13：在 MassFX 工具栏中单击"逐帧模拟"按钮，即可看到布料垂落的过程，如图 14-48 所示。

图 14-48

Step14：选择在合适的帧暂停，将 mCloth 对象转换为可编辑多边形，再删除代理桌面对象。添加椅子、餐边柜、灯具、装饰品模型以及灯光等，渲染场景，最终效果如图 14-49 所示。

图 14-49

✏️ 课后作业

通过本章内容的学习，读者应该对所学知识有了一定的掌握，章末安排了课后作业，用于巩固和练习。

习题 1

利用 MassFX 工具制作保龄球撞击动画，如图 14-50、图 14-51 所示。

图 14-50

图 14-51

操作提示：

Step01：选择保龄球模型，开启"自动关键点"模式，制作球体旋转移动的动画。

Step02：设置木瓶模型为动力学刚体，设置参数，再设置保龄球模型为运动学刚体，设置参数。

Step03：模拟播放动画。

习题 2

利用 MassFX 工具制作桌布垂下的效果，如图 14-52、图 14-53 所示。

图 14-52

图 14-53

操作提示：

Step01：在茶几上方创建平面作为桌布，并为其赋予材质。

Step02：将桌布模型设置为 mCloth 对象，设置参数，将茶几桌面设置为静态刚体。

Step03：模拟播放动画。选择桌布，烘焙对象。

第 15 章
动画技术

内容导读:

　　动画是 3d Max 中难度较大的一个模块,通过学习 3ds Max 动画技术,可以创建多种动画效果,包括关键帧动画、谷歌动画、Biped 动画、CAT 角色动画等。这些动画技术可以应用于广告设计、动画设计、游戏设计等行业。

　　本章主要对创建动画模型的相关工具进行讲解,如关键帧、动画约束、轨迹视图、运动学、骨骼以及动画工具,使用户深入掌握动画技术。

学习目标:

- 了解动画约束的应用
- 了解曲线编辑器的应用
- 掌握关键帧技术的应用
- 掌握骨骼和 Biped 对象的应用
- 掌握动画工具的应用

15.1 关键帧

所谓关键帧动画，就是给需要动画效果的属性准备一组与时间相关的值，这些值都是在动画序列中比较关键的帧中提取出来的，而其他时间帧中的值，可以用这些关键值，采用特定的插值方法计算得到，从而达到比较流畅的动画效果。

（1）关键帧设置

在 3ds Max 界面的右下角可以看到设置关键帧动画的动画控件，如图 15-1 所示。

图 15-1

▶ 自动关键点 按钮：单击该按钮可以记录关键帧。在该状态下，物体的模型、材质、灯光和渲染都将被记录为不同属性的动画。启用该功能后，时间线会变成红色，拖拽时间线滑块可以控制动画的播放范围和关键帧等，如图 15-2 所示。

> **知识链接** ⌙
>
> 设置关键点的常用方法主要有以下两种。
>
> 第 1 种：自动设置关键点。当开启"自动关键点"功能后，就可以通过定位当前帧的位置来记录下动画。
>
> 第 2 种：手动设置关键点。单击"设置关键点"按钮，开启"设置关键点"功能，然后手动设置一个关键点。单击"播放动画"按钮或拖拽时间线滑块同样可以观察动画效果。

▶ 设置关键点 按钮：激活该按钮后，可以对关键点设置动画。

▶ 设置关键点 ➕：如果对当前的效果比较满意，可以单击该按钮设置关键点。

▶ 选定对象：使用"设置关键点"动画模式时，可快速访问命名选择集和轨迹集。使用此选项可在不同的选择集和轨迹集之间快速切换。

▶ 新建关键点的默认入 / 出切线 ⼳：该弹出按钮可为新的动画关键点提供快速设置默认切线类型的方法，这些新的关键点是用设置关键点模式或者自动关键点模式创建的。

▶ 关键点过滤器 按钮：单击打开"设置关键点过滤器"对话框，在其中可以指定使用"设置关键点"时创建关键点所在的轨迹。

（2）动画控件

动画控件是播放动画的相关工具，如图 15-2 所示。

图 15-2

第15章

▸ 转至开头 ⏮ ：如果当前时间线滑块没有处于第 0 帧的位置，那么单击该按钮即可跳转到第 0 帧。

▸ 上一帧 / 关键点 ⏪ ：将当前时间线滑块向前移动一帧。

▸ 播放 / 停止 ▶ ：播放或者暂停动画场景。

▸ 下一帧 / 关键点 ⏩ ：将当前时间线滑块向后移动一帧。

▸ 转至结尾 ⏭ ：单击该按钮可以跳转到最后一帧。

▸ 关键点模式切换 ⏴⏵ ：单击该按钮可以切换到关键点设置模式。

▸ 时间跳转输入框 100 ↕ ：在这里可以输入数字来跳转时间滑块。

▸ 时间配置 🕒 ：单击该按钮可以打开"时间配置"对话框。

（3）时间配置

"时间配置"对话框提供了帧速率、时间显示、播放和动画的设置，用户可以使用该对话框更改动画的长度或者拉伸、缩放，还可以用于设置活动时间段和动画的开始帧和结束帧，如图 15-3 所示。

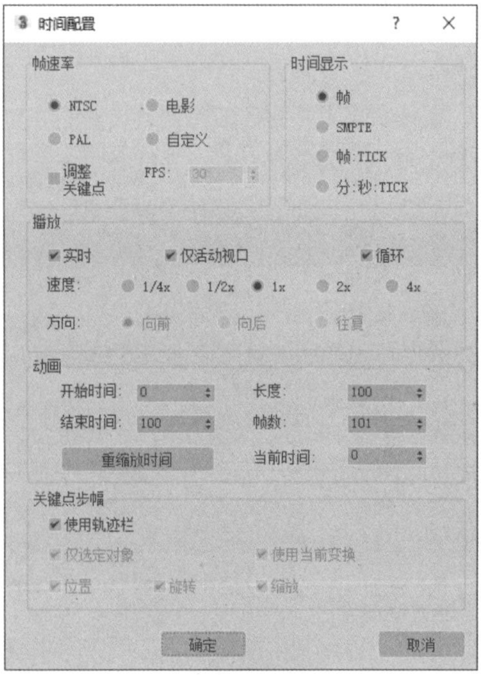

▸ 帧速率：包括 NTSC、电影、PAL 和自定义 4 种方式可供选择，一般情况下采用 PAL 方式。

▸ 时间显示：包括帧、SMPTE、帧：TICK、分：秒：TICK 共 4 种方式可供选择。

▸ 实时：使视图中播放的动画与当前"帧速率"的设置保持一致。

▸ 仅活动视口：使播放操作只在活动视口中进行。

▸ 循环：控制动画只播放一次或者循环播放。

▸ 方向：指定动画的播放方向。

▸ 开始时间 / 结束时间：设置在时间线滑块中显示的活动时间段。

▸ 长度：设置显示活动时间段的帧数。

▸ 帧数：设置要渲染的帧数。

▸ 当前时间：指定时间线滑块的当前帧。

图 15-3

▸ 重缩放时间：拉伸或收缩活动时间段内的动画，以匹配指定的新时间段。

▸ 使用轨迹栏：启用该选项后，可使关键点模式遵循轨迹栏中的所有关键点。

▸ 仅选定对象：在使用"关键点步幅"模式时，该选项进考虑选定对象的变换。

▸ 使用当前变换：禁用"位置""旋转"和"缩放"选项时，该选项可以在关键点模式中使用当前变换。

▸ 位置 / 旋转 / 缩放：指定关键点模式所使用的变换模式。

 上手实操：制作小球沿 S 形运动的动画效果

扫一扫 看视频

下面利用关键帧制作小球沿 S 形运动的动画效果，具体操作步骤介绍如下。

Step01：打开素材场景模型，场景中是创建好的小球和文本，如图 15-4 所示。

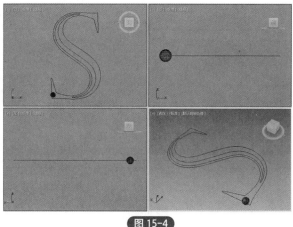

图 15-4

Step02：在动画控制区切换至设置关键点模式，此时时间轴会变成红色，单击"设置关键点"按钮 ，在第 0 帧的位置创建第一个关键点，如图 15-5 所示。

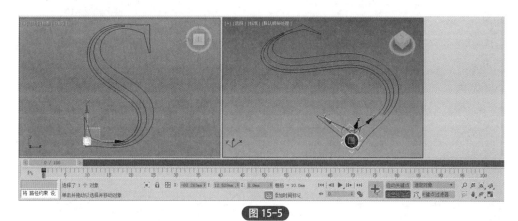

图 15-5

Step03：拖动时间滑块至第 10 帧，再移动小球的位置，单击"设置关键点"按钮创建第二个关键点，如图 15-6 所示。

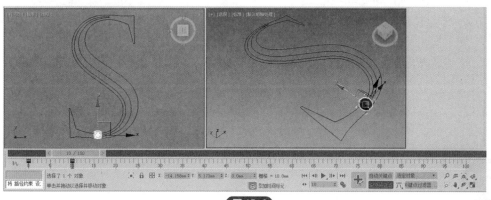

图 15-6

Step04：照此操作方法每隔 10 帧即移动小球并创建一个关键点，直至小球到达 S 形终点，如图 15-7 所示。

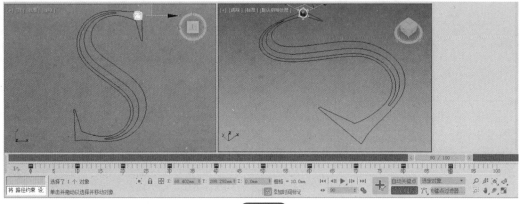

图 15-7

Step05：单击"播放动画"按钮即可预览动画效果，如图 15-8 所示。

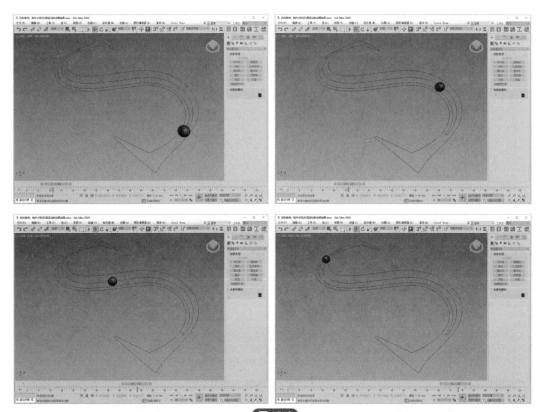

图 15-8

15.2 动画约束

所谓约束，就是将事物的变化限制在一个特定的范围内。将两个或多个对象绑定在一起后，使用"动画 > 约束"菜单下的子命令可以控制对象的位置、旋转或缩放。

15.2.1 附着约束

附着约束是一种位置约束，它可以将一个对象的位置附着到另一个对象的面上（目标对象不用必须是网格，但必须能够转换为网格），其参数设置面板如图 15-9 所示。

参数面板中各个参数的含义如下。

▶ 拾取对象：在视口中为附着选择并拾取目标对象。

▶ 对齐到曲面：将附加的对象的方向固定在其所指定到的面上。

▶ 更新：更新显示。

▶ 当前关键点：显示当前关键点编号并可以移动到其他关键点。

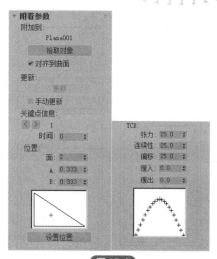

图 15-9

▶ 时间：显示当前帧，并可以将当前关键点移动到不用的帧中。

▶ 面：设置对象所附加到的面的索引。范围为 0 ～ 268435455。

▶ A/B：设置定义面上附加对象的位置的重心坐标。范围为 –999999 ～ 999999。

▶ 显示图形：显示源对象在附着面内部的位置。要调整对象相对于面的位置，请在该窗口中拖动。

▶ 设置位置：要调整源对象在目标对象上的放置，请启用此选项。在视口中，在目标对象上拖动来指定面和面上的位置。在拖动时，源对象将移动到目标对象上。

▶ TCB 组：该组中的控件与其他 TCB 控制器中的控件相同。源对象的方向也受这些设置的影响并按照这些设置进行插值。

15.2.2 曲面约束

曲面约束能将对象限制在另一对象的表面上。其参数主要 包括 U 向位置和 V 向位置的设置以及对齐选项，如图 15-10 所示。参数面板中各个参数的含义如下。

▶ 当前曲面对象：本组提供用于选择，然后显示选定的曲面对象的一种方法。

▶ 对象名称：显示所拾取曲面的名称。

▶ 拾取曲面：单击以拾取对象，然后在视口中单击所需的曲面。

▶ U 向位置：调整控制对象在曲面对象 U 坐标轴上的位置。

▶ V 向位置：调整控制对象在曲面对象 V 坐标轴上的位置。

▶ 不对齐：选择此选项后，不管控制对象在曲面对象上处于什么位置，它都不会重定向。

▶ 对齐到 U：控制对象的本地 Z 轴与曲面对象的曲面法线对齐，将 X 轴与曲面对象的 U 轴对齐。

▶ 对齐到 V：将控制对象的本地 Z 轴与曲面对象的曲面法线对齐，将 X 轴与曲面对象的 V 轴对齐。

▶ 翻转：翻转控制对象局部 Z 轴的对齐方式。在选择"不对齐"时，此复选框不可用。

15.2.3 路径约束

使用路径约束（这是约束里最为重要的一种）可以将一个对象沿着样条线或在多个样条线间的平均距离间的移动进行限制，其参数设置面板如图 15-11 所示。参数面板中各个参数的含义如下。

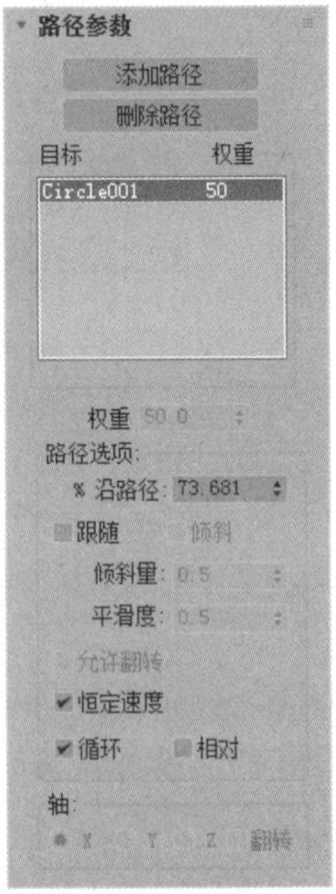

图 15-11

▶ 添加路径：添加一个新的样条线路径使之对约束对象产生影响。

▶ 删除路径：从目标列表中移除一个路径。一旦移除目标路径，它将不再对约束对象产生影响。

▶ 路径列表：显示路径及其权重。

▶ 权重：为每个目标制定并设置动画。

▶ % 沿路径：设置对象沿路径的位置百分比。

▶ 跟随：在对象跟随轮廓运动同时将对象指定给轨迹。

▶ 倾斜：当对象通过样条线的曲线时允许对象倾斜（滚动）。

▶ 倾斜量：调整这个量使倾斜从一边或另一边开始，这取决于这个量是正数还是负数。

▶ 平滑度：控制对象在经过路径中的转弯时翻转角度改变的快慢程度。

▶ 允许翻转：启用此选项可避免在对象沿着垂直方向的路径行进时有翻转的情况。

▶ 恒定速度：沿着路径提供一个恒定的速度。禁用此项后，对象沿路径的速度变化依赖于路径上顶点之间的距离。

▶ 循环：默认情况下，当约束对象到达路径末端时，它不会越过末端点。循环选项会改变这一行为，当约束对象到达路径末端时会循环回起始点。

▶ 相对：启用此项保持约束对象的原始位置。对象会沿着路径同时有一个偏移距离，这个距离基于它的原始世界空间位置。

> 🔅 **注意事项**
>
> "% 沿路径"的值基于样条线路径的 U 值参数。一个 NURBS 曲线可能没有均匀的空间 U 值，因此如果"% 沿路径"的值为 50 可能不会直观地转换为 NURBS 曲线长度的 50%。

15.2.4 位置约束

通过位置约束可以根据目标对象的位置或若干对象的加权平均位置对某一对象进行定位，其参数设置面板如图 15-12 所示。参数面板中各个参数的含义如下。

> ── **知识链接** 🔗
>
> 在通过"动画"菜单指定位置约束时，3ds Max 会向对象指定一个"位置列表"控制器。在"位置列表"卷展栏将会发现位置约束。这是实际的位置约束控制器。

▶ 添加位置目标：添加新的目标对象以影响受约束对象的位置。

▶ 删除位置目标：移除高亮显示的目标。一旦移除了目标，该目标将不再影响受约束的对象。

▶ 目标列表：显示目标及其权重。

▶ 权重：为高亮显示的目标指定一个权重值并设置动画。

▶ 保持初始偏移：使用"保持初始偏移"来保存受约束对象与目标对象的原始距离。这可避免将受约束对象捕捉到目标对象的轴。默认设置为禁用状态。

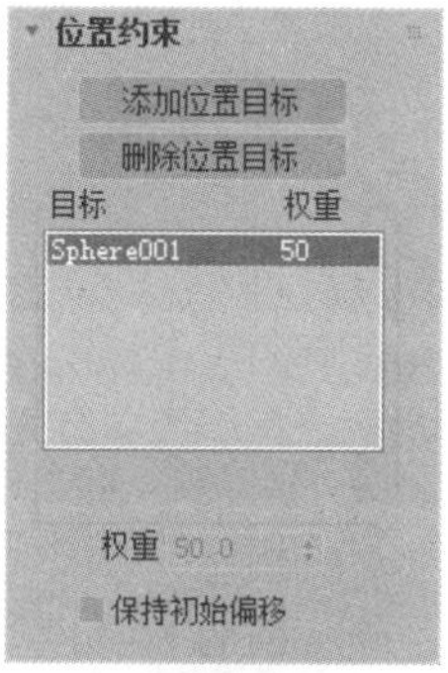

图 15-12

图 15-13

15.2.5　链接约束

链接约束可以使对象继承目标对象的位置、旋转度以及比例。实际上，这允许用户设置层次关系的动画，这样场景中的不同对象便可以在整个动画中控制应用了"链接"约束的对象的运动了，其参数面板如图 15-13 所示。

▶ 添加链接：添加一个新的链接目标。单击"添加链接"后，将时间滑块调整到激活链接的帧处，然后选择要链接到的对象。

▶ 链接到世界：将对象链接到世界（整个场景）。建议将此项置于列表的第一个目标。

▶ 删除链接：移除高亮显示的链接目标。一旦链接目标被移除将不再对约束对象产生影响。

▶ 目标列表：显示链接目标对象。

▶ 开始时间：指定或编辑目标的帧。高亮显示列表中的目标条目时，"开始时间"便显示对象成为父对象时所在的帧。

▶ 无关键点：选择此项后，约束对象或目标中不会写入关键点。此链接控制器在不插入关键点的情况下使用。

▶ 设置节点关键：选择此项后，会将关键帧写入指定的选项。

▶ 设置整个层次关键点：用指定的选项在层次上部设置关键帧。具有两个选项：子对象和父对象。子对象仅在约束对象和它的父对象上设置一个关键帧。

> ### ✏ 注意事项
>
> 为获得最佳效果，在动画播放过程中更改目标时，在转换点处为两个链接对象设置关键点。例如，如果一个球体从帧 0-50 链接到长方体，从帧 50 之后链接到圆柱体，则在 50 帧处为长方体和圆柱体设置关键点。

15.2.6　注视约束

注视约束会控制对象的方向，使其一直注视另外一个或多个对象。它还会锁定对象的旋转，使对象的一个轴指向目标对象或目标位置的加权平均值。这与指定一个目标摄影机直接向上相似。其参数设置面板如图 15-14 所示。参数面板中各个参数的含义如下。

▶ 添加注视目标：用于添加影响约束对象的新目标。

▶ 删除注视目标：用于移除影响约束对象的目标对象。

▶ 保持初始偏移：将约束对象的原始方向保持为相对于约束方向上的一个偏移。

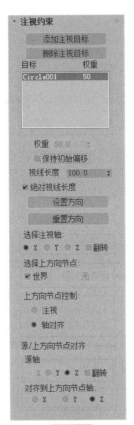

图 15-14

图 15-15

▶ 视线长度：从约束对象轴到目标对象轴所绘制的视线长度（或者在多个目标时为平均值）。

▶ 绝对视线长度：启用此选项后，3ds Max 仅使用"视线长度"设置主视线的长度；受约束对象和目标之间的距离对此没有影响。

▶ 设置方向：允许对约束对象的偏移方向进行手动定义。启用此选项后，可以使用旋转工具来设置约束对象的方向。

▶ 重置方向：将约束对象的方向设置回默认值。如果要在手动设置方向后重置约束对象的方向，该选项非常有用。

▶ 选择"注视轴"组：用于定义注视目标的轴。X、Y、Z 复选框反映受约束对象的局部坐标系。"翻转"复选框会翻转局部轴的方向。

▶ 选择"上方向节点"组：默认上方向节点是世界。禁用世界来手动选中定义上方向节点平面的对象。

▶ "上方向节点控制"组：允许在注视上方向节点控制和轴对齐之间快速翻转。

▶ 源轴：选择与上方向节点轴对齐的约束对象的轴。源轴反映了约束对象的局部轴。

▶ 对齐到上方向节点轴：选择与选中的原轴对齐的上方向节点轴。注意所选中的源轴可能会与上方向节点轴完全对齐。

15.2.7　方向约束

方向约束会使某个对象的方向沿着目标对象的方向或若干目标对象的平均方向。参数设置面板如图 15-15 所示。参数面板中各个参数的含义如下。

▶ 添加方向目标：添加影响受约束对象的新目标对象。

▶ 将世界作为目标添加：将受约束对象与世界坐标轴对齐。可以设置世界对象相对于任何其他目标对象对受约束对象的影响程度。

▶ 删除方向目标：移除目标。移除目标后，将不再影响受约束对象。

▶ 保持初始偏移：保留受约束对象的初始方向。

▶ "变换规则"组：将方向约束应用于层次中的某个对象后，即确定了是将局部节点变换还是将父变换用于方向约束。

▶ 局部→局部：选择此按钮后，局部节点变换将用于方向约束。

▶ 世界→世界：选择此按钮后，将应用父变换或世界变换，而不应用局部节点变换。

15.3　曲线编辑器

"轨迹视图"提供两种不同模式的编辑器，用于查看和修改场景中的动画数据。"曲线编辑器"模式是制作动画时经常使用到的，它将动画显示为功能曲线，用户可以快速地调节曲线来控制物体的运动状态，并对动画进行精确的创建、修改和编辑。

在主工具栏中单击"曲线编辑器"按钮 ，即可打开"轨迹视图 - 曲线编辑器"窗口，如图 15-16 所示。

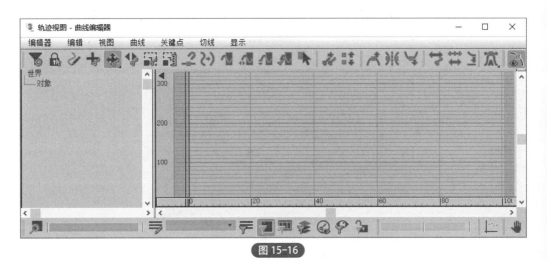

图 15-16

为物体设置动画属性以后，在"轨迹视图 - 曲线编辑器"窗口中就会有与之相对应的曲线，如图 15-17 所示。

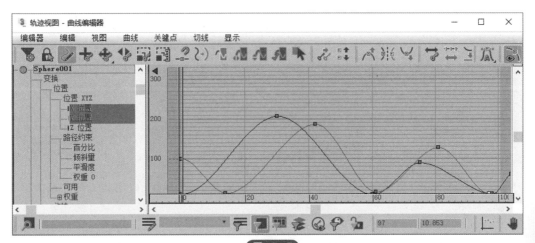

图 15-17

知识链接 ⑤

在"轨迹视图 – 曲线编辑器"对话框中，X 轴默认使用红色曲线来表示，Y 轴默认使用绿色曲线来表示，Z 轴默认使用紫色曲线来表示，这 3 条曲线与坐标轴的 3 条轴线的颜色相同。在位置参数下方的 X 轴曲线为水平直线，这代表物体在 X 轴上未发生移动；Y 轴曲线为均匀曲线形状，代表物体在 Y 轴方向上正处于加速运动状态；Z 轴曲线为均匀曲线形状，代表物体在 Z 轴方向上处于匀速运动状态。

（1）"关键点"工具栏

"关键点控制：轨迹视图"工具栏中的工具主要用来调整曲线基本形状，同时也可以调整关键帧和添加关键点，如图 15-18 所示。

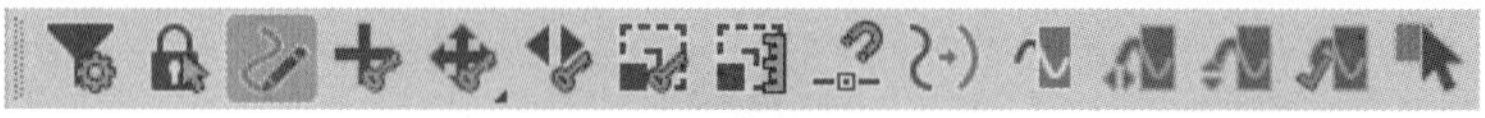

图 15-18

▶ 过滤器 ：使用"过滤器"可以确定在轨迹视图中显示哪些场景组件。左键单击后会打开"过滤器"对话框，右键单击可以在弹出的菜单中设置过滤器，如图 15-19、图 15-20 所示。

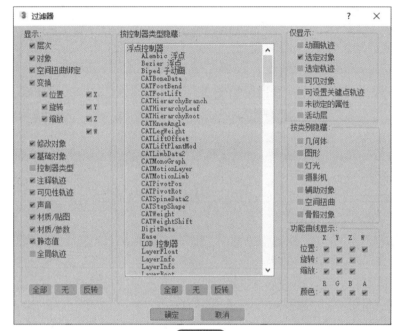

图 15-19

图 15-20

▶ 绘制曲线 ：可使用该选项绘制新曲线，或直接在函数曲线图上绘制草图来修改已有曲线。

▶ 添加 / 移除关键点 ：在现有曲线上添加或移除关键点。

▶ 移动关键点 / 水平移动关键点 / 垂直移动关键点 ：在函数曲线图上任意、水平或垂直移动关键点。

▶ 滑动关键点 ：在"关键点"窗口中水平滑动关键点，同时保持相邻关键点的位置。

▶ 缩放关键点 ：可使用"缩放关键点"压缩或扩展两个关键帧之间的时间量。

▶ 缩放值 ：按比例增加或减小关键点的值，而不是在时间上移动关键点。

▶ 捕捉缩放 ：可将缩放原点线移动到第一个选定关键点。

▶ 简化曲线 ：可使用该选项减少轨迹中的关键点数量。

▶ 参数曲线超出范围类型 ：用于指定动画对象在用户定义的关键点范围之外的行为方式。选项包括"恒定""周期""循环""往复""线性"和"相对重复"。

▶ 减缓曲线超出范围类型 ：用于指定减缓曲线在用户定义的关键点范围之外的行为方

式。调整减缓曲线会降低效果的强度。

　　▶增强曲线超出范围类型 ：用于指定增强曲线在用户定义的关键点范围之外的行为方式。调整增强曲线会增加效果的强度。

　　▶减缓 / 增强曲线切换 ：启用 / 禁用减缓曲线和增强曲线。

　　▶区域关键点工具 ：使用此工具可以在矩形区域中移动和缩放关键点。

　　（2）"导航"工具栏

　　导航工具可以控制平移、水平方向最大化显示、最大化显示值、缩放、缩放区域、孤立曲线工具，如图 15-21 所示。

图 15-21

　　▶平移 ：该选项可以控制平移轨迹视图。

　　▶框显水平范围选定关键点 ：该选项用来控制水平方向的最大化显示效果。

　　▶框显值范围选定关键点 ：该选项用来控制最大化显示数值。

　　▶框显水平范围和值范围

　　▶缩放 ：该选项用来控制轨迹视图的缩放效果。

　　▶缩放区域 ：该选项可以通过拖动鼠标左键的区域进行缩放。

　　▶隔离曲线 ：该选项用来控制孤立的曲线。

　　（3）"关键点切线"工具栏

　　"关键点切线"工具栏中的工具主要用来调整曲线的切线，如图 15-22 所示。

图 15-22

　　▶将切线设置为自动 ：选择关键点后，单击该按钮可以切换为自动切线。

　　▶将切线设置为自定义 ：将关键点设置为自定义切线。

　　▶将切线设置为快速 ：将关键点切线设置为快速内切线或快速外切线，也可以设置为快速内切线兼快速外切线。

　　▶将切线设置为慢速 ：将关键点切线设置为慢速内切线或慢速外切线，也可以设置为慢速内切线兼慢速外切线。

　　▶将切线设置为阶跃 ：将关键点切线设置为阶跃内切线或阶跃外切线，也可以设置为阶跃内切线兼阶跃外切线。

　　▶将切线设置为线性 ：将关键点切线设置为线性内切线或线性外切线，也可以设置为线性内切线兼线性外切线。

　　▶将切线设置为平滑 ：将关键点切线设置为平滑切线。

　　（4）"切线动作"工具栏

　　"切线动作"工具栏上提供的工具可用于统一和断开动画关键点切线，如图 15-23 所示。

图 15-23

▶ 显示切线👁：切换显示或隐藏切线。

▶ 断开切线🅅：允许将两条切线（控制柄）连接到一个关键点，使其能够独立移动，以便不同的运动能够进出关键点。选择一个或多个带有统一切线的关键点，然后单击"断开切线"。

▶ 统一切线🌂：如果切线是统一的，按任意方向移动控制柄，从而控制柄之间保持最小角度。选择一个或多个带有断开切线的关键点，然后单击"统一切线"。

（5）"关键点输入"工具栏

曲线编辑器的"关键点输入"工具栏中包含用于从键盘编辑单个关键点的字段，如图 15-24 所示。

图 15-24

▶ 帧：显示选定关键点的帧编号。可以输入新的帧数或输入一个表达式，以将关键点移至其他帧。

▶ 值：显示高亮显示的关键点的值。可以输入新的数值或表达式来更改关键点的值。

▶ 显示选定关键点统计信息🗝：在关键点上显示关键点的位置。

👑 进阶案例：制作小球落地动画

下面利用曲线编辑器制作小球落地动画，具体操作步骤介绍如下。

Step01：打开素材场景模型，可以看到创建好的平面和小球，如图 15-25 所示。

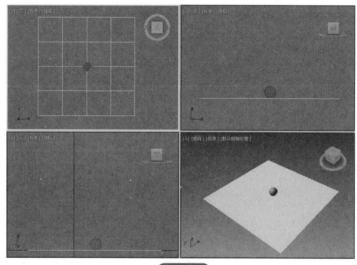

图 15-25

Step02：在动画控制区切换至设置关键点模式，此时时间轴会变成红色，在左视图中将小球移动至上方合适位置，单击"设置关键点"按钮➕，在第 0 帧的位置创建第一个关键点，如图 15-26 所示。

Step03：拖动时间块至第 25 帧，将小球向下移动至平面，再单击"设置关键点"按钮，创建第二个关键点，如图 15-27 所示。

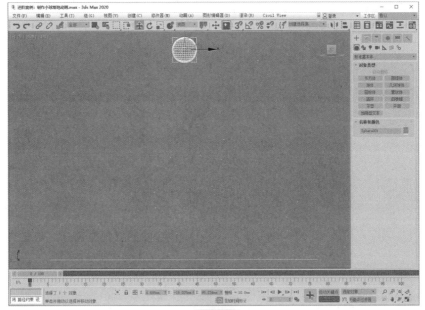

图 15-26

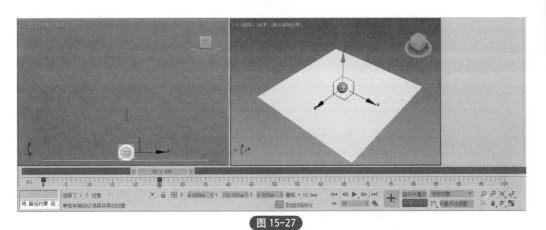

图 15-27

Step04：拖动时间块至第 45 帧，向上移动小球，再单击"设置关键点"按钮，创建第三个关键点，如图 15-28 所示。

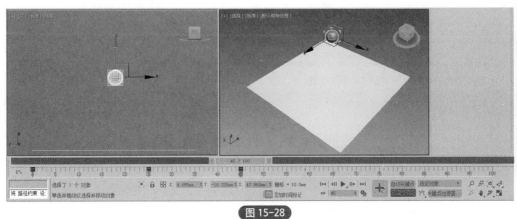

图 15-28

Step05：拖动时间块至第 60 帧，向下移动小球至平面，再单击"设置关键点"按钮，创建第四个关键点，如图 15-29 所示。

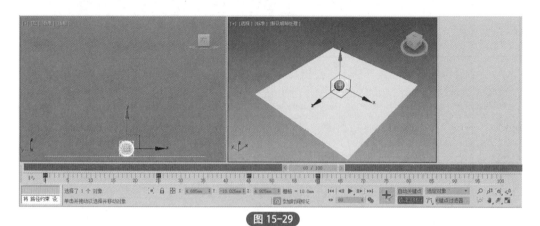

图 15-29

Step06：拖动时间块至第 70 帧，向上移动小球，再单击"设置关键点"按钮，创建第五个关键点，如图 15-30 所示。

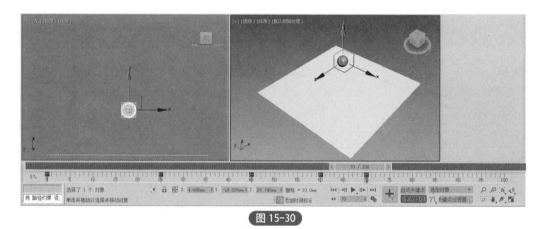

图 15-30

Step07：其后再依次创建 5 个关键点，按照惯性缩短时间以及小球跳动的幅度，最后落至地面，如图 15-31 所示。

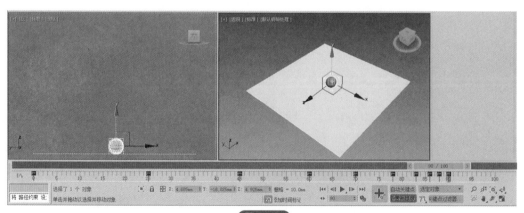

图 15-31

Step08：单击"播放动画"按钮观察小球掉落动画效果。小球是在原地上下弹动，且不符合惯性。

Step09：在主工具栏单击"曲线编辑器"按钮，打开"轨迹视图 - 曲线编辑器"窗口，在左侧单击 Z 位置，即可在右侧看到 Z 轴的曲线变化，如图 15-32 所示。

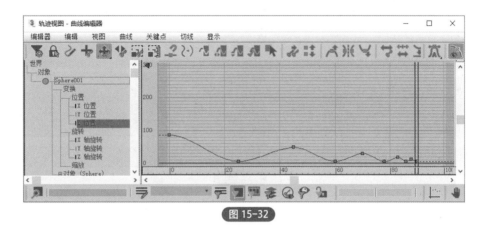

图 15-32

Step10：选择曲线上方的关键点，在"关键点切线"工具栏单击"将内切线设置为慢速"按钮 ，曲线效果如图 15-33 所示。

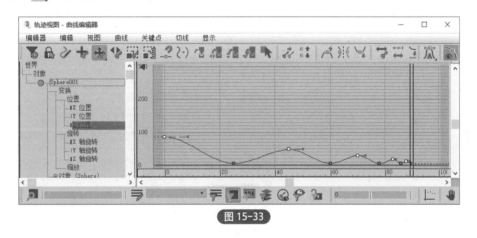

图 15-33

Step11：再选择底部的关键点，单击"将切线设置为快速"按钮 ，曲线效果如图 15-34 所示。

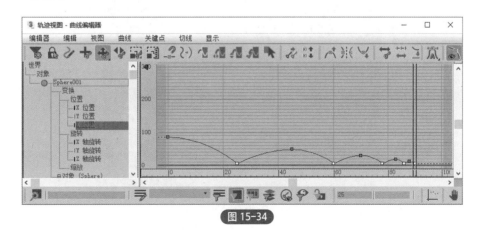

图 15-34

Step12：单击 X 位置，目前该轴的曲线是没有变化的，如图 15-35 所示。

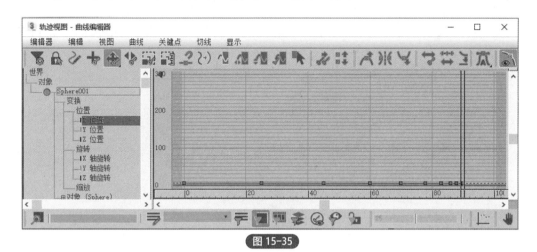

图 15-35

Step13：从第三个关键点开始，依次向上调整位置，如图 15-36 所示。

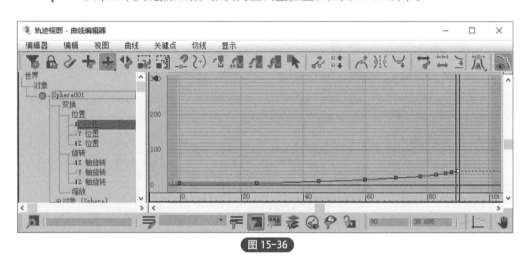

图 15-36

Step14：关闭曲线编辑器，再播放动画，此时小球的落地效果就比较真实了，在落地又弹起的过程中其位置发生了变动，如图 15-37 所示。

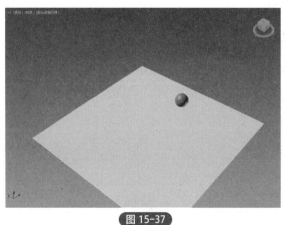

图 15-37

15.4 骨骼

骨骼系统是骨骼对象的一个有关节的层次链接，可用于设置其他对象或层次的动画。在设置具有连续皮肤网格的角色模型的动画方面，骨骼尤为有用。在 3ds Max 中常使用骨骼系统为角色创建骨骼动画。骨骼的创建方法如下。

Step01：第一次单击视口定义第一个骨骼的起始关节。

Step02：第二次单击定义下一个骨骼的起始关节点。由于骨骼是在两个轴点之间绘制的可视辅助工具，因此看起来此时只绘制了一个骨骼，实际的轴点位置非常重要。

Step03：后面每次单击都会定义一个新的骨骼，作为前一个骨骼的子对象。经过多次单击后，便形成一个骨骼链。

Step04：右键单击即可退出骨骼的创建，如图 15-38 所示。此操作会在层次末端创建一个小的凸起骨骼。在指定 IK 链时会用到此骨骼，但如果不准备为层次指定 IK 链，则可以删除这个小的骨骼。

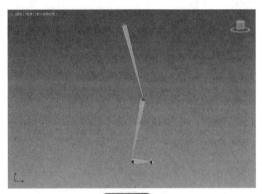

图 15-38

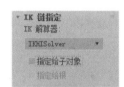

图 15-39

单击"骨骼"按钮，可以看到"IK 链指定"卷展栏，如图 15-39 所示。选择骨骼，进入修改面板，即可看到"骨骼参数"卷展栏，如图 15-40 所示。参数面板中各个参数的含义如下。

"IK 解算器"下拉列表：如果启用"指定给子对象"，则指定要自动应用的 IK 解算器的类型。

指定给子对象：如果启用，则将在 IK 解算器列表中命名的 IK 解算器指定给最新创建的所有骨骼［除第一个（根）骨骼之外］；如果禁用，则为骨骼指定标准的"PRS 变换"控制器。

指定给根：如果启用，则为最新创建的所有骨骼［包括第一个（根）骨骼］指定 IK 解算器。

宽度：设置骨骼的宽度。

高度：设置骨骼的高度。

锥化：调整骨骼形状的锥化。值为 0 的锥化可以生成长方体形状的骨骼。

侧鳍：向选定骨骼添加侧鳍。

大小：控制鳍的大小。

- 始端锥化：控制鳍的始端锥化。
- 末端锥化：控制鳍的末端锥化。
- 前鳍：向选定骨骼添加前鳍。
- 后鳍：向选定骨骼的后面添加鳍。
- 生成贴图坐标：在骨骼上创建贴图坐标。

通过修改骨骼参数，可以让骨骼产生更多的变化，如图 15-41、图 15-42 所示。

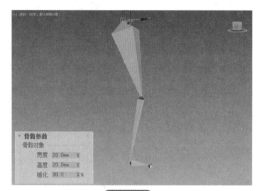
图 15-41

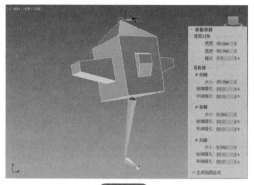
图 15-42

15.5 Biped 对象动画

3ds Max 为用户提供了一套非常方便且非常重要的人体骨骼系统——Biped 骨骼。通过 Biped 工具创建出的骨骼和真实的人体骨骼基本一致，因此使用该工具可以快速地制作出人物动画，同时还可以通过修改 Biped 的参数来制作其他生物。

15.5.1 创建 Biped 对象

在创建面板的"标准"面板中单击"Biped"按钮，在视口中单击并按住鼠标向上拖动，即可创建出 Biped 对象，如图 15-43、图 15-44 所示。

图 15-43

图 15-44

15.5.2　设置 Biped 对象

创建了一个 Biped，就需要为它设置结构和姿势，使之与其所控制的角色模型相匹配。

（1）设置 Biped 对象基本参数

当体形模式处于活动状态时，"结构"卷展栏将变为可用状态。在该卷展栏中包含用于更改 Biped 的骨骼结构以匹配角色网格（人类、恐龙、机器人等）的参数，也可以添加小道具来表示工具或武器。

创建 Biped 对象后，切换到"运动"面板，在"Biped"卷展栏单击"体形模式"按钮，在其下方出现的"结构"卷展栏中可以设置对象的躯干类型及颈部、脊椎、腿、尾部、手指、脚趾等，如图 15-45 所示。参数面板中各个参数的含义如下。

▶ 躯干类型：在下拉列表中选择 Biped 的整体外观，包括骨骼、男性、女性、经典 4 个类型，如图 15-46 所示。

图 15-45

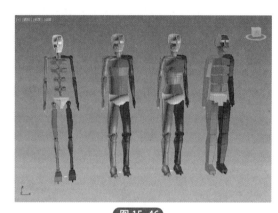

图 15-46

▶ 手臂：手臂和肩部是否包含在 Biped 中。

▶ 颈部链接：Biped 颈部的链接数。默认设置为 1，范围为 1 ～ 25。

▶ 脊椎链接：Biped 脊椎上的链接数。默认设置为 4，范围为 1 ～ 10。

▶ 腿链接：Biped 腿部的链接数。默认设置为 3，范围为 3 ～ 4。

▶ 尾部链接：Biped 尾部的链接数。0 表示没有尾部，默认设置为 0，范围为 0 ～ 25。如图 15-47 所示为添加尾部的效果。

▶ 马尾辫 1/2 链接：马尾辫链接的数目。默认设置为 0，范围为 0 ～ 25。如图 15-48 所示为添加马尾辫的效果。

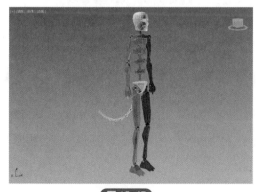

图 15-47

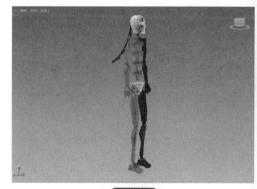

图 15-48

- 手指：Biped 手指的数目。默认设置为 1，范围为 0 ～ 5。
- 手指链接：每个手指链接的数目。默认设置为 1，范围为 1 ～ 4。
- 脚趾：Biped 脚趾的数目。默认设置为 1，范围为 1 ～ 5。
- 脚趾链接：每个脚趾的链接数目。默认设置为 1，范围为 1 ～ 5。
- 小道具 1/2/3：最多可以打开三个小道具，这些道具可以用于表示附加到 Biped 的工具或武器。
- 踝部附着：踝部沿着相应足部块的附着点。可以沿着足部块的中线在脚后跟到脚趾间的任何位置放置脚踝。
- 高度：当前 Biped 的高度。
- 三角形盆骨：附加 Physique 后，启用该选项可以创建从大腿到 Biped 最下面一个脊椎对象的链接。
- 三角形颈部：启用此选项后，将锁骨链接到顶部脊椎链接，而不链接到颈部。
- 前端：启用此选项后，可以将 Biped 的手和手指作为脚和脚趾。
- 指节：启用此选项后，使用符合解剖学特征的手部结构，每个手指均有指骨。
- 缩短拇指：启用此选项后，拇指将比其他手指少一个指骨。默认为启用，如果创建的角色不是人类，则可能需要禁用该选项。
- "扭曲链接"选项组：骨骼扭曲选项包括所有肢体。这些设置允许动画肢体上发生扭曲时，在设置蒙皮的模型上优化网格变形。
- Xtra 选项组：Xtra 选项组允许用户将附加尾巴添加到 Biped。附加尾巴像马尾辫，但是不必附加到头部。

（2）调整 Biped 姿态

设置 Biped 对象的基本参数后，用户还可以利用移动、旋转、缩放等操作对 Biped 的姿态进行调整。

激活"选择并旋转"工具，旋转头部可以制作出低头或仰头效果，旋转腰椎可以制作出弯腰的效果，如图 15-49、图 15-50 所示。

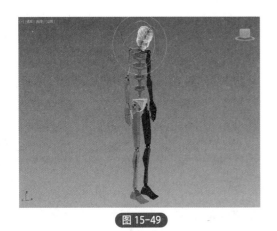
图 15-49

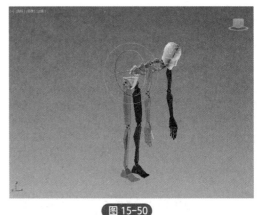
图 15-50

激活"选择并移动"工具移动足部可以制作出曲腿效果，移动手掌可以制作出曲肘效果，如图 15-51、图 15-52 所示。

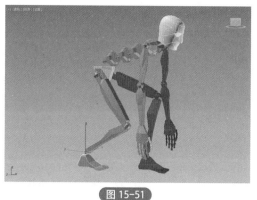

图 15-51

图 15-52

15.5.3　足迹模式

　　足迹模式是两足动物的核心组成工具。在视口中，足迹看上去就像经常用来解释交际舞的图表，如图 15-53 所示。在场景中，每一足迹的位置和方向控制着 Biped 步幅的位置。

　　在"Biped"卷展栏中单击"足迹模式"，即可切换足迹模式的参数，如图 15-54 所示。参数面板中各个参数的含义如下。

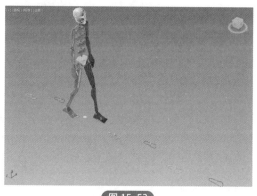

图 15-53

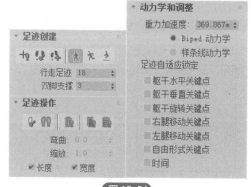

图 15-54

　　➡ 创建足迹（附加）：启用"创建足迹"模式。通过在任意视口上单击手动创建足迹，释放鼠标键放置足迹。

　　➡ 创建足迹（在当前帧上）：在当前帧创建足迹。

　　➡ 创建多个足迹：自动创建行走、跑动或跳跃的足迹图案。

　　➡ 行走：将 Biped 的步态设置为行走。添加的任何足迹都含有行走特征，直到更改为其他模式。

　　➡ 跑动：将 Biped 的步态设置为跑动。添加的任何足迹都含有跑动特征，直到更改为其他模式。

　　➡ 跳跃：将 Biped 的步态设置为跳跃。添加的任何足迹都含有跳跃特征，直到更改为其他模式。

　　➡ 行走足迹：指定在行走期间新足迹着地的帧数。

　　➡ 双脚支撑：指定在行走期间双脚都着地的帧数。

　　➡ 跑动足迹：指定在跑动期间新足迹着地的帧数。

- 悬空：指定在跑动或跳跃期间躯干在空中时的帧数。
- 两脚着地：指定在跳跃期间当两个对边的连续足迹落在地面时的帧数。
- 为非活动足迹创建关键点：激活所有非活动足迹。
- 取消激活足迹：删除指定给选定足迹的躯干关键点。
- 删除足迹：删除选定的足迹。
- 复制足迹：将选定的足迹和 Biped 关键点复制到足迹缓冲区。
- 粘贴足迹：将足迹从足迹缓冲区粘贴到场景中。
- 弯曲：弯曲所选足迹的路径。
- 缩放：更改所选择足迹的宽度或长度。
- 长度：当选择长度时，缩放微调器更改所选中足迹的步幅长度。
- 宽度：当选择宽度时，缩放微调器更改所选中足迹的步幅宽度。

15.6 动画工具

3ds Max 提供了许多实用程序，用于帮助用户设置动画场景，其工具按钮位于"实用程序"面板，如图 15-55 所示。当前面板中如果没有需要的程序工具，也可以单击"更多"按钮，从打开的"实用程序"列表中选择，如图 15-56 所示。下面介绍运动捕捉工具、MACUtilities 工具、摄影机跟踪器工具和蒙皮工具等。

图 15-55

图 15-56

15.6.1 蒙皮工具

"蒙皮"修改器可以添加到模型上，并拾取骨骼，使得骨骼在产生运动时带动模型进行运动。蒙皮的原理就是将骨骼和皮肤进行蒙皮绑定。其参数卷展栏如图 15-57 所示。卷展栏各参数含义介绍如下。

图 15-57

▶ 编辑封套：激活该按钮可以进入子对象层级，进入子对象层级后可以编辑封套和顶点的权重。

▶ 顶点：启用该选项后可以选择顶点，并且可以使用收缩工具、扩大工具、环工具和循环工具来选择顶点。

▶ 添加 / 移除：使用添加工具可以添加一个或多个骨骼；使用移除工具可以移除选中的骨骼。

▶ 半径：设置封套横截面的半径大小。

▶ 挤压：设置所拉伸骨骼的挤压倍增量。

▶ 绝对 / 相对：用来切换计算内外封套之间的顶点权重的方式。

▶ 封套可见性：用来控制未选定的封套是否可见。

▶ 缓慢衰减：为选定的封套选择衰减曲线。

▶ 复制 / 粘贴：使用复制工具可以复制选定封套的大小和图形；使用粘贴工具可以将复制的对象粘贴到所选定的封套上。

▶ 绝对效果：设置选定骨骼相对于选定顶点的绝对权重。

▶ 刚性：启用该选项后，可以使选定顶点仅受一个最具影响力的骨骼的影响。

▶ 刚性控制柄：启用该选项后，可以使选定面片顶点的控制柄仅受一个最具影响力的骨骼的影响。

▶ 规格化：启用该选项后，可以强制每个选定顶点的总权重合计为1。

▶ 排除 / 包含选定的顶点：将当前选定的顶点排除 / 添加到当前骨骼的排除列表中。

▶ 选定排除的顶点：选择所有从当前骨骼排除的顶点。

▶ 烘焙选定顶点：单击该按钮可以烘焙当前的顶点权重。

▶ 权重工具：单击该按钮可以打开"权重工具"对话框。

▶ 权重表：单击该按钮可以打开"蒙皮权重表"对话框，在该对话框中可以查看和更改骨架结构中所有骨骼的权重。

▶ 绘制权重：使用该工具可以绘制选定骨骼的权重。

🔖 绘制选项：单击该按钮可以打开"绘制选项"对话框，在该对话框中可以设置绘制权重的参数。

🔖 绘制混合权重：启用该选项后，通过均分相邻顶点的权重，然后可以基于笔刷强度来应用平均权重，这样可以缓和绘制的值。

🔖 镜像模式：将封套和顶点从网格的一个侧面镜像到另一个侧面。

🔖 镜像粘贴：将选定封套和顶点粘贴到物体的另一侧。

🔖 将绿色粘贴到蓝色骨骼：将封套设置从绿色骨骼粘贴到蓝色骨骼上。

🔖 将蓝色粘贴到绿色骨骼：将封套设置从蓝色骨骼粘贴到绿色骨骼上。

🔖 将绿色粘贴到蓝色顶点：将各个顶点从所有绿色顶点粘贴到对应的蓝色顶点上。

🔖 将蓝色粘贴到绿色顶点：将各个顶点从所有蓝色顶点粘贴到对应的绿色顶点上。

🔖 镜像平面：用来选择镜像的平面是左侧平面还是右侧平面。

🔖 镜像偏移：设置沿【镜像平面】轴移动镜像平面的偏移量。

🔖 镜像阈值：在将顶点设置为左侧或右侧顶点时，使用该选项可设置镜像工具能观察到的相对距离。

15.6.2 运动捕捉工具

使用外部设备（如 MIDI 键盘、游戏杆和鼠标），运动捕捉工具可以驱动动画。驱动动画时，可以对其进行实时记录。单击"运动捕捉"按钮，即可打开"运动捕捉"卷展栏，如图 15-58 所示。

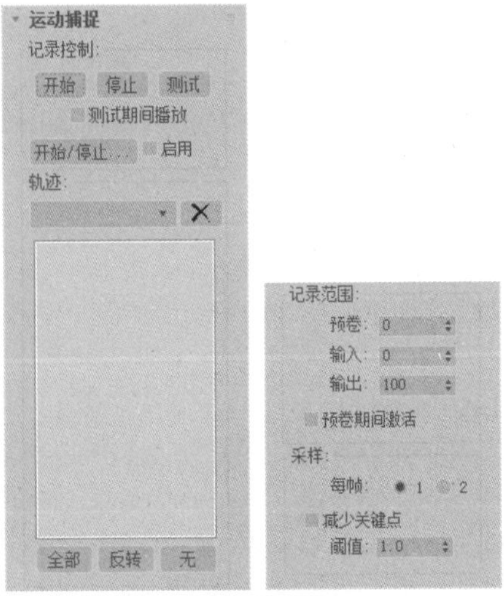

图 15-58

🔖 开始 / 停止 / 测试：控制运动捕捉的开始、停止、测试。

🔖 测试期间播放：启用并单击"测试"后，场景中的动画将会在测试运动期间循环播放。

🔖 开始 / 停止：显示"开始 / 停止触发器设置"对话框。

🔖 启用：使用指定的 MIDI 设备而不使用"开始""停止"和"测试"按钮进行记录。

🔖 全部：向"记录控制"组分配所有轨迹。

🔖 反转：选定轨迹后，将会向"记录控制"区域分配未选定的轨迹。

🔖 无：不向"记录控制"组分配轨迹。

🔖 预卷：指定按下"开始"按钮时开始播放动画所在的帧编号。

🔖 输入 / 输出：指定单击"开始"后记录开始 / 结束所在的帧编号。

🔖 预卷期间激活：激活该选项时，运动捕捉在整个预卷帧期间都处于活动状态。

🔖 每帧：使用这两个单选按钮，每帧可以选择一个或两个采样。

🔖 减少关键点：减少捕捉运动时生成的关键点。

15.6.3 MACUtilities 工具

可以使用 Motion Analysis Corporation 工具将最初以 TRC 格式记录的运动数据转换为

character studio 标记（CSM）格式。这样允许轻松将运动映射到 Biped 上。

在实用工具面板中单击"更多"按钮，打开"实用程序"对话框，从中选择"MAC 实用程序"选项并双击，即可看到下方增加了一个"TRC 转换到 CSM"卷展栏，如图 15-59所示。

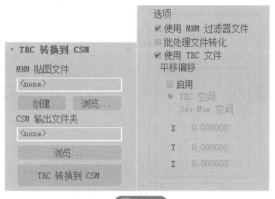

图 15-59

扫一扫 看视频

综合实战：制作小鱼游动动画

下面利用骨骼对象制作小鱼游动动画，具体操作步骤介绍如下。

Step01：单击"矩形"按钮，创建尺寸为 15mm×150mm 的矩形，然后在"系统"面板中单击"骨骼"按钮，沿着矩形创建如图 15-60 所示的三个骨骼，并单击鼠标右键完成创建。

Step02：删除矩形和尾部的凸起骨骼，如图 15-61 所示。

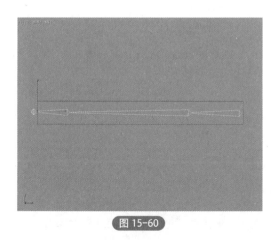

图 15-60

图 15-61

Step03：首先来制作小鱼头部。选择头部骨骼，在修改面板中设置宽度为 12mm，高度为 40mm，锥化为 30%，并勾选"侧鳍"及"后鳍"选项，效果如图 15-62 所示。

Step04：激活"选择并旋转"工具，全选骨骼对象，在左视图中沿逆时针旋转 90°，使其符合鱼鳍位置的特征，如图 15-63 所示。

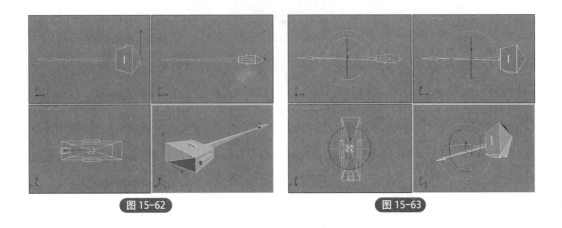

图 15-62   图 15-63

Step05：重新选择头部骨骼，设置侧鳍及后鳍的参数，如图 15-64、图 15-65 所示。

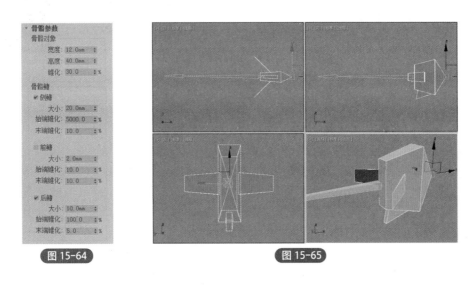

图 15-64   图 15-65

Step06：选择鱼身骨骼，设置其宽度、高度、锥化以及前鳍和后鳍的参数，效果如图 15-66、图 15-67 所示。

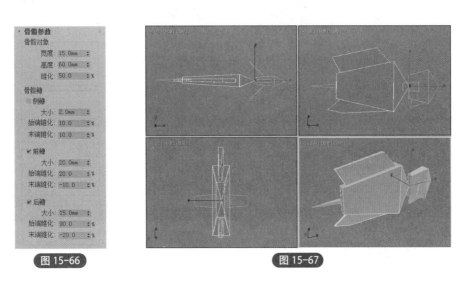

图 15-66   图 15-67

Step07：选择鱼尾骨骼，设置其宽度、高度、锥化以及侧鳍的参数，如图 15-68、图 15-69 所示。

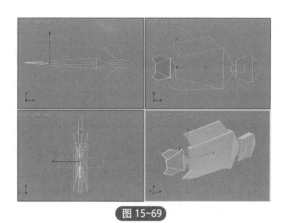

图 15-68　　　　　　　　　　　图 15-69

Step08：选择鱼尾骨骼，在主工具栏中单击"选择并链接"按钮，在鱼尾骨骼上单击并按住鼠标拖动至鱼身骨骼上，使其成为鱼身骨骼的子对象，如图 15-70 所示。

Step09：再选择鱼身骨骼，将其链接至鱼头骨骼，使其成为鱼头骨骼的子对象，而鱼头骨骼则作为父对象，如图 15-71 所示。

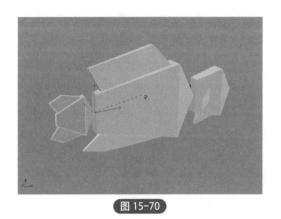

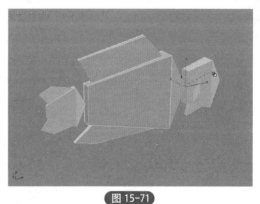

图 15-70　　　　　　　　　　　图 15-71

Step10：创建尺寸为 400mm×900mm×600mm 的长方体用于模拟鱼缸作为小鱼游动参照，调整其位置，如图 15-72 所示。

Step11：在动画控制区单击"自动关键点"按钮切换模式，如图 15-73 所示。

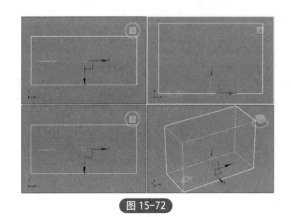

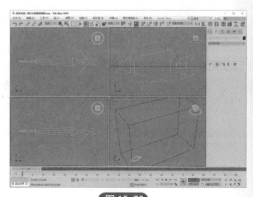

图 15-72　　　　　　　　　　　图 15-73

Step12：滑动时间块至第 5 帧，全选鱼骨骼并向右移动一段距离，利用"旋转"工具旋转骨骼，如图 15-74 所示。

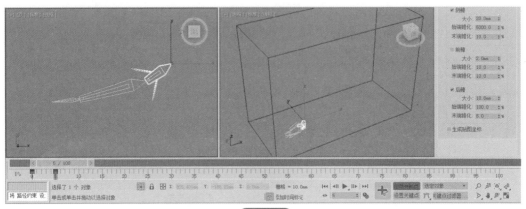

图 15-74

Step13：将时间块滑动至第 10 帧，再移动鱼骨骼，并旋转骨骼形状，如图 15-75 所示。

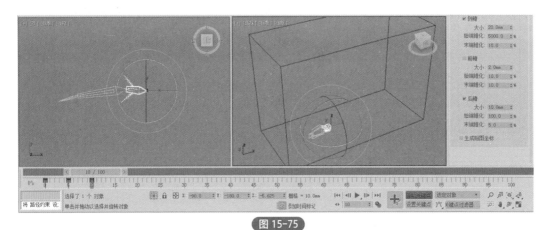

图 15-75

Step14：照此方式依次在每隔 5 ～ 10 帧处移动鱼骨骼位置并旋转其形状，如图 15-76 ～ 图 15-79 所示。

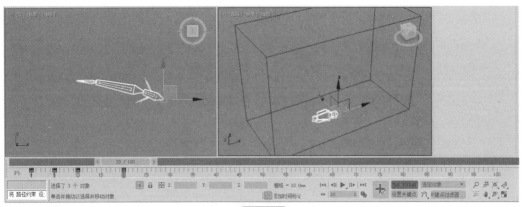

图 15-76

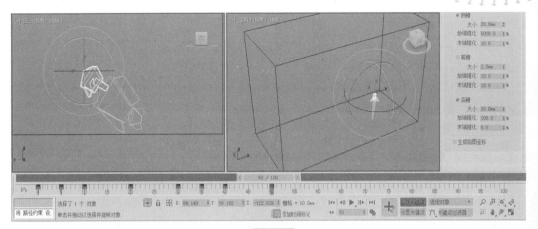

图 15-77

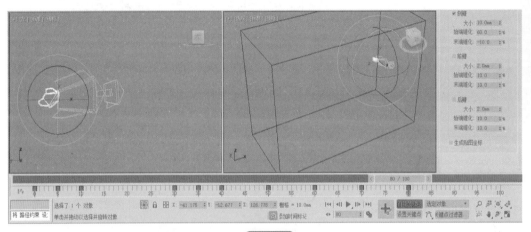

图 15-78

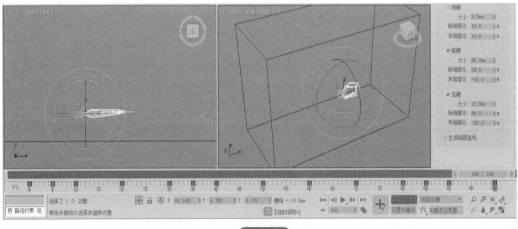

图 15-79

Step15：最后隐藏长方体对象，单击"播放动画"按钮，即可预览小鱼骨骼游动动画效果，如图 15-80 所示。

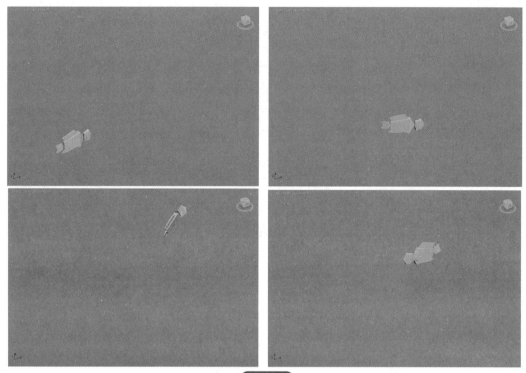

图 15-80

课后作业

通过本章内容的学习，读者应该对所学知识有了一定的掌握，章末安排了课后作业，用于巩固和练习。

习题 1

利用所学知识制作出花瓶掉落动画，如图 15-81、图 15-82 所示。

图 15-81

图 15-82

操作提示：

Step01：切换至"自动关键点"模式，选择花盆模型，在 0 帧位置创建第一个关键点。

Step02：移动时间滑块，调整花瓶模型的位置和角度，会自动创建关键点。

习题 2

利用所学知识制作出光影变化动画，如图 15-83、图 15-84 所示。

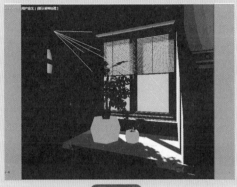

图 15-83

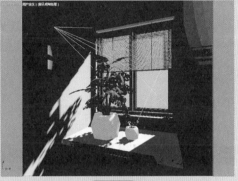

图 15-84

操作提示：

Step01：切换至设置关键点模式，选择 VRay 太阳光，调整光源位置和高度，在 0 帧位置创建第一个关键点。

Step02：移动时间滑块，再移动光源位置和高度，自动创建关键帧。

第 16 章
综合案例

📄 内容导读:

　　客厅的设计是整个居室的亮点，客厅效果图的制作也是室内设计效果图制作过程中最常遇到的，该区域的效果能够很好地表达出作品的设计风格、色彩搭配、软装搭配等。

　　本章从客厅场景模型的创建开始一直到效果图的输出都做了详细的介绍，通过本章的学习，读者能够进一步了解效果图的制作过程、场景灯光的创建、各种常用材质的参数设置以及渲染参数设置。

📄 作品赏析:

16.1 创建场景模型

场景模型的创建是效果图制作的第一步，包括建筑模型的创建、家具模型的创建、成品模型的合并等操作。

16.1.1 设置场景单位

"毫米"是国内建筑室内外设计通用的单位，在开始创建模型之前，必须要进行场景单位的设置，具体操作步骤介绍如下。

扫一扫 看视频

Step01：执行"自定义 > 单位设置"命令，打开"单位设置"对话框，当前场景目前采用的是"通用单位"，如图 16-1 所示。

Step02：选择"公制"选项，并设置单位为"毫米"，如图 16-2 所示。

Step03：单击"系统单位设置"按钮，打开"系统单位设置"对话框，设置单位为"毫米"，如图 16-3 所示。依次单击"确定"按钮，关闭对话框，完成单位设置。

图 16-1

图 16-2

图 16-3

16.1.2 导入平面图

平面图是室内建模的依据，想要制作出符合实际尺寸的模型，还是要通过捕捉平面图进行，具体操作步骤介绍如下。

扫一扫 看视频

Step01：执行"文件 > 导入 > 导入"命令，打开"选择要导入的文件"对话框，从目标文件夹选择要导入的 DWG 文件，如图 16-4 所示。

Step02：单击"打开"按钮，会弹出"AutoCAD DWG/DXF 导入选项"对话框，保持默认参数，如图 16-5 所示。

Step03：单击"确定"按钮关闭对话框，即可将平面图导入当前场景，如图 16-6 所示。

Step04：按 Ctrl+A 组合键全选图形，单击鼠标右键，在弹出的快捷菜单中选择"冻结当前选择"命令，冻结平面图，如图 16-7 所示。

第
16
章

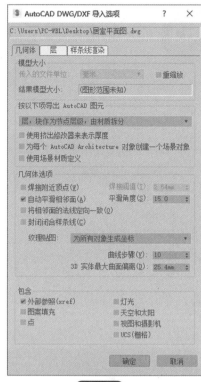

图 16-4　　　　　　　　　　　　　　图 16-5

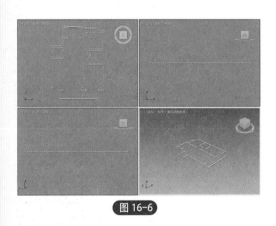

图 16-6　　　　　　　　　　　　图 16-7

16.1.3　创建客厅主体模型

本小节将根据平面图创建场景主体模型，具体操作步骤介绍如下。　　　　　扫一扫 看视频

Step01：在主工具栏右键单击"捕捉开关"按钮，打开"栅格和捕捉设置"面板，在"捕捉"选项卡勾选"顶点"复选框，然后在"选项"选项卡勾选"捕捉到冻结对象"复选框，如图 16-8、图 16-9 所示。设置完毕后关闭面板。

Step02：单击开启"捕捉开关"，接着在"样条线"创建面板中单击"线"按钮，在顶视图中捕捉客厅轮廓绘制样条线，如图 16-10 所示。

Step03：选择样条线，在修改器列表中选择添加"挤出"修改器，设置挤出"数量"为2750mm，如图 16-11 所示。

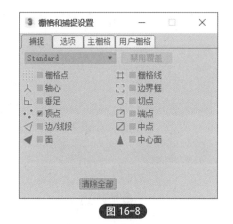

图 16-8

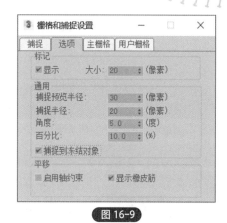

图 16-9

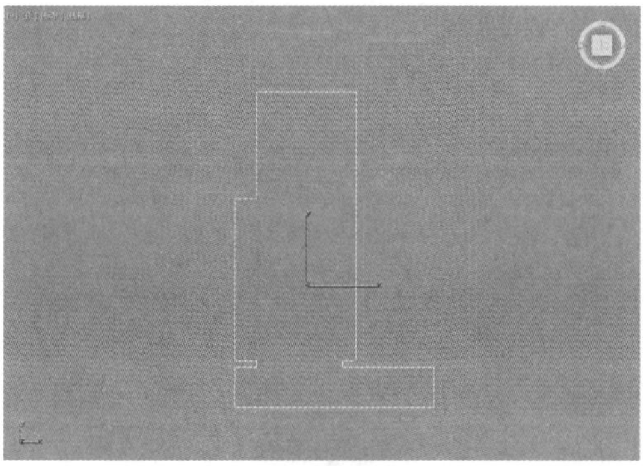

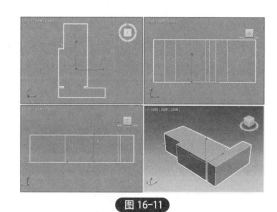

图 16-10

图 16-11

Step04：单击鼠标右键，在弹出的快捷菜单中选择"转换为 > 转换为可编辑多变形"命令，将对象转换为可编辑多边形，激活"边"子层级，选择如图 16-12 所示的边线。

Step05：在"编辑边"卷展栏中单击"连接"设置按钮，设置"连接边分段"为 2，如图 16-13 所示。

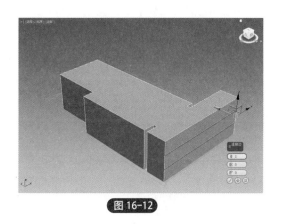

图 16-12

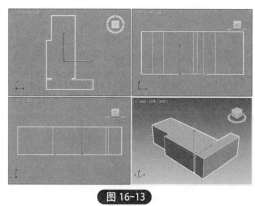

图 16-13

Step06：依次选择边线，分别在状态栏中设置 Z 轴高度为 300mm 和 2400mm，如图 16-14 所示。

Step07：激活"多边形"子层级，选择如图 16-15 所示的面。

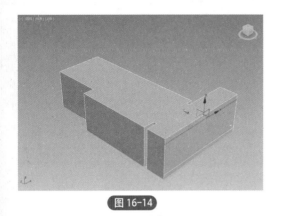

图 16-14

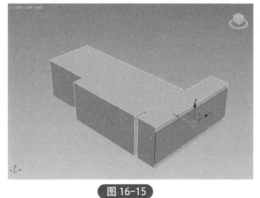

图 16-15

Step08：在"编辑多边形"卷展栏单击"挤出"设置按钮，设置挤出"高度"为300mm，如图 16-16 所示。

Step09：再按 Delete 键删除该面，制作出窗洞，如图 16-17 所示。

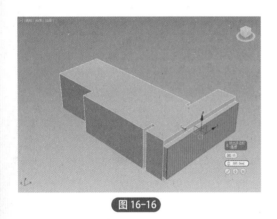

图 16-16

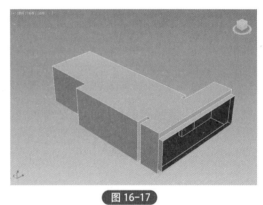

图 16-17

Step10：转到模型另一侧，激活"边"子层级，选择如图 16-18 所示的边线。

Step11：单击"连接"设置按钮，设置"连接边分段"为 1，如图 16-19 所示。

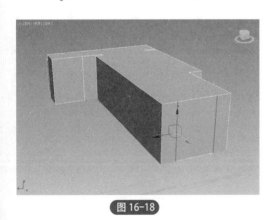

图 16-18

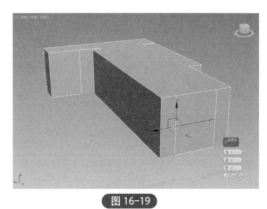

图 16-19

Step12：设置边线 Z 轴高度为 2200mm，如图 16-20 所示。

Step13：激活"多边形"子层级，按照 Step07 ～ Step09 的操作制作出门洞，如图 16-21 所示。

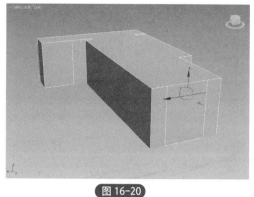
图 16-20

图 16-21

Step14：单击"长方体"按钮，在顶视图捕捉阳台门洞轮廓创建尺寸为 240mm×3000mm×-350mm 的长方体，如图 16-22 所示。

Step15：再选择可编辑多边形，在"编辑几何体"卷展栏中单击"附加"按钮，接着在视图中单击拾取新创建的长方体，使其成为一个整体，如图 16-23 所示。

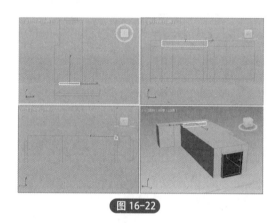
图 16-22

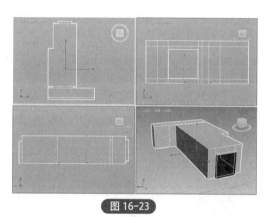
图 16-23

Step16：单击"矩形"按钮，在顶视图捕捉客厅区域绘制一个矩形，如图 16-24 所示。

Step17：将其转换为可编辑样条线，激活"样条线"子层级，在"几何体"卷展栏中设置"轮廓"值为 400mm，创建新的轮廓，如图 16-25 所示。

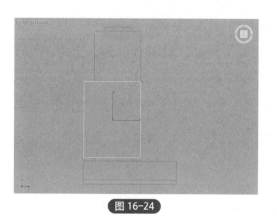
图 16-24

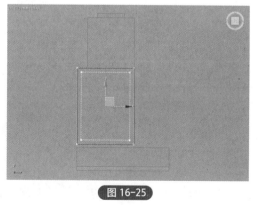
图 16-25

Step18：再激活"顶点"子层级，选择顶点并沿 Y 轴移动位置，如图 16-26 所示。

Step19：为可编辑样条线添加"挤出"修改器，设置挤出"数量"值为200mm，并调整对象位置，如图16-27所示。

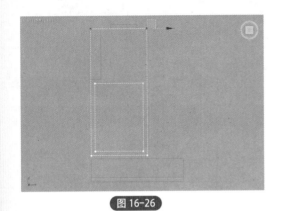

图 16-26

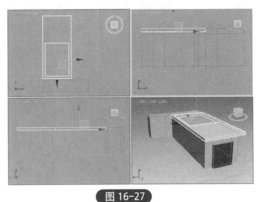

图 16-27

Step20：再次选择主体模型，激活"多边形"子层级，按Ctrl+A组合键全选多边形，并单击鼠标右键，在弹出的快捷菜单中选择"翻转法线"命令，使模型的面翻转，如图16-28所示。

Step21：返回"可编辑多边形"层级，在"编辑多边形"卷展栏单击"附加"按钮，单击拾取新创建的顶部模型，使其成为一个整体，如图16-29所示。

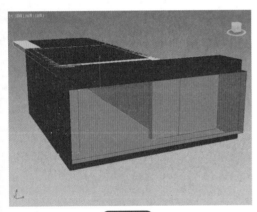

图 16-28

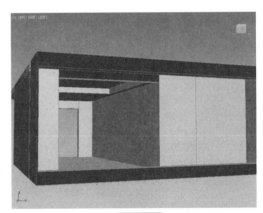

图 16-29

16.1.4　创建置物架模型

扫一扫 看视频

本小节将为客厅场景创建置物架模型，具体操作步骤介绍如下。

Step01：创建置物架模型。单击"切角圆柱体"按钮，创建一个半径为7.5mm、高度为2000mm的切角圆柱体，再设置圆角、高度分段、圆角分段及边数，如图16-30、图16-31所示。

Step02：将对象转换为可编辑多边形，激活"顶点"子层级，在前视图选择分段的顶点向上移动，调整位置，如图16-32所示。

Step03：再激活"多边形"子层级，选择如图16-33所示的多边形。

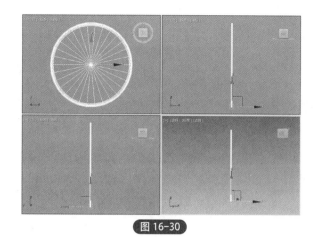

图 16-30

图 16-31

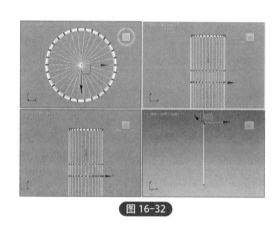

图 16-32

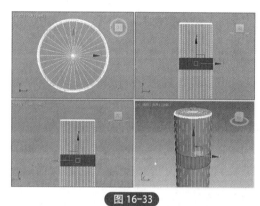

图 16-33

Step04：在"编辑多边形"卷展栏单击"挤出"设置按钮，选择"局部法线"方式，挤出"高度"为 -1mm，如图 16-34 所示。

Step05：激活"边"子层级，双击选择如图 16-35 所示的四圈边线。

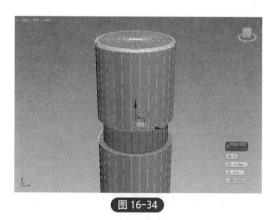

图 16-34

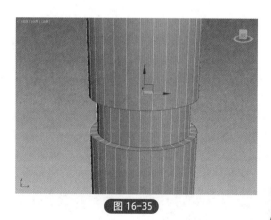

图 16-35

Step06：单击"切角"设置按钮，设置"边切角量"为 0.2mm，"连接边分段"为 5，如图 16-36 所示。

Step07：设置完毕后退出堆栈，单击"切角圆柱体"按钮，创建一个半径为 13mm、高度为 600mm 的切角圆柱体，如图 16-37 所示。

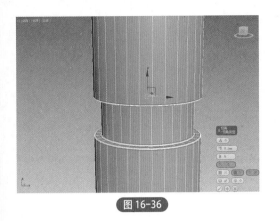

图 16-36

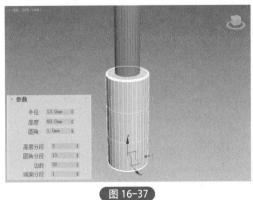

图 16-37

Step08：再创建半径为 30mm、高度为 5mm 的切角圆柱体，圆角参数同上，如图 16-38 所示。

Step09：将三个模型创建成组，切换到顶视图，按 Ctrl+V 组合键实例复制对象，分别沿 X 轴和 Y 轴复制对象，间距分别为 300mm 和 900mm，如图 16-39 所示。

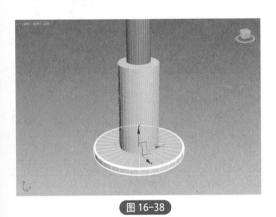

图 16-38

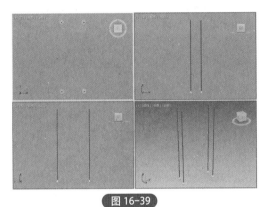

图 16-39

Step10：单击"切角圆柱体"按钮，在左视图创建半径为 10mm、高度为 330mm、高度分段为 5 的切角圆柱体，圆角参数同上，如图 16-40 所示。

Step11：将其转换为可编辑多边形，激活"顶点"子层级，在前视图中选择顶点并调整位置，如图 16-41 所示。

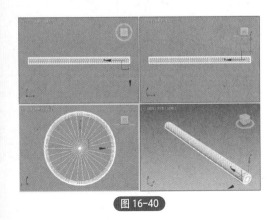

图 16-40

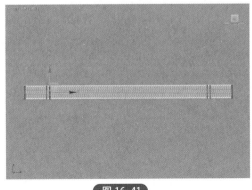

图 16-41

Step12：激活"多边形"子层级，选择如图 16-42 所示的多边形。

Step13：在"编辑多边形"卷展栏单击"挤出"设置按钮，选择"局部法线"类型，挤出"高度"为 -3.5mm，如图 16-43 所示。

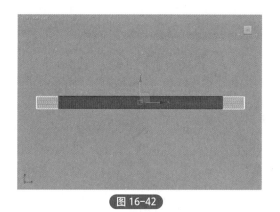

图 16-42

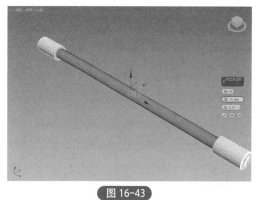

图 16-43

Step14：再选择最内部的多边形，挤出 1.5mm，如图 16-44 所示。

Step15：激活"边"子层级，选择如图 16-45 所示的四圈边线。

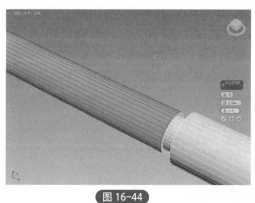

图 16-44

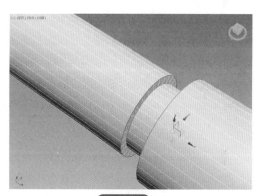

图 16-45

Step16：单击"切角"设置按钮，设置"边切角量"为 0.5mm，"连接边分段"为 5，如图 16-46 所示。同样为另一侧的边线进行切角处理。

Step17：将创建好的支架模型对齐并复制，如图 16-47 所示。

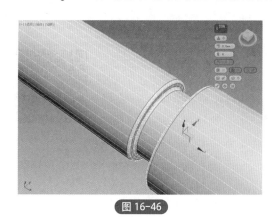

图 16-46

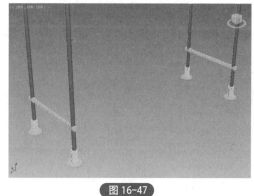

图 16-47

Step18：单击"切角长方体"按钮，创建一个长 1000mm、宽 255mm、高 20mm 的切角长方体，再设置其他参数，调整对象位置，完成一层隔板的制作，如图 16-48、图 16-49所示。

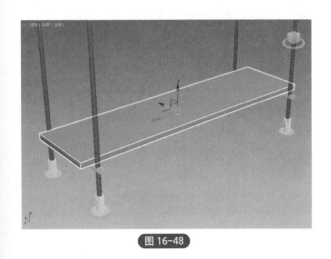

图 16-48

图 16-49

Step19：选择一层隔板，按住 Shift 键沿 Z 轴向上实例复制，完成置物架模型的制作，如图 16-50 所示。

图 16-50

16.1.5　创建书柜模型

本小节将为客厅场景创建书柜模型，具体操作步骤介绍如下。

Step01：单击"矩形"按钮，在顶视图绘制一个圆角矩形，设置长度为 600mm、宽度为400mm、角半径为 30mm，如图 16-51 所示。

Step02：添加"挤出"修改器，设置挤出"数量"为 1600mm、"分段"为 7，如图 16-52所示。

扫一扫 看视频

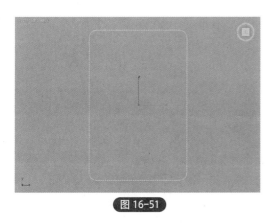

图 16-51

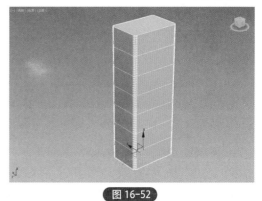

图 16-52

Step03：将对象转换为可编辑多边形，激活"顶点"子层级，在左视图中调整顶点位置，如图 16-53 所示。

Step04：激活"边"子层级，选择如图 16-54 所示的边线。

图 16-53

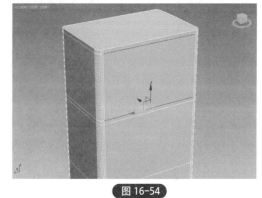

图 16-54

Step05：单击"连接"设置按钮，设置连接边数为 2，如图 16-55 所示。

Step06：激活"顶点"子层级，调整顶点位置，如图 16-56 所示。

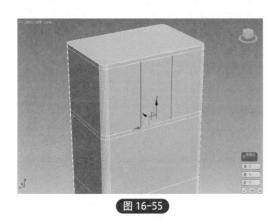

图 16-55

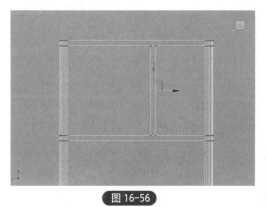

图 16-56

Step07：照此方法再为下一层制作隔层，如图 16-57 所示。

Step08：激活"边"子层级，选择下一层的两侧边线，如图 16-58 所示。

第16章

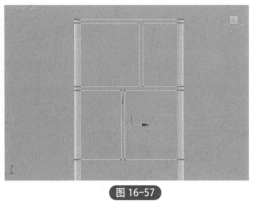
图 16-57

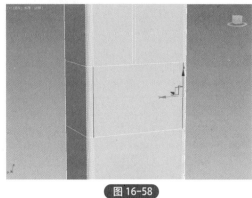
图 16-58

Step09：单击"连接"设置按钮，设置连接边数为 6，如图 16-59 所示。

Step10：激活"顶点"子层级，在左视图中调整顶点，如图 16-60 所示。

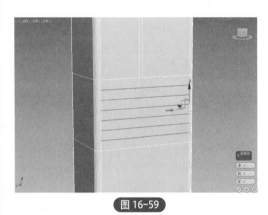
图 16-59

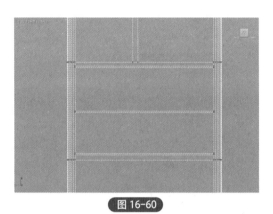
图 16-60

Step11：激活"多边形"子层级，按住 Ctrl 键选择如图 16-61 所示的多边形。

Step12：单击"挤出"设置按钮，设置挤出"数量"为 -380mm，如图 16-62 所示。

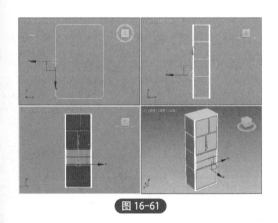
图 16-61

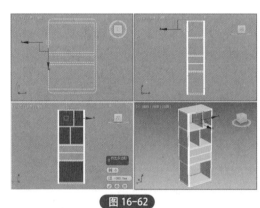
图 16-62

Step13：单击"圆柱体"按钮，创建一个半径为 19mm、高度为 280mm、分段为 2 的圆柱体，如图 16-63 所示。

Step14：将其转换为可编辑多边形，再激活"顶点"子层级，选择如图 16-64 所示的顶点。

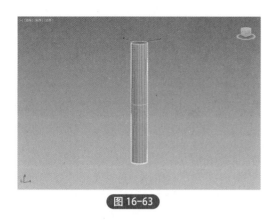

图 16-63

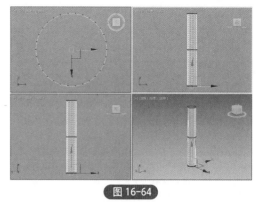

图 16-64

Step15: 在"软选择"卷展栏勾选"使用软选择"复选框,并设置"衰减"为 240mm,如图 16-65 所示。

Step16: 设置后如图 16-66 所示。

图 16-65

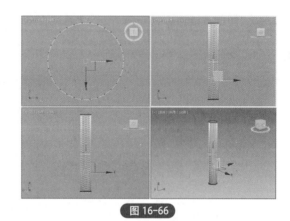

图 16-66

Step17: 激活"选择并缩放"工具,在顶视图均匀缩放顶点,如图 16-67 所示。

Step18: 取消使用软选择,再激活"边"子层级,选择多边形底部的一圈边线,如图 16-68 所示。

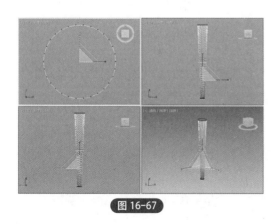

图 16-67

图 16-68

Step19: 单击"切角"设置按钮,设置"边切角量"为 5mm,"连接边分段"为 10,制作出柜脚,如图 16-69 所示。

Step20：单击"长方体"按钮，在左视图分别创建尺寸为45mm×25mm×300mm 和45mm×25mm×400mm 的长方体，复制对象并调整位置，如图 16-70 所示。

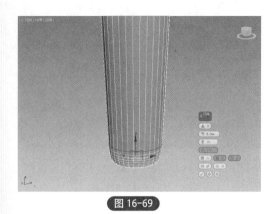

图 16-69

图 16-70

Step21：复制制作好的柱脚，并调整位置，如图 16-71 所示。

Step22：单击"圆柱体"按钮，在左视图创建一个半径为 10mm、高度为 25mm 的圆柱体，如图 16-72 所示。

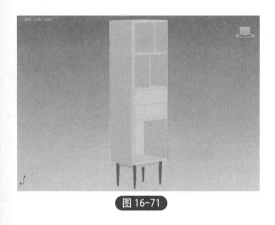

图 16-71

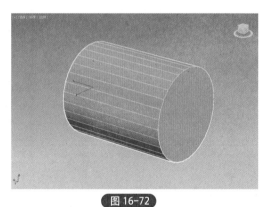

图 16-72

Step23：将其转换为可编辑多边形，激活"顶点"子层级，在前视图选择如图 16-73 所示的顶点。

Step24：激活"选择并缩放"工具，在左视图缩放顶点，如图 16-74 所示。

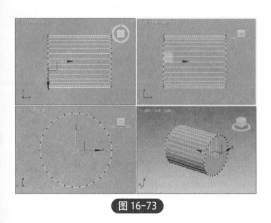

图 16-73

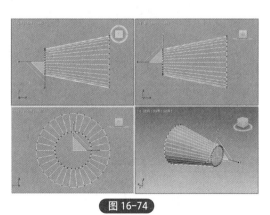

图 16-74

Step25：激活"边"子层级，选择如图 16-75 所示的两圈边线。

Step26：单击"切角"设置按钮，设置"边切角量"为 0.3mm，"连接边分段"为 5，制作出拉手模型，如图 16-76 所示。

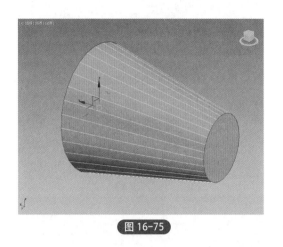

图 16-75

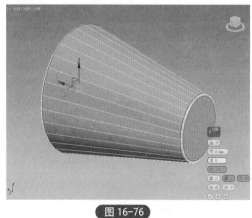

图 16-76

Step27：设置完毕后调整对象位置并进行复制操作，完成书柜模型的创建，如图 16-77 所示。将创建好的书柜模型创建成组，并调整位置。

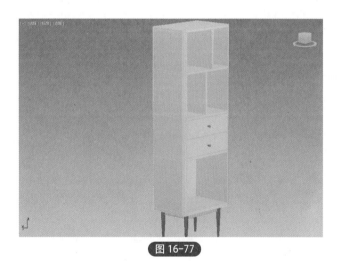

图 16-77

16.1.6　创建地板模型

本小节介绍地板模型的制作，具体操作步骤介绍如下。

Step01：单击"矩形"按钮，在顶视图绘制一个尺寸为 180mm×1500mm 的矩形，如图 16-78 所示。

Step02：为矩形添加"挤出"修改器，设置挤出"数量"为 8mm，如图 16-79 所示。

Step03：将其转换为可编辑多边形，激活"边"子层级，选择如图 16-80 所示的边线。

Step04：单击"切角"设置按钮，保持默认切角参数，如图 16-81 所示。

扫一扫 看视频

第
16
章

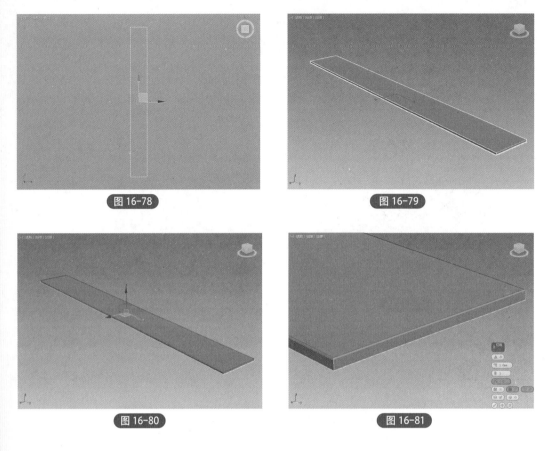

图 16-78

图 16-79

图 16-80

图 16-81

Step05：单块地板模型创建完毕后，复制对象并调整位置，使地板模型错开排列，如图 16-82 所示。

Step06：选择一块地板，在"编辑几何体"卷展栏中单击"附加列表"按钮，打开"附加列表"对话框，选择列表中所有的对象，如图 16-83 所示。

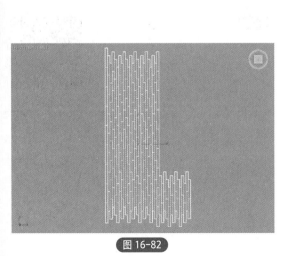

图 16-82

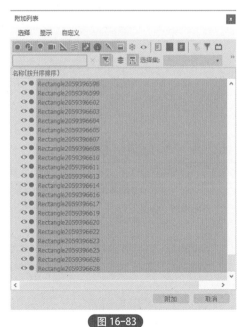

图 16-83

Step07：单击"附加"按钮，即可将其创建为一个整体，调整地板模型位置，使其覆盖原有的地板，如图 16-84 所示。

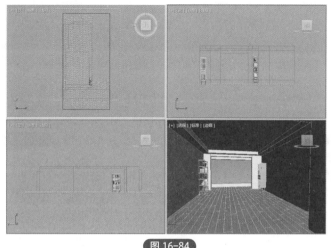

图 16-84

扫一扫 看视频

16.1.7　为场景合并模型

接下来为场景合并窗户、窗帘、沙发、茶几、灯具、装饰品等成品模型，使场景更为完整，具体操作步骤介绍如下。

Step01：执行"文件 > 导入 > 合并"命令，打开"合并文件"对话框，选择要合并进场景的窗户模型，如图 16-85 所示。

Step02：单击"打开"按钮，系统会弹出"合并"对话框，在列表中选择对象，如图 16-86 所示。

图 16-85

图 16-86

Step03：单击"确定"按钮即可将窗户模型合并到当前，调整窗户模型的位置，如图 16-87 所示。合并到场景中的窗户模型与窗洞尺寸不符，需要适当调整。

Step04：选择窗户模型，打开修改器堆栈，激活"顶点"子层级，在前视图中调整顶点位置，如图 16-88 所示。

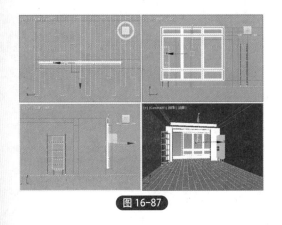

图 16-87

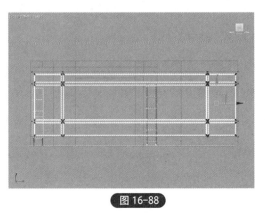

图 16-88

Step05：激活"多边形"子层级，选择如图 16-89 所示的多边形。

Step06：按住 Shift 键移动多边形，会弹出"克隆部分网格"面板，这里选择"克隆到元素"选项，如图 16-90 所示。

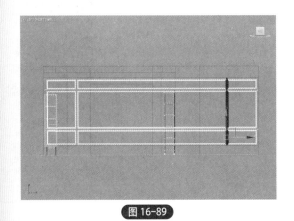

图 16-89

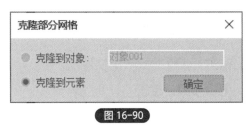

图 16-90

Step07：单击"确定"按钮即可复制多边形，如图 16-91 所示。

Step08：再次复制多边形并调整其位置，完成窗户模型的调整，如图 16-92 所示。

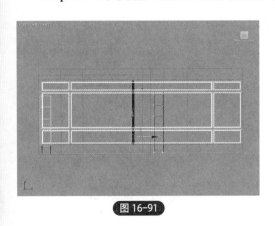

图 16-91

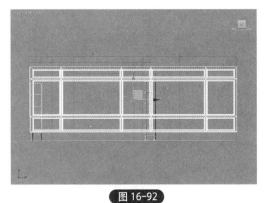

图 16-92

Step09：再次执行"合并"命令，合并窗帘模型到当前场景，如图 16-93 所示。

Step10：选择窗帘模型，执行"组 > 打开"命令，打开组对象，选择一侧的窗帘、吊环等模型，如图 16-94 所示。

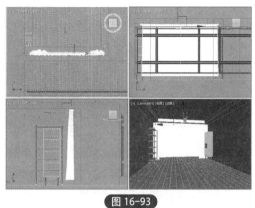

图 16-93

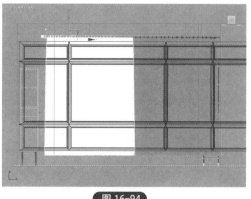

图 16-94

Step11：移动对象位置，如图 16-95 所示。

Step12：再选择窗帘杆模型，打开修改器堆栈，激活"顶点"子层级，选择顶点并移动位置，如图 16-96 所示。同样再调整另一个窗帘杆的顶点。

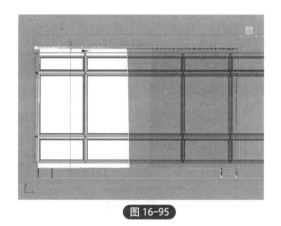

图 16-95

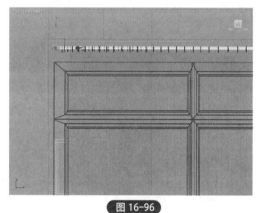

图 16-96

Step13：调整纱帘模型的位置，激活"移动并缩放"工具缩放窗帘高度，如图 16-97 所示。设置完毕后执行"组 > 关闭"命令，关闭组对象。

Step14：将吊灯、沙发、电视柜、茶几、装饰画、绿植等模型合并到当前场景，并合理调整位置，如图 16-98 所示。

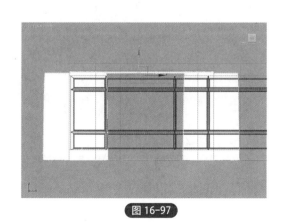

图 16-97

图 16-98

第
16
章

16.2 制作场景材质

本节将为读者介绍场景中重要的几种材质的创建方法，如乳胶漆、地板、地毯、皮革、金属等。

扫一扫 看视频

16.2.1 制作乳胶漆材质

本场景中使用的是带有一点凹凸的白色乳胶漆，下面介绍该材质的制作方法。

Step01：按 M 键打开材质编辑器，选择一个空白材质球并设置材质类型为 VRayMtl，在“贴图”卷展栏中为凹凸通道添加 VRay 法线贴图，设置凹凸值为 15，如图 16-99 所示。

Step02：在参数面板中为法线贴图通道添加位图贴图，如图 16-100 所示。

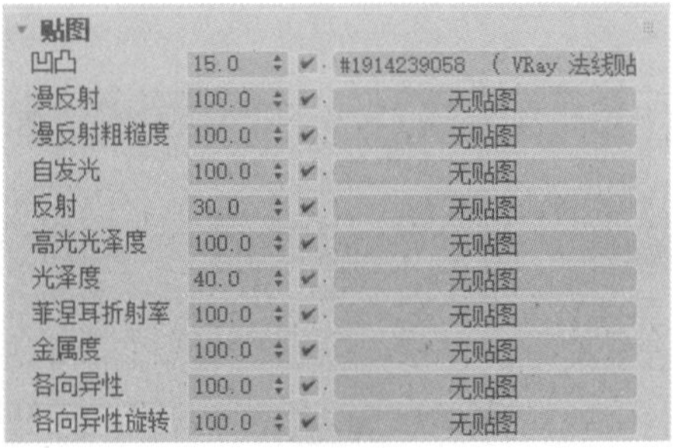

图 16-99

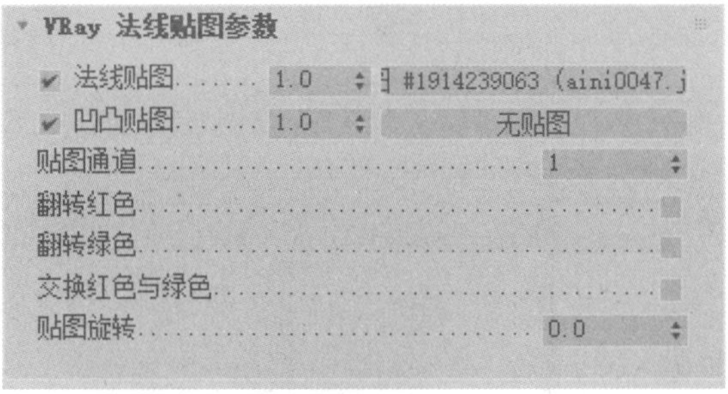

图 16-100

Step03：位图贴图如图 16-101 所示。

Step04：返回“基本参数”卷展栏，设置漫反射颜色、反射颜色、光泽度及细分，如图 16-102 所示。

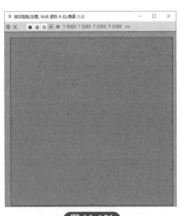

图 16-101

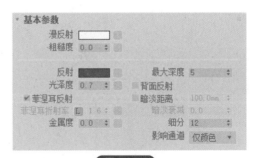

图 16-102

Step05：漫反射颜色和反射颜色的参数如图 16-103 所示。

Step06：制作好的乳胶漆材质预览效果如图 16-104 所示。

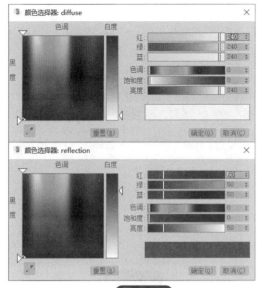

图 16-103

图 16-104

16.2.2 制作木材质

扫一扫 看视频

场景中的电视柜、茶几、书柜、置物架等都使用了木材质，地面则采用了木地板，本小节将介绍木纹理及木地板材质的制作。

Step01：制作木纹理 1 材质。选择一个空白材质球，设置材质类型为 VRayMtl，在"贴图"卷展栏中为凹凸通道和漫反射通道添加位图贴图，并设置凹凸值，如图 16-105 所示。

Step02：进入漫反射通道的位图贴图参数面板，在"裁剪 / 放置"选项组中选择裁剪图像，并设置 U、V、W、H 的参数，如图 16-106 所示。

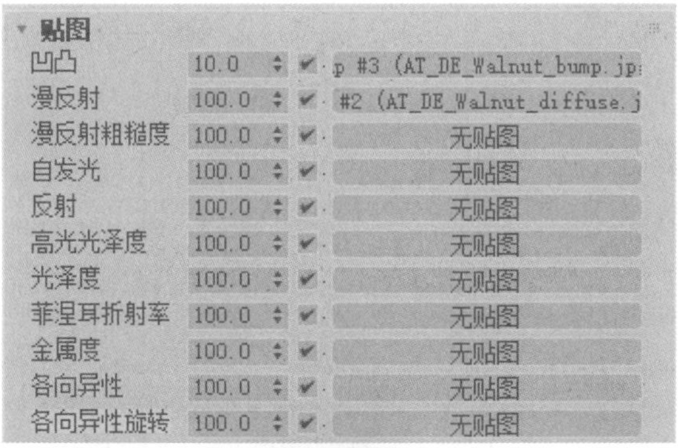

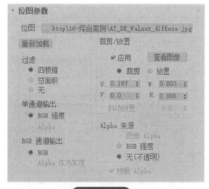

图 16-105

图 16-106

Step03：凹凸通道和漫反射通道添加的位图如图 16-107、图 16-108 所示。

Step04：在"基本参数"卷展栏设置反射颜色、光泽度、菲涅耳折射率、细分等参数，如图 16-109 所示。

Step05：反射颜色的参数如图 16-110 所示。

图 16-107

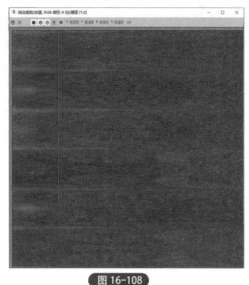

图 16-108

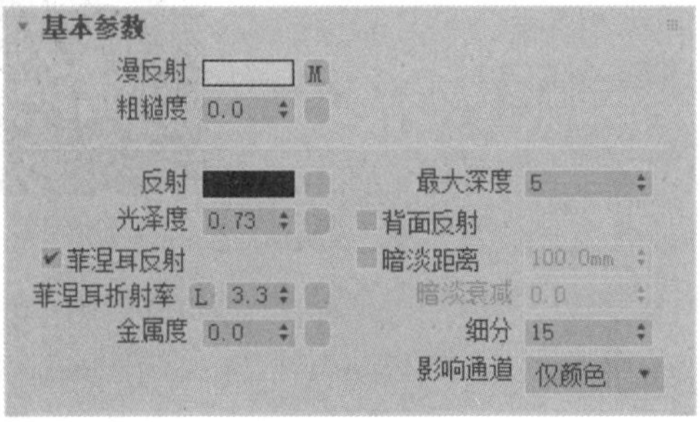

图 16-109

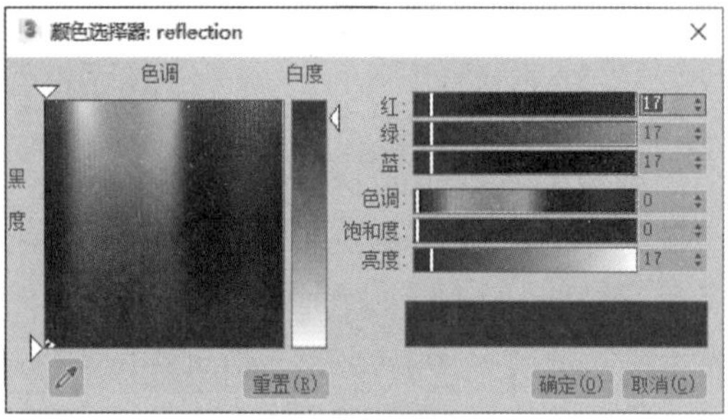

图 16-110

Step06：设置好的木纹理材质预览效果如图 16-111 所示。

Step07：制作木纹理 2 材质。选择一个空白材质球，设置材质类型为 VRayMtl，在"贴图"卷展栏中为漫反射通道、反射通道、光泽度通道添加位图贴图，并设置强度值，如图 16-112 所示。

图 16-111

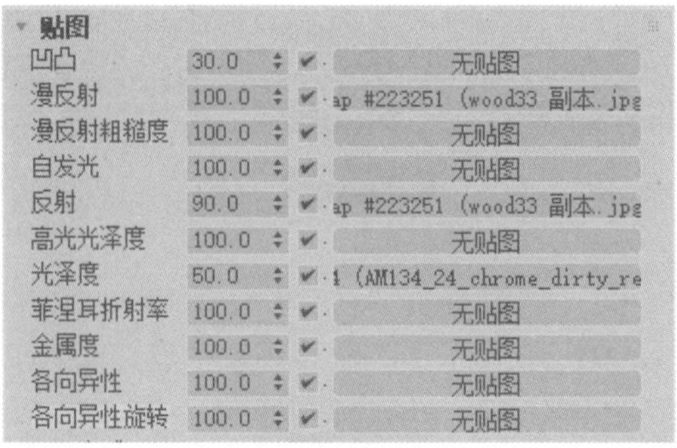

图 16-112

Step08：漫反射通道与反射通道的位图贴图相同，如图16-113所示。

Step09：光泽度通道的位图贴图如图16-114所示。

图16-113

图16-114

Step10：返回"基本参数"卷展栏，设置反射光泽度、菲涅耳折射率及细分，如图16-115所示。

Step11：设置好的木纹理材质预览效果如图16-116所示。

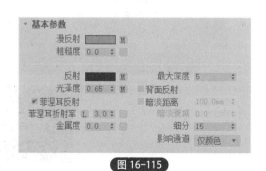

图16-115

图16-116

Step12：制作木地板材质。选择一个空白材质球，设置材质类型为多维/子材质，选择一个子材质，设置材质类型为VRayMtl，在"贴图"卷展栏中为凹凸通道、漫反射通道、反射通道、光泽度通道添加相同的位图贴图，并设置强度值，如图16-117所示。

Step13：位图贴图如图16-118所示。

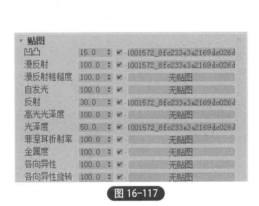

图 16-117

图 16-118

Step14：返回"基本参数"卷展栏，设置反射光泽度、细分，如图 16-119 所示。

Step15：制作好的木地板材质预览效果如图 16-120 所示。

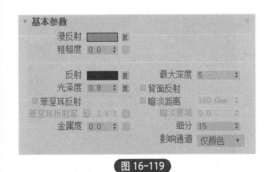

图 16-119

图 16-120

16.2.3　制作金属材质

本小节将介绍场景中金属材质的制作，具体操作步骤介绍如下。

Step01：制作黑色金属材质。选择一个空白材质球，设置材质类型为 VRayMtl，在"贴图"卷展栏中为凹凸通道、漫反射通道和反射通道添加相同的位图贴图，并设置强度值，如图 16-121 所示。

Step02：位图贴图如图 16-122 所示。

扫一扫 看视频

贴图				
凹凸	-15.0	✔	1914239055 (ZHS_Black Metal
漫反射	50.0	✔	1914239053 (ZHS_Black Metal
漫反射粗糙度	100.0	✔	无贴图
自发光	100.0	✔	无贴图
反射	80.0	✔	1914239054 (ZHS_Black Metal
高光光泽度	100.0	✔	无贴图
光泽度	100.0	✔	无贴图
菲涅耳折射率	100.0	✔	无贴图
金属度	100.0	✔	无贴图
各向异性	100.0	✔	无贴图
各向异性旋转	100.0	✔	无贴图

图 16-121　　　　　　　　图 16-122

Step03：在"基本参数"卷展栏设置反射光泽度、细分，如图 16-123 所示。

Step04：制作好的黑色金属材质预览效果如图 16-124 所示。

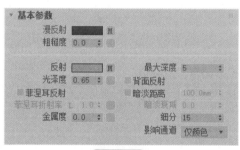

图 16-123

图 16-124

Step05：制作铜材质。选择一个空白材质球，设置材质类型为 VRayMtl，设置漫反射颜色和反射颜色，再设置反射光泽度、细分，如图 16-125 所示。

Step06：漫反射颜色和反射颜色的参数如图 16-126 所示。

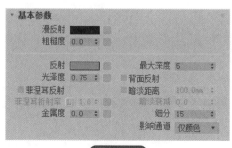

图 16-125

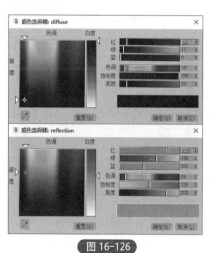

图 16-126

第
16
章

Step07：制作好的铜材质预览效果如图 16-127 所示。

图 16-127

扫一扫看视频

16.2.4　制作沙发材质

接下来介绍沙发材质的制作，包括皮革材质和鹿皮绒材质，具体操作步骤介绍如下。

Step01：制作皮革材质。选择一个空白材质球，设置材质类型为 VRayMtl，为漫反射通道添加颜色校正贴图，为凹凸通道、光泽度通道添加位图贴图，并设置强度，如图 16-128 所示。

Step02：从凹凸通道复制位图贴图，再进入颜色校正贴图参数面板，粘贴贴图，如图 16-129 所示。

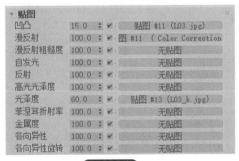

图 16-128

图 16-129

Step03：然后在"颜色"卷展栏设置色调和饱和度，如图 16-130 所示。

Step04：在"亮度"卷展栏选择"高级"选项，设置 RGB 对比度，如图 16-131 所示。

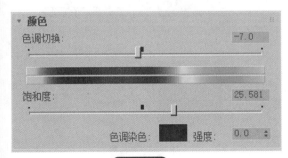

图 16-130

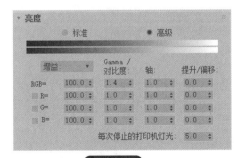

图 16-131

Step05：两个位图贴图如图 16-132、图 16-133 所示。

图 16-132

图 16-133

Step06：返回"基本参数"卷展栏，设置反射颜色、反射光泽度以及细分，如图 16-134 所示。

Step07：反射颜色的参数如图 16-135 所示。

图 16-134

图 16-135

Step08：设置好的皮革材质预览效果如图 16-136 所示。

Step09：制作鹿皮绒材质。选择一个空白材质球。在"贴图"卷展栏中为凹凸通道添加位图贴图，为漫反射通道添加混合贴图，并设置凹凸强度，如图 16-137 所示。

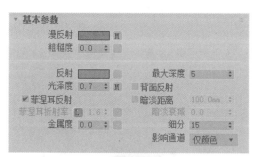

图 16-136

图 16-137

Step10：凹凸通道的贴图如图 16-138 所示。

Step11：进入漫反射通道的混合贴图参数面板，为颜色 1 通道添加合成贴图，为混合量通道添加衰减贴图，设置颜色 2，并设置转换区域参数，如图 16-139 所示。

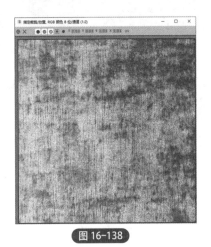

图 16-138

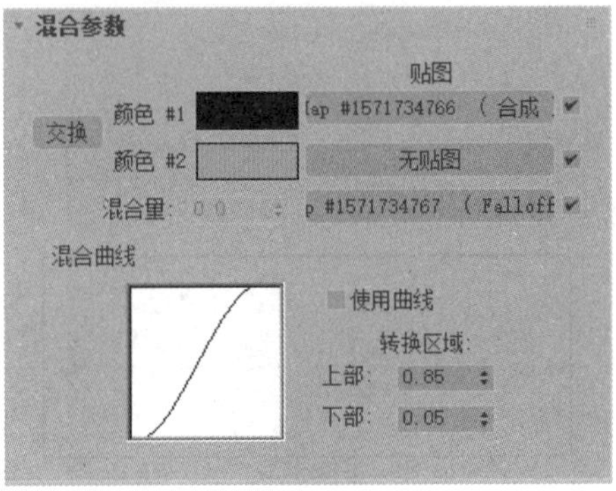

图 16-139

Step12：颜色 2 参数如图 16-140 所示。

Step13：进入颜色 1 的合成贴图参数面板，为层 1 添加 VRay 颜色贴图，设置混合模式为"叠加"，如图 16-141 所示。

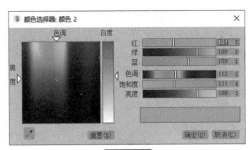

图 16-140

图 16-141

Step14：进入 VRay 颜色贴图参数面板，设置红、绿、蓝参数，如图 16-142 所示。

Step15：返回上级的混合参数贴图面板，再进入衰减贴图参数面板，为颜色 2 通道添加位图贴图，如图 16-143 所示。

图 16-142

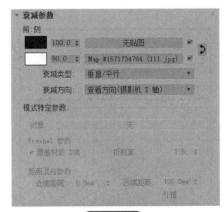

图 16-143

Step16：在"混合曲线"卷展栏中调整曲线，如图 16-144 所示。

Step17：颜色 2 通道的位图贴图如图 16-145 所示。

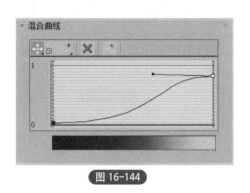

图 16-144

图 16-145

Step18：设置好的材质预览效果如图 16-146 所示。

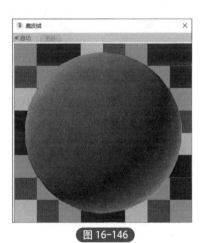

图 16-146

16.3 构建场景光源

接下来为本场景创建合适的光源，包括室外光源和室内光源。为了表现日光场景效果，这里以室外光源作为场景的主要光源。

16.3.1 创建室外光源

扫一扫 看视频

室外光源包括天光、太阳光，除此之外还需要创建一些补光来增加光源亮度，具体操作步骤介绍如下。

Step01：创建室外环境。单击"弧"按钮，在顶视图绘制一条弧线，如图 16-147 所示。

Step02：接着为弧线添加"挤出"修改器，设置挤出"数量"为 3200mm，如图 16-148 所示。再为对象添加"法线"修改器，保持默认参数。

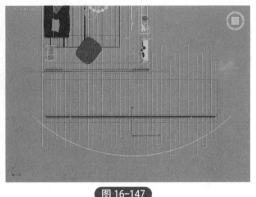

图 16-147

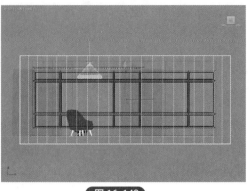

图 16-148

Step03：按 M 键打开材质编辑器，选择一个空白材质球，设置材质类型为 VRay 灯光材质，设置灯光颜色及强度，并添加颜色校正贴图，如图 16-149 所示。

Step04：灯光颜色参数如图 16-150 所示。

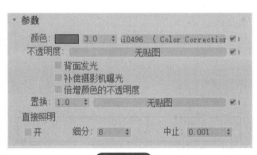

图 16-149

图 16-150

Step05：进入颜色校正贴图参数面板，为其添加位图贴图，在"颜色"卷展栏中设置饱和度，在"亮度"卷展栏中选择"高级"模式，设置 RGB 对比度，如图 16-151 所示。

Step06：制作好的材质球如图 16-152 所示。

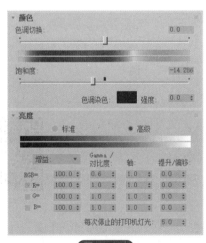

图 16-151

图 16-152

Step07：将材质指定给对象，再为对象添加 UVW 贴图，设置贴图类型为"长方体"并设置贴图尺寸，如图 16-153 所示。

Step08：在视口中可以看到室外贴图效果，如图 16-154 所示。

图 16-153

图 16-154

Step09：单击选择 UVW 贴图，在视口中调整贴图位置，如图 16-155 所示。

Step10：单击 VRaySUN 按钮，在场景中创建一盏 VRay 太阳光源，调整光源位置及角度，如图 16-156 所示。

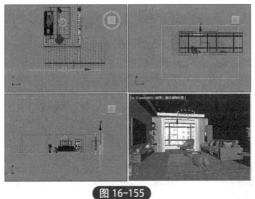

图 16-155

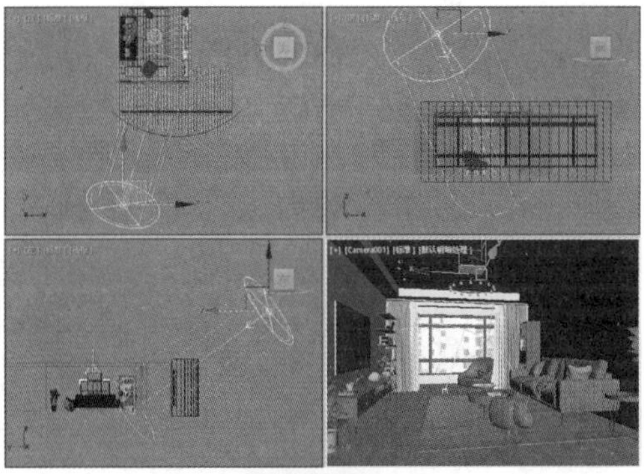

图 16-156

Step11：在"VRay 太阳参数"卷展栏中设置浊度、强度倍增、大小倍增以及阴影细分参数，如图 16-157 所示。

Step12：单击 VRayLight 按钮，在前视图创建一盏平面灯光，并调整光源至阳台外的位置，如图 16-158 所示。

图 16-157

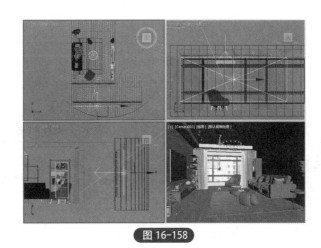

图 16-158

Step13：在参数面板中设置灯光倍增、颜色等参数，如图 16-159 所示。

Step14：灯光颜色的参数如图 16-160 所示。

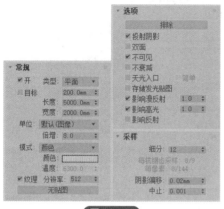

图 16-159

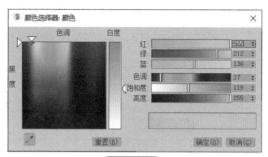

图 16-160

Step15：继续创建 VRayLight 平面灯光，在左视图中调整灯光位置及角度，如图 16-161 所示。

Step16：在参数面板中设置灯光倍增、颜色等参数，如图 16-162、图 16-163 所示。

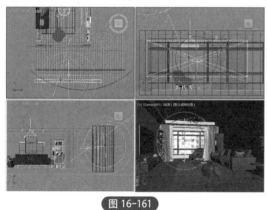

图 16-161

图 16-162

Step17：在阳台内创建一盏 VRayLight 平面灯光，调整光源角度及位置，如图 16-164 所示。

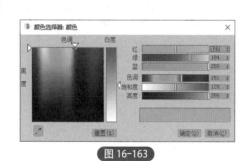

图 16-163

图 16-164

Step18：光源参数的设置如图 16-165 所示。

Step19：接着在参数方向创建两个 VRayLight 平面灯光作为背面补光，灯光参数同上，如图 16-166 所示。

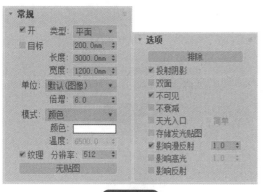

图 16-165

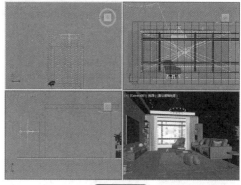

图 16-166

扫一扫 看视频

16.3.2　创建室内光源

接下来为室内的吊灯、射灯等灯光创建光源，具体操作步骤介绍如下。

Step01：单击 VRayLight 按钮，创建 VRay 球体灯光并进行实例复制，将其放置到吊灯灯泡内，如图 16-167 所示。

Step02：灯光半径、倍增、颜色等参数的设置如图 16-168 所示。

图 16-167

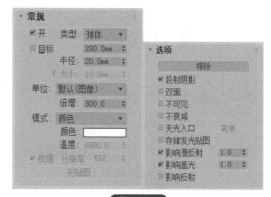

图 16-168

Step03：在吊灯下方创建一盏 VRayLight 平面灯光作为吊灯的补光，如图 16-169 所示。

Step04：灯光参数如图 16-170 所示。

Step05：在"光度学"创建面板单击"目标灯光"按钮，在左视图创建一盏目标点灯光，调整灯光及目标点的位置、角度，如图 16-171 所示。

Step06：设置阴影类型为"VRay 阴影"，再设置灯光颜色及强度，如图 16-172 所示。

Step07：实例复制灯光，调整位置及目标点角度，如图 16-173 所示。

第16章

图 16-169

图 16-170

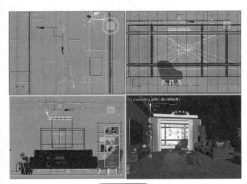

图 16-171

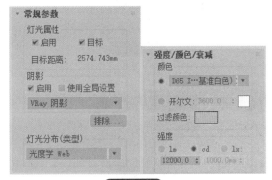

图 16-172

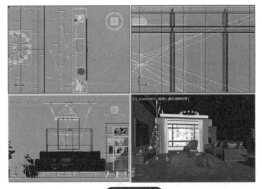

图 16-173

扫一扫 看视频

16.3.3 光源测试

场景灯光创建完毕后，可以对整个场景进行光源效果测试，用于检测灯光是否曝光或者场景模型是否有漏洞，具体操作步骤介绍如下。

Step01：按 M 键打开材质编辑器，选择一个空白材质球，设置材质类型为 VRayMtl，设置漫反射颜色，并为漫反射通道添加 VRay 边纹理贴图，如图 16-174 所示。

Step02：在 VRay 边纹理贴图参数面板中设置纹理"颜色"以及"像素宽度"，如图 16-175 所示。

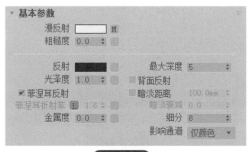

图 16-174

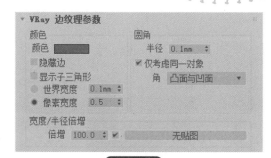

图 16-175

Step03：漫反射颜色和纹理颜色的参数如图 16-176、图 16-177 所示。

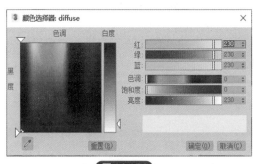

图 16-176   图 16-177

Step04：按 F10 键打开"渲染设置"面板，在 V-Ray 选项卡的"全局开关"卷展栏中设置"高级"模式，勾选"覆盖材质"复选框，从材质编辑器中选择制作好的白模材质球，将其拖拽至"覆盖材质"复选框后的按钮上，如图 16-178 所示。

Step05：单击"排除"按钮，打开"排除 / 包含"对话框，选择室外场景模型和窗帘模型，如图 16-179 所示。

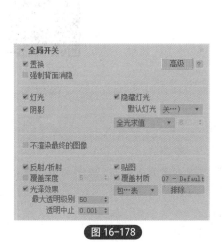

图 16-178

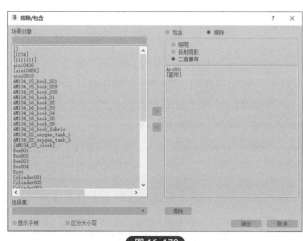

图 16-179

Step06：渲染摄影机视口，当前光源效果如图 16-180 所示。

图 16-180

注意事项

在进行光源测试之前，需要对渲染参数进行简单的设置，才能更好地表现出场景的光源效果，该渲染参数可以参考下一节中的渲染测试参数。

16.4 渲染出图

当场景中的模型、材质以及光源全部创建完毕以后，就可以进行渲染参数的设置，依次进行测试渲染和中高品质效果图的渲染。

16.4.1 测试渲染

测试渲染的作用在于快速检测整个场景中材质以及光源的表现效果，如果发现有问题可以及时进行调整，具体操作步骤介绍如下。

扫一扫 看视频

Step01：打开"渲染设置"面板，在"公用参数"卷展栏中设置选择自定义输出大小800×600，如图16-181所示。

Step02：在"帧缓冲区"卷展栏取消勾选"启用内置帧缓冲区"复选框，如图16-182所示。

Step03：在"全局开关"卷展栏中设置灯光采样类型为"全光求值"，取消勾选"覆盖材质"复选框和"最大光线强度"复选框，如图16-183所示。

Step04：在"图像采样器（抗锯齿）"卷展栏中设置采样器类型为"渲染块"，在"图像过滤器"卷展栏中设置过滤器类型为"区域"，如图16-184所示。

Step05：在"全局确定性蒙特卡洛"卷展栏中设置"高级"模式，勾选"使用局部细分"复选框，并设置最小采样、自适应数量和噪波阈值，如图16-185所示。

Step06：在"颜色贴图"卷展栏中设置曝光方式为"指数"，如图16-186所示。

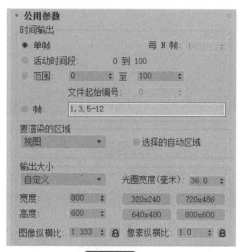

图 16-181

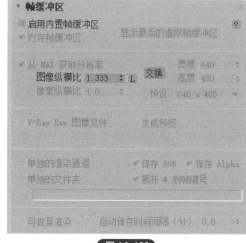

图 16-182

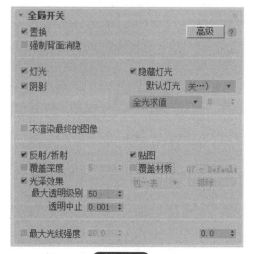

图 16-183

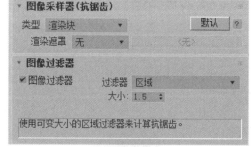

图 16-184

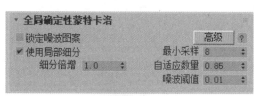

图 16-185

图 16-186

Step07：在"全局照明"卷展栏中设置首次引擎为"发光贴图"，二次引擎为"灯光缓冲"，如图 16-187 所示。

Step08：在"发光贴图"设置预设类型为"低"，并设置细分和插值采样，勾选"显示计算相位"和"显示直接光"复选框，如图 16-188 所示。

Step09：在"灯光缓存"卷展栏中设置细分值，如图 16-189 所示。

Step10：渲染摄影机视口，测试效果如图 16-190 所示。

第16章

图 16-187

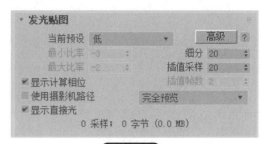

图 16-188

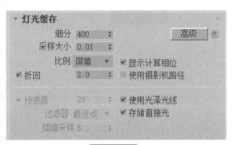

图 16-189

图 16-190

16.4.2　渲染并输出高品质效果图

最终效果的渲染参数并非一成不变，需要根据测试效果进行适当调整，具体操作步骤介绍如下。

Step01：打开"渲染设置"面板，在"公用参数"卷展栏中锁定"图像纵横比"，并设置输出大小为 1500×1125，如图 16-191 所示。

Step02：接着在"图像过滤器"卷展栏中设置过滤器类型为 Catmull-Rom，如图 16-192 所示。

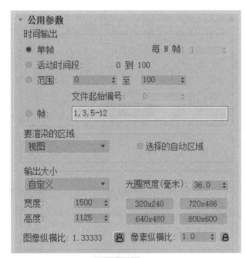

图 16-191

图 16-192

Step03：在"全局确定性蒙特卡洛"卷展栏中设置最小采样、自适应数量和噪波阈值，如图 16-193 所示。

Step04：在"颜色贴图"卷展栏中设置"亮部倍增"参数，如图 16-194 所示。

图 16-193

图 16-194

Step05：在"发光贴图"设置预设类型为"高"，并设置细分和插值采样，如图 16-195 所示。

Step06：在"灯光缓存"卷展栏中设置细分值为 1000，如图 16-196 所示。

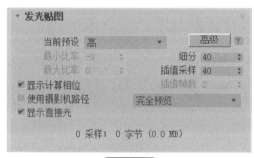

图 16-195

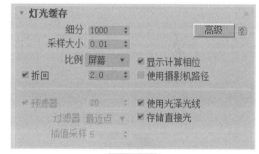

图 16-196

Step07：渲染摄影机视口，最终效果如图 16-197 所示。

图 16-197

第
16
章